자동차 진화의 비밀을 알고 싶다

The Secrets of Automotive Evolution

차세대 자동차 테크놀로지

GoldenBell
www.gbbook.co.kr

읽기전에

화석 연료의 고갈 우려와 더불어 대중 교통수단의 이용이 필요한 세상이 되었지만 자동차가 개인적인 이동수단으로서 없어서는 안 되는 것 또한 변함이 없을 것이다.

그러나 자동차에 이용되고 있는 기술은 하루가 다르게 발달되고 있어 과거의 자동차와는 요구하는 성능이 많이 달라지고 있다. 그것은 주로 저연비, 친환경, 그리고 안전성이다. 배기량이 큰 엔진에 따라서 자동차의 크기도 그에 걸맞게 대형화되던 자동차 시대는 지나가 버렸다.

엔진의 배기량은 가능한 한 줄이면서도 충분한 힘을 얻을 수 있게 하거나 엔진에 전기모터를 조합하여 발진시 부하가 걸리는 엔진에 전기모터의 도움으로 저연비, 저공해를 실현하는 하이브리드 방식이나 또는 엔진을 이용하지 않고 전기모터만으로 달리는 전기 자동차EV를 원하는 수요가 높아져 최신 기술이 탑재된 자동차가 속속 시판되고 있다.

자동차 기술의 진보가 저연비나 저공해를 향해 나아가고 있는 것만이 아니다. 자동차 사고를 줄이기 위한 안전기술도 발달하고 있다. 예를 들어 잘못된 핸들 조작을 감지하여 적절한 조향이 자동적으로 이루어지는 ESC, 브레이크 잠김을 미연에 방지하는 ABS 등도 크게 발달하고 있다. 이 책에서는 이러한 신기술에 대해서 해설하면서 자동차의 기본 구조에 대한 설명으로 많은 부분을 할애하였다.

자동차에 대한 상세한 해설에 대해서는 [자동차를 알고 싶다]를 한번 읽어 보길 바란다.

자동차 진화의 비밀을 알고싶다
CONTENTS

읽기전에   002

1장
그린그린 자동차??

하이브리드 시스템의 종류　　　　　　　　　　　010
프리우스는 이러한 자동차다　　　　　　　　　　013
인사이트는 이런 자동차다　　　　　　　　　　　016
하이브리드의 스포츠 모델　　　　　　　　　　　019
발전한 승용차용 디젤엔진　　　　　　　　　　　022
디젤엔진 승용차　　　　　　　　　　　　　　　025
디젤엔진의 특징　　　　　　　　　　　　　　　028
전기 자동차　　　　　　　　　　　　　　　　　031
일본에서 판매되는 전기 자동차　　　　　　　　　034
하이브리드나 EV는 다른 대체 연료 자동차　　　　037
발전하는 가솔린엔진　　　　　　　　　　　　　040
가솔린엔진에도 존재하는 회생 시스템　　　　　　043

쉬어가기
셀프 주유소에서 당황하는 운전자　　　　　　　046

자동차 진화의 비밀을 알고싶다

2장

엔진의 신화??

왕복형 엔진 Reciprocating engine	048
로터리 엔진	051
엔진 탑재 방식의 이모저모	054
실린더 헤드	057
캠 샤프트와 밸브 CAM SHAFT & VALVE	060
스파크 플러그와 점화계통	063
실린더 블록	066
피스톤 / 커넥팅 로드 / 크랭크샤프트	069
오일 팬	072
연료 분사	075
에어 클리너와 흡기 시스템	078
흡기 계통	081
배기 계통	084
터보차저	087
수냉 시스템	090
라디에이터	093
윤활 시스템	096

쉬어가기
엔진을 양호한 상태로 유지하는 방법   100

CONTENTS

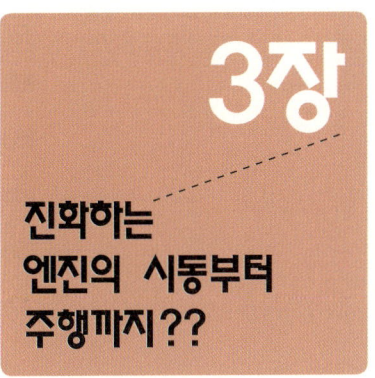

3장
진화하는 엔진의 시동부터 주행까지??

동력계통의 구성 부품	102
엔진의 시동에서 주행까지	105
엔진에서 트랜스미션으로	108
트랜스미션에서 구동 타이어로	111
구동 방식과 엔진 탑재 방식	114
MR과 RR	117
전기 자동차의 구성 부품	119
전기모터의 구조	122
전지배터리의 구조	125
배터리전지의 종류	128
정통 스포츠 EV	131

쉬어가기
전기 자동차의 과거와 미래 134

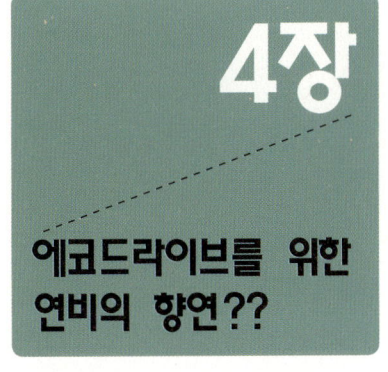

4장
에코드라이브를 위한 연비의 향연??

최신형 엔진의 회전력 특성	136
다운사이징이란?	139
터보차저의 부활	142
가변 밸브의 구조	145
SOHC의 부활	148
경량화	151
전동 파워스티어링	154

자동차 진화의 비밀을 알고싶다

에코 타이어	157
마일드 하이브리드	160
선택식 주행 모드	163
에코 드라이브 서포트 기능	166
에코 페달	168
밀러 사이클 엔진	171
쉬어가기 지나치게 커진 요즘의 자동차	174

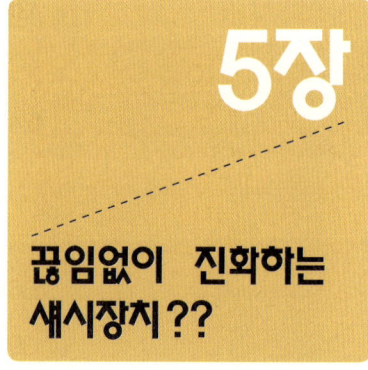

5장
끊임없이 진화하는 섀시장치??

서스펜션 형식	176
CVT Continuously Variable Transmission	179
듀얼 클러치·트랜스미션	182
MT Manual Transmission와 AT Automatic Transmission	185
4WD 4륜구동 S-AWC	188
4륜 스티어링 시스템	191
에어 서스펜션	194
더블 피스톤 쇽업소버	197
모노 블록 브레이크 캘리퍼	200
쉬어가기 CVT가 연비에서 MT를 능가하는 시대가 왔다	203

CONTENTS

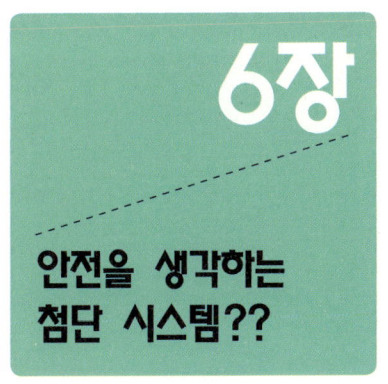

6장
안전을 생각하는 첨단 시스템??

액티브 세이프티	206
ESC Electronic Stability Control란?	209
ABS Anti lock Brake System란?	213
EBD Electronic Brake-force Distribution란?	216
브레이크 어시스트	219
비상시 브레이크 신호	222
패시브 세이프티	225
에어백	228
진화하는 에어백	231
보행자 장애 경감 보디	234
목 충격 완화 시트	237
충돌 피해 경감 시스템 (1)	240
충돌 피해 경감 시스템 (2)	243
충돌 피해 경감 시스템 (3)	246
AT 오발진 억제 제어	249
진화한 LSD Limited Slip Differential	252
HDC와 HSA	255
멀티 터레인 셀렉트	258
크롤 컨트롤 crawl control	261

쉬어가기
다시 한 번 타고 싶은 간단한 자동차   264

자동차 진화의 비밀을 알고싶다

CONTENTS

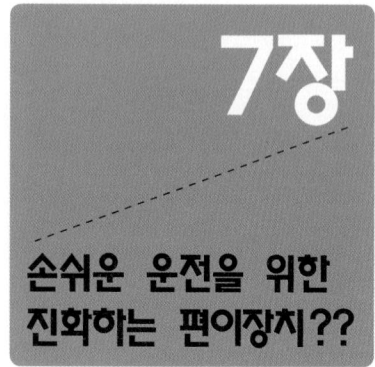

7장
손쉬운 운전을 위한 진화하는 편이장치??

싱크로 렙 컨트롤 부착 MT	266
패들 시프트	269
LED 헤드램프	272
알파로메오의 DNA 시스템	275
재규어 드라이브 셀렉터	278
전자제어 파킹 브레이크	281
포레스트 에어컨	284
윈드실드의 대형화	288
내비게이션을 감각으로 조작	291
주차 보조 시스템	294
내비게이션의 안전 운전 지원 Driving Safety Support System	297
리어 뷰 카메라	300
후속 자동차 모니터링 시스템	303
트윈 테일 게이트	306
스크래치 실드 도장	309

1장

그린그린 자동차??

하이브리드 시스템의 종류 / 프리우스는 이러한 자동차다 / 인사이트는 이런 자동차다 / 하이브리드의 스포츠 모델 / 발전한 승용차용 디젤엔진 / 디젤엔진 승용차 / 디젤엔진의 특징 / 전기자동차 / 일본에서 판매되는 전기 자동차 / 하이브리드나 EV는 다른 대체 연료 자동차 / 발전하는 가솔린엔진 / 가솔린엔진에도 존재하는 회생 시스템

010 자동차 진화의 비밀을 알고 싶다

하이브리드 시스템의 종류

 **하이브리드** 사전적 의미로는 성질이 다른 요소의 합성을 뜻한다. 자동차 분야에서는 엔진에 전기 모터가 조합된 동력장치(power unit)를 탑재한 자동차를 뜻한다.

3종류의 하이브리드

자동차의 동력으로 화석 연료인 가솔린이나 경유를 연소시키는 엔진에 전기 모터를 조합한 것으로 엔진과 모터의 사용방법에 따라서 **병렬**parallel**방식**, **직렬**Series**방식**, **복합**parallell · Series**방식**으로 분류되며, 각각의 특징은 다음과 같다.

병렬방식 Parallel type

가솔린엔진과 트랜스미션변속기 사이에 얇은 형태의 모터를 배치된 가장 간단한 방식으로 제어 유닛이나 트렁크 바닥에 꽉 찰 정도로 많은 양의 배터리가 필요하지만 기존의 자동차 주요 부품을 이용하면서 하이브리드가 가능하다는 것이 장점이다.

또한 엔진만으로는 부족한 토크torque를 모터로 보완하여 주행 성능과 연비를 향상시키는 것이 목적이다. 유럽에서는 엔진룸에 고가의 소형 리튬이온 배터리를 탑재한 형식도 있지만 적당한 가격을 실현하는 병렬방식 하이브리드 자동차에서는 보다 저렴한 니켈·수소 배터리를 사용하는 것이 대부분이다.

장점
① 기존 내연기관 차량에서 구동장치의 변경 없이 활용이 가능
② 저성능 전동기와 소용량의 배터리로 주행이 가능
③ 모터는 동력의 보조만 하므로 에너지의 변환 손실이 적음
④ 시스템 전체의 효율이 직렬방식에 비해 우수

단점
① 유단 변속 기구를 사용할 경우 엔진의 작동 영역이 주행 상황에 연동
② 차량의 상태에 따라 엔진과 모터의 작동점을 최적화하는 과정이 필요

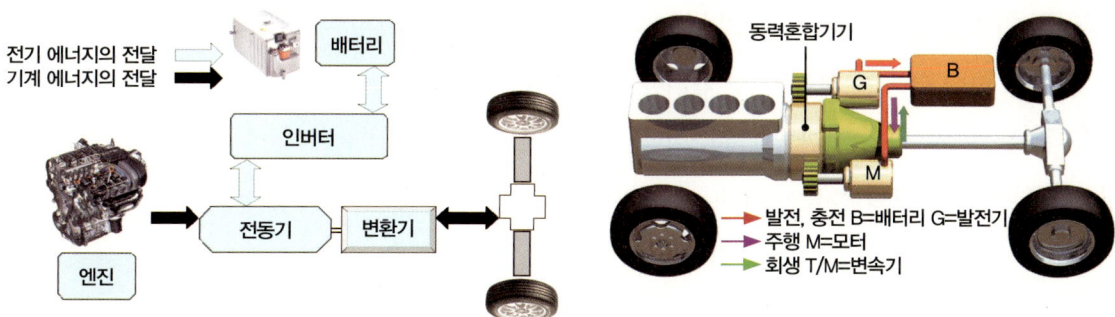

직렬방식 Series type

엔진은 발전기의 발전 동력으로만 사용되고 발전한 전력을 배터리에 충전하여 모터의 동력으로 주행하는 방식의 하이브리드 자동차로서 일종의 전기 자동차라고도 할 수 있다.

현재 시중에서 판매되고 있는 충전식 전기 자동차는 모터의 **회생**回生을 사용하여 충전할 수도 있지만 주행거리를 크게 증가시키기에는 미흡한 것이 현실이다. 그래서 직렬방식에서는 배기량이 적은 엔진을 발전용으로 탑재한다.

장점
① 엔진의 작동영역을 주행상황과 분리하여 운영이 가능하며 엔진의 작동 효율이 향상
② 엔진의 비중이 줄어 배기가스 저감에 유리
③ 전기 자동차의 기술을 적용 가능
④ 연료전지의 하이브리드 기술 개발에 이용이 가능
⑤ 구조 및 제어가 병렬방식에 비해 간단하며 특별한 변속장치를 필요로 하지 않음

단점
① 엔진에서 모터로의 에너지 변환 손실이 큼
② 고효율의 전동기가 필요
③ 출력 대비 자동차의 무게 비가 높은 편으로 가속 성능이 낮음

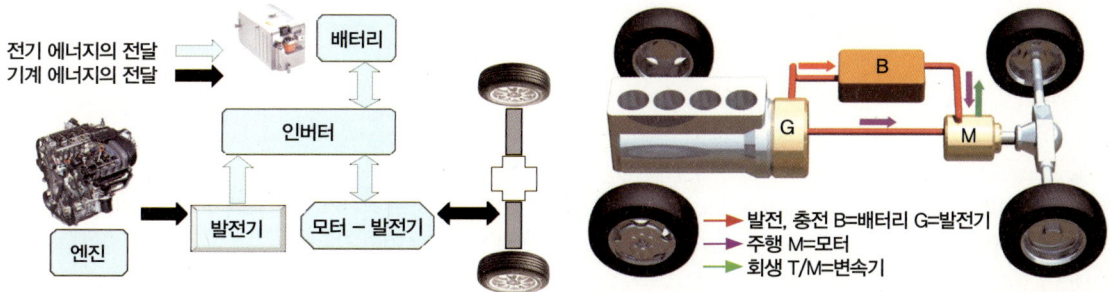

012 자동차 진화의 비밀을 알고 싶다

복합방식 parallel · Series type

모터의 역할이 큰 것은 직렬방식과 같지만 이 방식에서 엔진은 단순한 발전기가 아니다. 모터만으로 출력이 부족한 경우에는 엔진의 동력으로 주행을 보조한다. 짧은 거리나 저속 시에는 엔진의 보조 없이 전기 자동차로서 주행할 수 있는 차종도 있다.

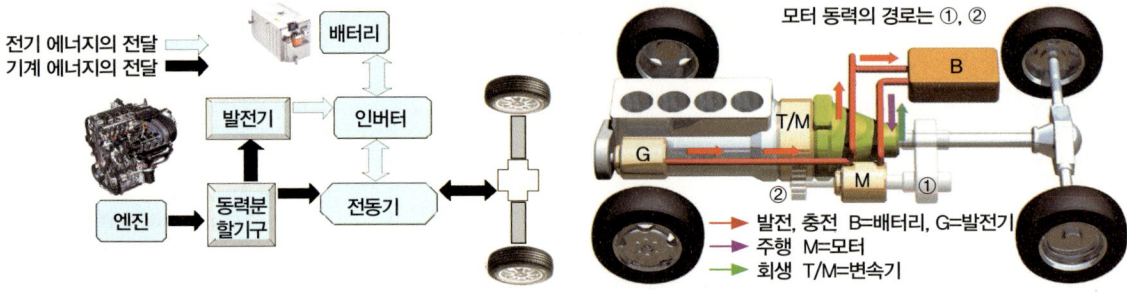

> **Tip** 하이브리드 카에서는 출발할 때나 저속으로 주행할 때 모터만으로 주행하는 경우가 있다. 이때 소리가 거의 나지 않아 보행자가 주행하는 자동차를 인지하지 못하는 문제점의 대책으로 소리를 첨가하는 것도 검토되고 있다.

프리우스는 이러한 자동차다

 **10-15모드 연비** 자동차 연비에서 목표가 되는 하나의 기준으로 시내 주행패턴 10개 항목과 시외 주행패턴 15개 항목을 통합하여 산출한다.

1997년에 데뷔한 첫 모델

"21세기 맞춤형"이란 캐치프레이즈로 자동차 업계에 충격을 던진 자동차가 도요타의 프리우스이다. 가솔린엔진과 전기 모터를 조합한 하이브리드 차의 양산형으로 세계에서 가장 먼저 출시되었으며, 엔진은 1.5ℓ의 '애트킨슨 사이클'Atkinson cycle과 전기 모터가 조합된 THS도요타 하이브리드 시스템를 탑재하였다. 하이브리드의 종류로는 복합방식이고 10-15모드 연비는 28km/ℓ로서 경이적인 연비의 절감이 실현되었다. 미래적인 디자인과 새로운 구조가 관심거리였지만 가격은 약 3,000만 원 정도로 1.5ℓ급 세단으로서는 높게 설정된 편이다.

도요타 프리우스
세 번째 최신 모델 디자인도 이전 모델의 콘셉트를 계승하였다. 트라이앵글(triangle; 삼각형) 실루엣의 스타일로 공기 저항을 줄이는 성능이 더욱 좋아져, 스포츠카와 동등한 0.25라는 공기저항계수(CD)를 실현하였다.

크게 히트한 세 번째 모델

두 번째 모델은 2003년에 제작되었으며, 디자인은 첫 모델의 외형을 유지하면서 4도어 세단에서 5도어 해치백으로 변화되었다. 자동차의 폭은 1,725mm로서 5도어 해치백으로 바뀌면서 뒷좌석의 등받이를 분할하여 조절하는 방식으로 사용의 편의성이 향상되었으며, THS는 'THS-II'라는 형식으로 진화되었고 10-15모드 연비는 35.5km/ℓ로 향상되었다. 첫 모델의 과제였던 동력성능도 상당히 개선되었다.

세 번째 모델은 2009년 5월에 제작되었는데 이 모델의 하이브리드 시스템THS-II은 90% 이상이 신개발 제품으로 개선되어 장착되었다. 엔진은 1.5ℓ의 1NZ-FXE형에서 1.8ℓ의 2ZR-FXE형으로 배기량이 확대되었고 모터도 68PS의 3CM형에서 82PS의 3JM형으로 변경되었다. 더욱이 모터에는 **리덕션 기어**Reduction gear ; 기어에서 모터의 회전속도를 감속시키는 기구가 장착되어 가속 성능은 2.4ℓ급 정도로 향상되었다. 워터 펌프를 일반적인 벨트 구동방식이 아닌 전동식

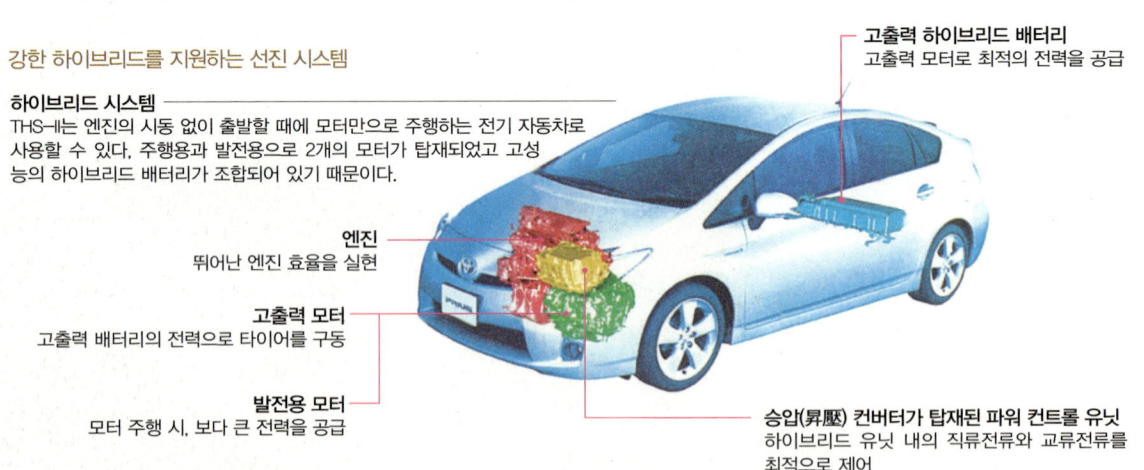

강한 하이브리드를 지원하는 선진 시스템

하이브리드 시스템
THS-II는 엔진의 시동 없이 출발할 때에 모터만으로 주행하는 전기 자동차로 사용할 수 있다. 주행용과 발전용으로 2개의 모터가 탑재되었고 고성능의 하이브리드 배터리가 조합되어 있기 때문이다.

고출력 하이브리드 배터리
고출력 모터로 최적의 전력을 공급

엔진
뛰어난 엔진 효율을 실현

고출력 모터
고출력 배터리의 전력으로 타이어를 구동

발전용 모터
모터 주행 시, 보다 큰 전력을 공급

승압(昇壓) 컨버터가 탑재된 파워 컨트롤 유닛
하이브리드 유닛 내의 직류전류와 교류전류를 최적으로 제어

으로 바꾸었고 배기 열을 재활용하는 시스템을 장착하여 10-15모드 연비가 드디어 38km/ℓ까지 향상되었다.

태양 전지의 패널

유리 재질의 선루프 뒷부분에 태양전지의 패널이 선택 사양으로 장착된 것은 주목할 만하다. 주차 중에 차내의 공기를 환기시키거나 스마트키로 자동차 밖에서 에어컨을 작동시키는 것도 가능하게 되어 연비 성능뿐만 아니라 쾌적성도 크게 향상되었다.

하이브리드 시스템을 가동시켜 액셀러레이터 페달을 살짝 밟으면 전기 모터만으로도 주행할 수 있어 기존의 가솔린 자동차에서는 볼 수 없었던 주행 감각이야말로 프리우스의 매력이다.

모터

세 번째 모델의 특징
엔진의 배기량을 1.8ℓ로 확대하여 고속 주행 시의 엔진의 회전수를 낮출 수 있으며, 연비도 향상되었고 모터도 고성능화되었다. 태양 전지의 패널이 장착된 선루프에서 발전한 전력으로 실내의 환기와 승차 전 에어컨의 작동이 가능하다.

> **Tip** 프리우스에는 전기 자동차의 주행 감각을 느낄 수 있는 EV 모드가 있다. 단 하이브리드 배터리의 상태에 따라 주행할 수 있는 거리는 달라지며, 액셀러레이터 페달을 너무 과다하게 밟으면 EV 모드는 해제된다. 하이브리드 카의 증가에 따라 높은 연비를 경쟁하는 새로운 '모터스포츠'도 개최되고 있다.

016 자동차 진화의 비밀을 알고 싶다

인사이트는 이런 자동차다

 **IMA** 'Integrated Motor Assist'의 약어로서 혼다의 소형 모터를 사용하는 하이브리드 시스템이다. 구성 부품수가 적어 경량이 가능하다.

5도어 해치백으로 데뷔

하이브리드 카는 연비가 좋아도 가격이 비싸다. 혼다의 최근 모델인 인사이트는 이러한 이미지를 불식시키기라도 하듯이 2009년 2월에 데뷔하면서 약 2,600만 원이라는 가격으로 주목을 받았다. 도요타의 프리우스는 2003년에 출시된 후속 모델부터 자동차 너비가 1,700mm 이상이었지만 인사이트는 1,695mm로 좁은 도로 상황에 맞추어 제작된 것이다.

하이브리드 시스템은 병렬방식이며 가솔린엔진과 트랜스미션변속기 사이에 전기 모터를 배치한 간단한 형식으로 혼다의 독창적인 하이브리드 시스템인 IMAIntegrated Motor Assist이다. 또한 트렁크 밑에 파워 컨트롤 유닛과 니켈-수소 전지가 2단 구조로 배치되어 있어 하이브리드 전용의 차종이 아닌 기존의 차종에도 적용하기가 쉽다.

혼다 인사이트
공기의 마찰을 줄이고 단단함을 느끼게 하는 유선형 디자인이다. 보닛으로부터 루프를 따라 뒷부분까지 활 모양의 라인으로 뒷면은 스포티함을 연출하고 있으며, 앞면에는 두께가 얇은 헤드램프와 동일한 두께의 프런트 그릴(front grill)을 사용함으로써 널찍한 느낌을 연출하였다.

실내 계기판
조종 장치가 조향 핸들 주변에 모두 집중 배치된 디자인이다. 계기판은 상부의 속도계, 하부의 회전계 및 IMA 어시스트, 충전 표시 등의 다양한 정보를 나타내는 2단 구성이다.

고성능 자동차를 포함한 대부분의 승용차에 DOHC 4밸브를 사용하는 것이 대세인 시대지만 출력이 적은 소배기량 엔진에서는 마찰 저항이 연비를 향상시키는데 커다란 장애가 되기 때문에 이 자동차에서는 LDA형 직렬 4기통 1,339cc 엔진에 마찰 저항이 적은 SOHC 2밸브를 사용하여 65kW88PS의 최고 출력을 내고 있으며, 밸브 타이밍도 실용 엔진의 회전 영역을 중시하여 설정하였다. 엔진과 CVT무단변속기 사이에 장착된 모터는 두께가 얇은 형태의 모터이다.

파워유닛

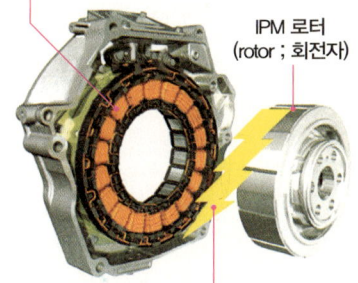

스테이터(stater)
전선을 감은 코일이 병렬로 되어 있다.

IPM 로터
(rotor ; 회전자)

스테이터에 전력을 가하면 IPM 로터가 회전한다.

최고 출력 10kw14PS로 1,200kg의 가벼운 차체 중량과 5도어 해치백 스타일을 도입하여 양호한 공력뿐만 아니라 10-15모드 연비에서 30km/ℓ의 연비를 실현하였다.

주행 감각은 가솔린 자동차의 연장선상에 있으며 하이브리드 카라는 것을 그다지 인식하지 못할 정도이다. 신호 정지 때 아이들링 스톱idling stop : 정차 시 엔진을 멈춤 외에는 대부분의 엔진이 작동하고 있다. 생산이 종료된 시빅 R모델과 같이 스포티한 실내 계기판의 디자인도 혼다만의 특징이라고 할 수 있다.

파워유닛 모터는 엔진의 출력 측에 장착되어 있으며, 엔진의 출력을 보조한다.

첫 모델은 쿠페

인사이트 하이브리드 카는 1999년에 2인승 쿠페Coupe 스타일로 데뷔하였으며, 뒷바퀴 상단부가 덮여 있는 스타일은 디자인만을 위한 것이 아니라 0.25의 공기저항계수CD를 실현시키기 위함이었다. 차체는 NSX라는 스포츠카 기술이 탄생시킨 1억 4천만 원 상당의 알루미늄 재질로 되어 있고 펜더에는 수지가 사용되었다.

5단 MT를 장착한 자동차로서 차체 중량이 820kg이고 CVT를 장착한 경우에도 850kg으로 가볍기 때문에 10-15모드 연비는 32.0~35.0km/ℓ를 실현했다. 실용 자동차라기보다는 경량화와 연비에 대한 도전이었다.

> **Tip** 더 이상 하이브리드카를 시시하게 여기지 말아야 하겠다. 혼다에서는 실측 연비를 서열화하는 에코 그랑프리라는 게임을 홈페이지에서 전개하고 있다. 혼다와 같은 병렬방식 하이브리드에서도 저속 운전 시에는 모터만으로 주행하는 EV 모드가 된다.

하이브리드의 스포츠 모델

 **3모드 드라이브 시스템** 주행 상황에 맞추어 'SPORT/NORMAL/ECON' 모드를 버튼으로 선택하여 주행할 수 있다.

경량 스포츠카의 새로운 모습, 'CR-Z'

원 모션 폼one motion form이라고도 하는 혼다 CR-Z의 모양은 1980년대 중반부터 1990년대 초반에 인기가 있었던 경량 스포츠카인 CR-X와 매우 유사하다.

크기는 4080×1740×1395mm길이×너비×높이이다. 파워 유닛은 고성능 가솔린엔진이 아닌 1.5ℓ 직렬 4기통 SOHC 4밸브에 전기 모터가 조합된 IMA라고 하는 하이브리드 시스템이다. 엔진의 최고 출력은 84kW114PS/6000rpm으로 모터는 앞에서 소개한 인사이트와 같은 최고 출력인 10KW14PS/1500rpm이다.

혼다 CR-Z
차체는 4080×1740×1395mm의 짧고 낮은 크기를 잘 살린 디자인으로 되어 있으며, 예전의 경량 스포츠카 CR-X를 알고 있는 사람은 그 자동차의 부활이라고 생각할 수도 있다. 대형의 프런트 그릴은 낮은 위치에 배치되어 있고 옆으로 길게 뻗은 헤드램프와 함께 널찍한 느낌을 강조하고 있다.

엔진은 SOHC이면서 4밸브로 고성능화되었는데 2.0ℓ급 차량과 같은 가속 성능이 있으며, 모터는 보조 역할만을 하는 IMA시스템은 하이브리드에서 중요한 배터리도 대형화할 필요가 없기 때문에 경량화에 기여하였다. 이외에도 프런트 서스펜션의 로워 암lower arm에 알루미늄 재질 등을 사용하여 차체의 중량을 1100kg대 중반평균치까지 낮추었다.

혼다에서 처음으로 장착한 **3모드 드라이브 시스템**은 실내 계기판의 오른쪽에 설치된 SPORT/NORMAL/ECON 스위치로 선택할 수 있으며, 엔진의 특성뿐만 아니라 모터의 어시스트 정도나 변속 제어CVT 차에서만, 파워스티어링, 에어컨의 효율까지 전체적으로 컨트롤할 수 있도록 설정되어 있다.

실내 계기판
계기판 중앙의 후드 안에는 디지털 버전의 스피드 미터와 엔진 회전계가 배치되어 있어 스포츠카 분위기가 느껴진다. 그 왼쪽에는 모터 어시스트·충전과 배터리 잔량이 표시되며, 오른쪽에는 연비와 MID(Multi Information Display의 약어로써 에코 가이드 및 에너지 흐름 교체 등의 기능 보유)가 배치되어 있다.

VT뿐만 아니라 6단 MT 사양도 있다

가솔린엔진만 장착된 스포츠 모델이 아니기 때문에 혼다의 CR-Z에는 CVT무단변속기뿐만 아니라 6단 MT수동변속기도 장착되어 있다. AT자동변속기와 CVT가 주류인 시장에서는 매우 모험적인 시도이며 하이브리드 카로서는 세계 최초이다.

6단 MT는 스포티한 주행을 즐기도록 해줄 뿐만 아니라 가솔린엔진 상에서는 어려운 500rpm 정도의 저속회전 시에도 모터가 출력을 보조하기 때문에 초보 사용자도 즐겁게 운전할 수 있다. 즉, 초보 운

6단 변속기는 파워유닛의 앞에 부착되어 있다.

트랜스미션(변속기)

전자가 흔히 범하기 쉬운 출발 시의 엔진 정지를 막아 줄 뿐만 아니라 좀 더 높은 기어 단수에서도 낮은 회전으로 부드럽게 가속할 수 있다. 더욱이 시프트 업·시프트 다운 기능의 지시계가 장착되어 있어 경제적인 운전을 위한 안내도 해 준다.

파워유닛

인사이트보다 더 큰 1.5ℓ 엔진이 모터와 함께 장착되어 있어서 보다 강력한 주행이 가능하며, 스위치로 변경이 가능한 3모드 드라이브 시스템은 가속 특성뿐만 아니라 모터 어시스트와 CVT의 변속 제어까지 변경한다. 자동변속기뿐만 아니라 스포츠 모델에 어울리는 6단 MT가 설정된 것은 다른 하이브리드 카에 없는 특징이다.

> **Tip** CR-Z도 운전을 즐길 수 있는 하이브리드 카이다. 에코 어시스트(ECO ASSIST)는 운전자가 연료를 절약할 수 있도록 장착된 기능으로 CR-Z의 매력 중 하나이다.

022 자동차 진화의 비밀을 알고 싶다

발전한 승용차용 디젤엔진

 **블루테크** 벤츠의 E350 블루테크(Blue TEC)에 장착된 승용차용 디젤엔진은 세계에서 가장 깨끗한 디젤 배출가스 처리 시스템 중 하나이다.

디젤엔진의 점유율이 높은 유럽 국가들

하이브리드 카는 연비를 절약하는 자동차로서 주목을 받고 있지만 유럽에서는 저속 토크에 여유가 있는 디젤엔진을 탑재한 자동차가 판매의 60% 이상을 차지하고 있다. 바캉스뿐만 아니라 일상생활에서 500km 정도를 이동할 목적으로 사용할 자동차로서는 저렴한 연료와 높은 연비가 중요하기 때문이다.

디젤엔진은 아직도 검은 매연을 내뿜는 트럭의 시끄럽고 깨끗하지 못한 이미지가 강하기 때문에 승용차에는 디젤엔진을 잘 장착하지 않는 경향도 디젤엔진의 점유율이 낮은 요인 중 하나이다.

메르세데스 벤츠의 E350 블루테크
외형은 V형/6기통/3.5ℓ의 가솔린엔진을 탑재한 E350 아방가르드와 차이가 별로 없어 보인다. 특히 엠블렘(Emblem)이 없는 앞쪽에서 보면 시동을 걸지 않는 한 디젤엔진을 탑재한 자동차인지 가솔린엔진을 탑재한 자동차인지 알 수가 없다.

국내에서도 유럽의 디젤 자동차 구입이 가능

국내에서도 클린 디젤엔진이 탑재된 유럽의 자동차가 판매되고 있다. 그 대표적인 예가 벤츠의 E350 블루테크 세단과 스테이션왜건으로, 클린 디젤엔진은 V형 6기통/2986cc/직접분사형 터보 방식이다.

연료분사 노즐의 대체 용도로 반응속도가 빠른 피에조piezo 소자를 적용하여 연료 분사의 정밀도를 높였고 고압 연료분사 시스템 Common Rail Direct Injection ; 연료 분사압력을 1600bar 전후의 고압으로 설정하여 분사하는 방식이 적용되었다. 이것이 오늘날의 디젤엔진에서는 일반적인 구조이다.

배출가스 처리 시스템은 블루테크를 적용하였으며, 트럭에서 많이 사용되는 요소 SCRSelective Catalytic Reduction ; 선택형 촉매 환원이라는 촉매를 사용하여 배출가스 중의 질소산화물NOx을 69% 저감시켰다. DPFDiesel Particulate Filter ; 배기가스 후처리장치 역시 트럭에서 주로 사용되는데 입자상의 물질을 제거하는 필터로서 NOx를 21% 저감시킨다.

최고 출력 155kW211PS, 최대 회전력 540N·m55.1kg·m라고 하는 5.0ℓ급 가솔린엔진 탑재 자동차와 회전력이 동등하며, 2.0ℓ급 자동차다운 13.2km/ℓ의 10-15모드 연비도 겸비하고 있다.

파워유닛

블루테크의 엠블렘은 세계 제일의 클린 디젤엔진과 배기 정화 시스템이 탑재되어 있다는 의미의 상징이다. 가솔린엔진을 탑재한 자동차보다 높은 연소효율에 따라 높은 연비는 CO_2의 배출이 적다는 것을 의미한다.

면밀한 방음 대책이 적용된 디젤엔진은 공회전하고 있을 때만 가솔린엔진과 다르다는 것을 느낄 수 있을 정도이다. 자동차의 연비 면에서 가장 경제적인 경유를 사용하며, 80ℓ의 탱크로 1,000km 이상을 급유 없이 주행이 가능하다.

배출가스 처리 시스템에서 중시되는 것은 요소 수용액Ad Blue인데 이것을 배출가스에 분사하여 화학반응환원작용을 일으켜 NOx를 저감시키는 구조이며, 이제까지 승용차에 적용하지 못한 이유는 요소 수용액을 저장하는 탱크의 설치 장소를 확보하기가 어려웠기 때문이다. 벤츠의 E350 블루테크에는 약 25ℓ의 탱크가 트렁크 밑에 장착되어 있다.

요소 수용액 탱크

배기 정화 시스템
디젤엔진에서 문제가 되었던 가속 시 배출되는 검은 매연을 없애기 위해 산화 촉매와 입자상 물질의 제거 필터인 SCR 촉매로 배출가스를 깨끗하게 만든다. 배출가스에 요소 수용액을 분사하여 SCR 촉매로 질소산화물을 무해한 질소와 물로 환원시킨다. 사진은 요소 수용액 탱크로 트렁크 룸 아래에 탑재된다. 요소 수용액은 1년마다 정기점검 시에 보충이나 교환이 이루어진다.

Tip 벤츠의 SUV인 ML350 블루테크 사양도 국내에서 판매가 시작되었다. 요소 수용액을 사용하는 SCR 촉매에 의한 배출가스 정화는 주로 트럭에서 시행되어 왔다. 승용차에서는 요소 수용액 탱크의 설치 장소가 제한적이었기 때문이다.

디젤엔진 승용차

Key word — **제작차 배출허용기준** 디젤엔진에 대한 배출가스 규제는 2009년 1월 1일부터 제작되는 경형·중형 자동차의 질소산화물(NOx)이 0.18~0.28g/km 이하, 입자상물질(PM)이 0.005g/km 이하의 엄격한 규제 값으로 되어 있다. 2014년 1월 1일부터는 더욱 강화된 규제 값을 적용할 예정이다.

디젤엔진을 거의 탑재하지 않는 일본 승용차

유럽에서는 승용차에도 디젤엔진이 대부분인데 비해서 일본에서는 배출가스 규제 등의 문제로 초창기부터 거의 소멸된 것이 현실이다. 1980년대에는 다이하쓰의 리터 카1000cc 승용차인 셔레이드에 993cc의 디젤엔진이 탑재되기도 하였으며, 1993년까지 승용차를 생산하던 이스즈의 제미니에도 1500~1700cc모델 변경과 더불어 배기량 확대의 디젤엔진이 탑재되었다. 2004년에 미쓰비시의 파제로 세 번째 후속 모델부터 디젤엔진이 사라진 후로는 이제 승용차에서 디젤엔진의 모습을 거의 볼 수 없게 되었다.

2008년에 SUV 차로 부활

디젤에 대한 이미지는 "시끄럽고 진동이 크며 가속성이 나쁘다"라는 것이었다. 이러한 이미지를 확 바꿔 놓은 자동차가 2008년에 닛산에서 나온 2번째 후속 모델인 엑스트레일 20GT이다. 첫 번째 GT는 가솔린의 고성능 터보280PS 엔진이었으며, 새로운 20GT에는 커먼레일common rail식 직접분사 디젤터보엔진이 탑재되었다. M9R형이라는 이 엔진은 1995cc, 직렬 4기통 DOHC로써 1600bar의 초

고압으로 피에조식 인젝터로부터 미립화된 경유를 연소실 내에 직접 분사하는 방식에 의해 공기와 혼합이 용이하여 연소효율이 향상되었다. 연소 시에 발생한 검은 매연은 DPF배기가스 후처리장치에서 LNT Lean NOx Trap 촉매로 NOx를 무해화 한다.

닛산 엑스트레일 20GT
프랑스의 르노와 공동 개발한 M9R형으로 1995cc의 디젤엔진이 탑재되었다. 225/55R18 사이즈의 타이어와 전용 디자인 휠을 장착하였으며, 뒤쪽에 PURE DRIVE dCi라는 엠블렘이 있는 차가 디젤엔진을 탑재한 자동차이다. 강력한 회전력을 동반한 주행성은 가솔린엔진을 탑재한 자동차에서는 보기 힘든 매력이다. 경유를 사용하여 10-15모드 연비에서 14.2~15.2km/ℓ 를 실현한 것이 주목할 만하다.

최고 출력이 127kW 173PS로서 가솔린엔진 2.0ℓ급에 필적하고 더욱이 2000rpm에서 발생하는 360N·m 36.7kg·m의 최대 토크는 3.5ℓ V6기통 가솔린엔진에 필적한다. 고성능 엔진용 마운트 브래킷 mount bracket과 방음 유리 등의 적용으로 디젤엔진이라는 것을 잊게

할 만큼 조용해졌다. 출시한 당시에는 6단 MT를 탑재하였지만 2010년 7월에는 6단 AT도 추가되었다.

미쓰비시의 파제로에도 디젤엔진 탑재

2008년, 닛산 엑스트레일과 거의 동시에 파제로에서도 디젤엔진을 탑재한 자동차가 부활하였다. 4M41형/3200cc/직렬4기통 DOHC로 출시되었으며, 커먼레일common rail식 인터쿨러intercooler ; 중간 냉각기가 장착된 터보 방식인 것은 엑스트레일 20GT와 같다. 처음부터 AT사양인 것은 좋았지만 PM입자상물질의 배출 규제 값만 적합했을 뿐 전체적으로는 대응할 수 없었다.

엔진과 엠블렘
오른쪽의 파란 부분에 새겨진 PURE DRIVE(퓨어 드라이브)는 닛산 엔진의 진화형 에코카라는 것을 표시한다. 아이들링 스톱 기구 및 클린 디젤 자동차(clean diesel car)에 장착되었다. 오른쪽의 닛산이라는 엠블렘이 있는 엔진 커버 밑에 디젤엔진이 있는지의 여부는 엔진에 시동을 걸어 소리를 듣지 않으면 알 수가 없다.

> **Tip** 미쓰비시의 파제로 4M41형 디젤엔진에서도 배출 규제 값에 대응하는 개량 모델이 2010년에 발매되었다. 디젤엔진의 매력은 실제 주행에서 많이 사용되는 2000rpm 전후에서 최대 토크가 발생되어 장거리 주행 시는 물론 정지와 출발이 잦은 시내 주행 시에도 불편함이 없다는 것이다.

028 자동차 진화의 비밀을 알고 싶다

디젤엔진의 특징

> **Key word** **자기착화** 가솔린엔진의 경우 스파크 플러그(spark plug)의 불꽃으로 혼합기를 착화하는 것에 비하여 디젤엔진은 공기를 피스톤으로 압축하고 경유를 인젝터로 분사시켜 압축 시에 상승된 높은 온도에 의해 착화된다.

피스톤은 있지만 스파크 플러그는 없다

디젤엔진을 탑재한 자동차가 가솔린엔진을 탑재한 자동차와 가장 다른 점은 연료가 가솔린이 아닌 경유라는 것이며, 얼마 전까지 디젤엔진을 탑재한 자동차의 일반적인 이미지는 소음이 심하고 매연을 많이 배출한다는 것이었다. 엔진의 구조는 피스톤의 상하 왕복운동을 크랭크샤프트가 회전운동으로 변환하는 왕복운동 엔진이지만 디젤엔진에는 점화용 스파크 플러그가 존재하지 않는다.

그 이유는 압축된 공기에 연료를 분사하여 **자기착화** self-ignition시키는 구조이기 때문이다. 압축비가 높고 연소효율이 좋지만 연소 음이 커 소리가 시끄럽다는 이미지는 이 연소 음의 원인이다. 현재는 커먼레일식 연료 분사에 피에조식 인젝터가 장착되는 등 배출가스 처리 기술의 발전으로 디젤엔진의 마이너스적인 이미지도 점차 사라지고 있다.

M9R형 엔진
닛산의 '엑스트레일 20GT'에 탑재되어 있다. 1600bar의 초고압으로 연료를 미립화하여 분사하는 커먼레일식으로 엄격한 배출가스 규제에 맞추기 위해 LNT(Lean NOx Trap)촉매와 DPF(배기가스 후처리장치)로 배출가스를 정화한다. 배기의 소음이나 진동도 이전의 디젤엔진과는 비교가 되지 않을 정도로 저감되어 있다. 2ℓ이면서도 2000rpm에서 3.5ℓ급과 같은 최대 토크를 발생시킨다.

최근의 주류는 커먼레일식이다

공기의 압축에 의하여 경유가 착화온도에 다다르면 연료를 분사하기 때문에 디젤엔진은 가솔린엔진보다 압축비가 1.6배 정도 더 높으며, 높은 압축비 때문에 연소효율도 높지만 실린더 블록이나 피스톤, 커넥팅로드, 크랭크샤프트 등의 부품에는 그에 견딜 수 있는 강도가 필요하여 엔진의 중량이 증가된다. 또한 자기착화로 순식간에 연소되기 때문에 연소음이 크다. 이 때문에 디젤엔진은 시끄럽다는 이미지를 갖게 된 것이다.

이러한 큰 연소음을 개선한 것이 현재 많이 사용하고 있는 커먼레일식각 실린더의 인젝터로 연료를 공급하는 파이프 부분에 연료를 고압으로 저장하는 방식으로 피에조식 인젝터의 조합에 의해 연료를 조금씩 여러 차례로 나누어 분사할 수 있게 된 것이다. 2000년이 되기 바로 전에 유럽에서는 승용차에도 이 방식을 적용하기 시작하였으며, 연료를 나누어서 적게 분사함으로써 완전연소를 촉진할 수 있는 것으로 최종적으로는 NOx나 PM 등의 배출가스 내 유독 성분도 감소하게 되는 것이다.

연비가 좋은 것도 디젤엔진의 특징 중 하나이다. 예를 들어 닛산의 '엑스트레일'의 경우 표준 차인 '1997cc 직렬 4기통 DOHC'에서 터보 방식이 아닌 경우 최고 출력이 101kW137 PS, 최대 토크는 200N·m20.4kg·m이고 10-15모드 연비가 13.2~13.8km/ℓ인데 비해서 1995cc 디젤엔진은 동일한 직렬4기통 DOHC에 터보를 장착하여 최고 출력 127kW173 PS, 최대 토크 360N·m36.7kg·m이라는 압도적인 고성능을 실현하면서도 연비는 14.2~15.2km/ℓ4WD로 더욱 뛰어나다.

030 자동차 진화의 비밀을 알고 싶다

■ 디젤엔진 Di-D 시스템

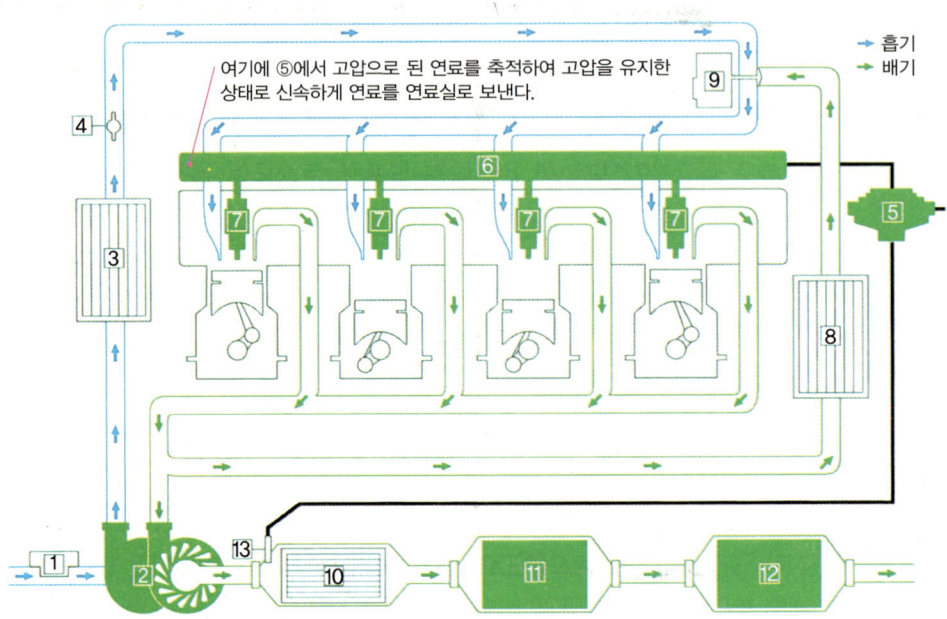

① 공기 흐름(Air flow) 센서
② VG 터보차저(Turbo charger)
③ 인터쿨러(Intercooler)
④ 전자제어 스로틀 밸브
⑤ 고압 연료 펌프
⑥ 커먼레일
⑦ 전자제어 인젝터
⑧ EGR 쿨러
⑨ EGR 밸브
⑩ 산화 촉매
⑪ NT(NOx Trap) 촉매
⑫ DPF
⑬ 배기 연료 첨가 인젝터

> **Tip** 가솔린엔진 자동차보다 디젤엔진 자동차가 가격이 비싼 것은 엔진 각 부품의 강도를 더욱 높이기 위한 비용이 더 소요되기 때문이다. 마즈다에서 디젤엔진으로서는 가장 낮은 압축비 14 : 1인 디젤엔진을 개발하였다.

전기 자동차

 **리튬이온 배터리** 휴대폰이나 컴퓨터는 물론이고 고성능 전지도 전기 자동차의 주행거리를 증가시키기 위해서 개발이 진행되고 있다.

가솔린 자동차보다 구조가 간단하다

2010년 4월 드디어 일반 사용자를 위한 **전기 자동차**EV가 발매되었다. 미쓰비시의 경자동차 아이i가 기본이 된 아이미브이며, 그 동력원은 전기 모터로 변속기와의 조합은 가솔린엔진과 변속기4단 AT의 조합보다 압도적으로 작고 중량도 53% 정도 밖에 되지 않는다. 이것은 가솔린엔진왕복운동 기관의 구성 부품에 비해 모터의 구성 부품이 압도적으로 적기 때문이다.

이 모터와 변속기 이외에 구동용 배터리, 탑재 충전기와 인버터 그리고 충전용 커넥터만 있으면 되는 것이다. 이러한 상황에서는 배터리의 용량이 커지기 때문에 가솔린엔진을 탑재한 자동차와 비교하면 중량이 무거워지는 경향이 있으며, 아주 낮은 회전에서도 큰 회전력을 얻을 수 있는 모터의 특성 때문에 동력 성능은 가솔린엔진 자동차를 압도하게 된다.

EV의 구조
아래는 미쓰비시 아이미브의 예이다. 탑재 충전기에 의해 자동차 밖으로부터 받아들인 교류 전력(AC)을 직류(DC)로 변환시켜 구동용 배터리(직류 배터리)로 보낸다.

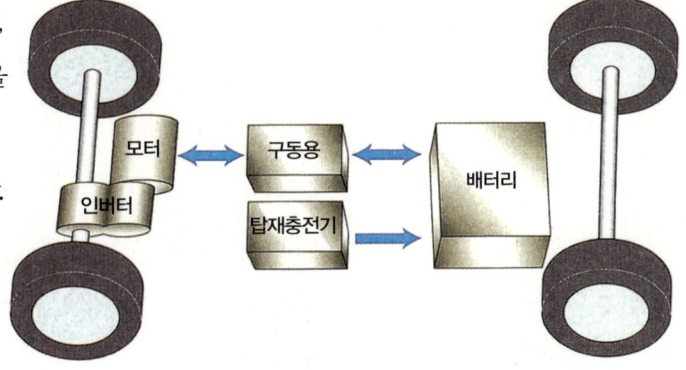

무엇보다 특별한 것은 주행 중에 배출가스가 없다는 점이며, 주행 중에 발생되는 엔진의 소리도 거의 없고 가속하여도 '윙'하는 고주파 음이 발생되는 정도로 매우 조용하다. 2010년 말에는 닛산이 리프를 발매하였고 도요타도 2012년 초에 전기 자동차를 양산할 수 있도록 체제를 정비할 방침이다.

배터리의 성능과 높은 가격에 대한 과제

배출가스가 나오지 않는 깨끗함만을 중요시한다면 압도적으로 유리한 것이 전기 자동차이다. 그러나 현 상태에서는 1회의 충전으로 139km정도밖에 주행할 수 없다는 것이 단점이라고 할 수 있으며, 에어컨특히 히터이나 와이퍼를 사용하면 주행거리가 더욱 감소한다.

배터리의 탑재 수를 증가시키면 되겠지만 실내 공간이 줄어들게 되고 자동차의 중량도 증가된다. 요즘은 리튬이온 배터리의 개발이 계속되고 있어 소형화가 더욱 더 진행될 것으로 예상된다.

구동용 배터리

시판되는 전기 자동차는 가격이 비싼 것이 현실이다. 그런데 이 가격의 반 이상을 리튬이온 배터리가 점유하고 있으며, 현재 시판되는 자동차의 가격은 대당 약 4500만 원 정도나 된다. 또한, 전기 자동차의 보급에는 급속 충전기 등의 기반 시설의 정비가 필요하다.

보통 가정용 220V에서 완전히 충전하려면 약 6시간이 소요된다. 출퇴근 시 매일 편도 80km 이상씩 다니는 사람에게는 불편하겠지만 집 근처에

모터
모터는 교류(AC) 모터가 사용된다. 구동용 배터리에는 직류(DC) 배터리가 사용되기 때문에 전력은 인버터에 의해 교류로 변환된다.

서 시장보기 용도로 주 몇 회 정도 타는 사람이라면 큰 문제없이 실용차로 사용할 수 있을 것이다.

전기 자동차를 구입하는 경우엔 단독 주택이거나 충전 설비가 구비된 주차장이 있는 아파트에 살아야 한다는 것이 최소한의 조건이다. 그러므로 이제부터는 충전 설비가 구비된 주택의 판매가 늘어날 것이다.

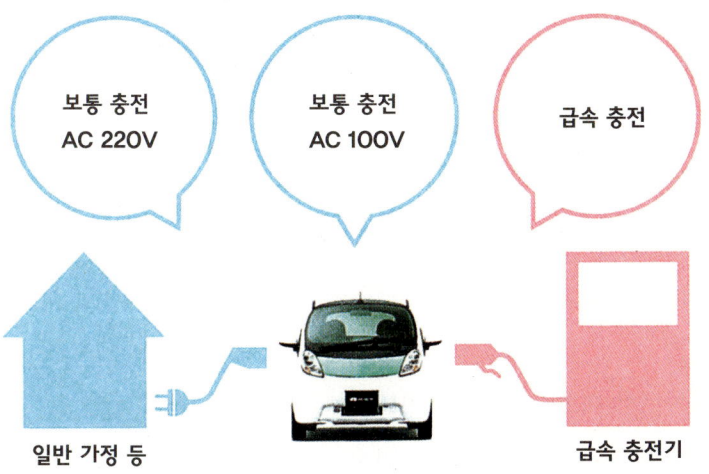

충전 방식	전원	충전 시간
보통 충전	AC 220V (15A)	약 6시간 (완전 충전)
	AC 100V (15A)	약 14시간 (완전 충전)
급속 충전	3상 200V 50kW (급속 충전기 측 전원)	약 30분 (80%)

 # : 파워 다운(Power Down)
경고등 점등 후부터의 충전 시간. 시간은 표준이며 기온이나 충전 상태에 의해 충전 시간이 달라질 수 있다.

> **Tip** 일본에서는 전기 자동차의 구입 보조금이 지방자치단체에 따라 다르다. 전혀 지급하지 않는 곳도 있다. 3상 220V 전원은 전력회사에 연락하면 자택이 단독주택인 경우 설치에 응해준다. 단, 기본요금은 별도이고 전선을 끌어오는 공임(工賃)이 불어나는 경우가 있다는 점에 주의해야 한다.

034 자동차 진화의 비밀을 알고 싶다

일본에서 판매되는 전기 자동차

 **플랫폼(자동차의 프레임 부분)** 자동차 회사에서 일반인에게 판매하는 전기 자동차는 일반 자동차의 시판 모델을 기반으로 하는 것과 전기 자동차의 전용 플랫폼을 사용하는 것이 있다.

2010년은 전기 자동차의 원년

2009년 6~7월에 후지중공업 스바루와 미쓰비시가 지자체용과 기업용으로 경자동차를 기반으로 한 전기 자동차를 출시하였으며, 미쓰비시의 아이미브나 스바루의 플러그 인 스텔라는 모두 경자동차가 모체인 전기 자동차로 당시 발표된 가격은 6200~6500만 원으로 고가였다.

그 후 2010년에 드디어 전기 자동차로서 미쓰비시의 아이미브가 시판용으로 출품되기 시작하였다. 국내의 전기 자동차를 보면 현대 자동차에서 개발한 **블루온**은 2013년부터 본격 생산하여 시판할 예정이고 기아자동차의 **레이**는 2012년부터 시판되고 있다.

미쓰비시의 아이미브
기본이 된 가솔린엔진 경자동차인 미쓰비시 아이(i)와 외관상 차이점은 머플러가 없다는 점이다. 헤드램프는 절전형인 LED식을 적용했으며 차체의 중량은 아이미브가 200kg 정도 더 무거워졌다. 배터리는 리튬이온식으로 88셀이 직렬로 접속되어 16kWh나 되는 대용량이다.

차종은 아직 적지만 전기 자동차 시대가 다가오고 있다

미쓰비시의 아이미브가 이미 시판되고 있다는 사실은 신문이나 TV 등의 미디어를 통해 많이 알려져 있다. 파워유닛은 **'3상 교류 영구 자석식 동기형'** 타입의 전기 모터로서 최고 출력 47kW는 모체인 경자동차 '아이i'의 가솔린엔진 터보 사양과 같지만 최대 토크는 180N·m이다. 이것은 가솔린엔진의 94N·m의 거의 2배에 달하며, 1.8~2.0ℓ급 가솔린엔진에 필적하는 성능이므로 모터의 토크 특성이 얼마나 뛰어난지 알 수 있을 것이다.

최근 가솔린엔진에서는 1500rpm정도의 저속회전에서 최대 토크가 발생되는 엔진도 나오게 되었지만 모터는 0rpm부터 최대 토크를 발생시킨다. 그러므로 변속기도 가솔린엔진을 탑재한 자동차처럼 다단화할 필요 없이 1단 하나만으로 충분한 것이다. 구동륜은 기본형 자동차와 같은 후륜으로 모터 등의 동력 부품은 차량의 뒷부분에 탑재되어 있으며, 최고속도는 130km/h이다.

한편 2010년 12월에 닛산에서 출시된 리프는 기본형의 자동차가 없는 상태로 처음부터 전기 자동차 전용 플랫폼이 사용되었다. 엔진이 아닌 모터는 차량의 앞쪽 보닛에 탑재된 FF front engine/ front drive ; 전륜구동 방식이다. 교류 동기 모터는 80kW의 최고 출력과 280N·m의 최대 토크를 발생한다. 자동차의 크기는 4445×1770 ×1545mm 길이×너비×높이이며, 폭스바겐의 골프 클래스와 같은 해치백 스타일이지만 최대 토크는 3ℓ급 논 터보 non turbo 정도의 힘을 갖

닛산의 리프

보통의 5도어 해치백 스타일이지만 동력원은 가솔린엔진에서 모터로 바꾸었기 때문에 프런트 그릴이나 개구부가 작은 산뜻한 디자인이 되었다. 주행 음이 극히 작으며 조용한 전기 자동차로서 바람막이를 이용하여 소음을 적어지도록 설계가 되어 있다.

036 자동차 진화의 비밀을 알고 싶다

추었다고 한다.

　자동차 바닥의 거의 대부분에 걸쳐 탑재된 리튬이온 배터리는 1998~2000년에 관청의 도시 통근용으로 사용되었던 하이퍼 미니보다 고성능인 아주 얇은 라미네이트Laminate 타입이다.

　설계의 자유도가 높고 배터리에 의한 실내 공간이 감소되지 않는 장점도 갖추었다. 현재 일본 자동차 회사에서 구입이 가능한 전기 자동차는 위의 2종류이지만 도요타나 혼다 등의 회사도 곧 뒤따라 올 것이다.

내장 및 충전하는 모습
운전석의 정면에 있는 미터는 상하 2단식 디자인으로 트윈미터(twin meter)라고 한다. 윗단의 속도 표시는 평범하지만 배터리의 잔량 등 주된 표시를 바 형태의 그래프로 나타낸 것은 미래지향적이다. 충전은 자동차의 앞쪽 중앙부에 있는 충전구에서 한다.

> **Tip** 전기 자동차의 충전 시설은 아직 많지 않지만 고속도로의 주차장 등에 확대 설치되기 시작하였다. 닛산 리프의 경우 충전 플러그를 깜빡 잊고 누르지 않았을 때 메일로 알려주는 등 가솔린엔진 탑재 자동차에 없는 여러 가지 IT 서비스를 갖추고 있다.

하이브리드나 EV는 다른 대체 연료 자동차

 **제로 이미션 카** 전기 자동차와 같이 머플러가 없는 자동차 또는 연료전지 자동차와 같이 머플러에서 물만 방출되는 자동차를 말한다.

수소 자동차와 FCHV도 개발이 진행 중이다

2009년에 관청이나 기업을 대상으로 전기 자동차가 출시되었고 2010년 4월부터는 미쓰비시 아이미브가 일반인을 대상으로 출시되는 등 전기 자동차가 차세대 자동차로서 한 발짝 앞서가고 있는 느낌이다. 그러나 도요타 및 혼다, 닛산 등의 자동차 회사들뿐만 아니라 독일의 벤츠에서도 연료전지 자동차의 연구 개발이 계속되고 있으며, 독일의 BMW와 일본의 마쓰다가 수소자동차를 개발하고 있다. 이것은 배출가스가 일절 나오지 않기 때문에 **제로 이미션 카**Zero emission car라고 불린다.

혼다 FCX 클라리티
연료전지 차는 수소를 연료로 발전하여 전기로 주행하는 전기 자동차이다. 그러므로 구성부품은 많고 SUV 등이 기본이 되는 경우도 많다. 그러나 FCX 클라리티는 시스템을 구성하는 각 부품을 소형화하고 탑재 방법을 연구하여 높이가 낮은 4도어 쿠페(Coupe)와 같은 스타일을 실현하였다.

FCHV란?

Fuel Cell Hybrid Vehicle의 약어로써 요컨대 **연료전지 자동차**를 말하며, 혼다의 'FCX'도 마찬가지이다. 기본적으로는 전기 모터를 동력으로 하는 전기 자동차이지만 전기를 외부로부터 충전하지 않고 수소를 연료로 발전하면서 주행하는 자동차이다. 고압 수소 탱크에 있는 수소가 수소 이온으로 변하여 전자를 방출함으로써 직류 전류를 발생시키고 이것과 산소 이온이 결합하여 화학 반응을 일으켜 발전한다. 이 에너지를 사용하여 모터를 구동시켜 자동차를 주행하며, 탱크에 저장된 수소는 외부로부터 공급받아야 한다.

마쓰다 프리머시의 하이드로겐 RE 하이브리드

현재 수소 충전소는 일부 제한된 장소 밖에 없고 시스템이 복잡하기 때문에 실용화 측면에서 전기 자동차에게 선두를 빼앗겼지만 지금도 세계적인 자동차 회사들이 연구개발을 계속하면서 리스 Lease 판매를 시행하여 도로를 주행하기 시작하였다. 그리고 다이하쓰는 수소가 아닌 비탄화계통의 액체 연료를 사용한 신형 연료전지 PMfLFC Precious Metal-free Liquid Feed Cell라는 수소와 귀금속도 일절 사용하지 않는 연료전지 자동차의 개념으로 모터쇼에서 공개하였

다. 도요타는 크루거 FCV를 리스로 판매하고 있고 스즈키는 SX4, 닛산은 FCV를 연구 중이다.

수소 자동차도 진행 중이다.

기존의 가솔린엔진을 탑재한 자동차의 연료를 수소로 대체한 자동차로 마쓰다가 수소 로터리 엔진의 실용화에 성공하였고 2008년부터 RX-8 하이드로젠 RE의 리스 판매를 시작하였다. 이것을 더욱 발전시킨 것이 미니밴 프리머시를 모체로 한 하이드로젠 RE 하이브리드이며, 로터리 엔진을 조합하여 발전기로 사용하고 전기 모터를 구동시켜 주행한다. 이것도 이미 여러 지자체나 기업에 납품하여 주행하고 있다.

파워 플랜트(Power plant) 설계

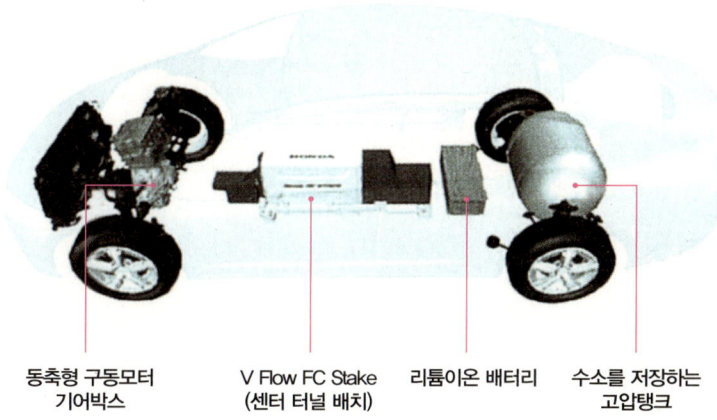

동축형 구동모터 기어박스 | V Flow FC Stake (센터 터널 배치) | 리튬이온 배터리 | 수소를 저장하는 고압탱크

> **Tip** 'FCHV'를 실용화하려면 수소를 보급하는 충전소가 필수적이지만 아직은 제한된 장소에만 설치되어 있다. FCHV의 머플러에서 배출되는 물은 증류수 정도로 순도가 높은 물이며, 음료용으로도 가능할 정도이나 머플러로부터 진흙이나 이물질이 혼입되기 쉬우므로 마시지 않는 것이 좋다.

발전하는 가솔린엔진

 **다운사이징** 엔진의 배기량을 줄이는 것으로 최근에는 수입 자동차를 중심으로 적은 에너지로 고성능화한다는 개념이 도입되었다.

적은 배기량과 저속회전으로 높은 출력을 발생시킨다

지금까지의 가솔린엔진에서는 회전수를 높여 고출력과 토크를 발생시키는 것이 표준적인 사고방식이었다. 그리고 그것이 '엔진의 기본적인 특성이기 때문'이라는 근본을 변화시킨 것이 엔진 기술의 발전이며, 가장 일반적인 예로 폭스바겐에 TSI라는 호칭의 **가솔린 직접분사 엔진**이 있다.

폭스바겐·골프 TSI 시리즈
2010년에 일본에서 출시된 최신형 TSI 엔진은 배기량이 더욱 줄어들어 1.2ℓ가 되었다. 자동차의 성능은 예상외로 만족스러웠으며, 이제까지 배기량이 적은 엔진에서는 생각할 수도 없을 정도인 1500rpm에서 최대 토크를 발생하도록 설계되었다. 연비 향상의 포인트가 되는 마찰저항(Friction loss)을 저감시키기 위해 'SOHC'가 적용되었다.

2007년 골프 1.4ℓ에 트윈차저twin charge ; 슈퍼차저와 터보차저 엔진이 탑재되었던 GT TSI가 발전의 시작이다. 이것은 그때까지의 논 터보 non turbo ; 자연흡기 2ℓ 자동차에 직접분사 엔진이 탑재되었던 GT를 대신할 모델로서 출시되었으며, 그 성능은 2ℓ 최고 출력 150PS, 최대 토크 20.4kg·m를 능가하는 170PS, 24.5kg·m가 실현되었다. 최근에는 1.2ℓ 엔진으로까지 발전하였다.

터보와의 조화성도 뛰어나다

터보차저 등의 과급기는 배기량이 적으면서도 배기량이 큰 자동차에 필적하는 성능을 실현하기 위해 장착되었으며, 이것은 현재도 마찬가지이다. 과급기에 의해 압축된 흡입 공기는 사실상 엔진의 압축비를 높이는 것과 같은 효과가 있지만 흡기 포트 내에서 연료가 혼합되어 연소실로 유입되는 포트 분사 방식의 가솔린엔진에 과급기를 부착할 경우에는 압축비를 낮출 필요가 있다. 압축비를 낮추면 연소 효율을 저하되는 요인이 되어 점점 엄격해지는 배출가스 규제에 대응할 수 없게 된다.

유럽에서는 2000년 이후부터 자연 흡기의 가솔린 직접분사 엔진의 탑재 자동차가 라인업 되기 시작하였으며, 직접분사 엔진은 공기만을 연소실에 유입시키고 연소과정에서 가솔린과 처음으로 혼합된다. 압축에 의해 고온이 된 공기에 연료를 분사하면 냉각 효과를 얻을 수 있으므로 직접분사 엔진의 압축비가 높은 이유는 냉각 효과의 덕분이기도 하다.

직접분사 엔진
최신 기술인 것 같지만 이미 1950년대 벤츠에서 '300SL'에 탑재했었다. 1996년에 미쓰비시나 도요타에서도 탑재 차종이 데뷔했지만 이론상의 연비까지 실용화되지 못해서 모습을 감추었다. 터보와의 좋은 조화성과 다운사이징 설계에 의해 다시 각광을 받고 있다.

닛산 쥬크 16GT & 16GT 포(FOUR)
개성적인 스타일이 주목을 받는 '쥬크'의 고성능 모델이다. 그 파워유닛은 'MR16DDT'로 닛산에서는 최초의 직접분사 가솔린 터보 엔진이다. 최고 출력 140kW(190PS)／5600rpm, 최대 토크 240N · m(24.5kg · m)／2000~5200rpm으로서 2.5ℓ급의 고성능을 발휘한다. 캠 샤프트의 표면처리와 밸브 스프링 상부의 형상을 변경하여 마찰저항을 저감시켰다. 10-15모드 연비는 14.4km/ℓ(2WD)이다.

042 자동차 진화의 비밀을 알고 싶다

포트 분사 방식인 가솔린엔진에서 사용하지 않았던 터보차저 등의 과급기가 앞에서 설명한 것과 같이 폭스바겐의 TSI에서 다시 각광을 받는 이유는 엔진의 배기량을 줄이면 출력도 낮아지기 때문에 적은 배기량으로 성능을 높일 수 있는 과급기의 역할이 재검토 된 것이다. CO_2의 배출량을 저감시키기 위해 큰 배기량에서 높은 성능을 얻는다는 것은 시대착오라고 할 수 있다. 그래서 폭스바겐의 최신형 TSI 엔진은 1.2ℓ까지 배기량을 축소시켰다. 일본에서는 닛산이 이미 발표한 소형의 SUV인 쥬크에 1.6ℓ 직접분사 터보 엔진을 탑재한 자동차가 추가되었다.

듀얼 인젝터

닛산 쥬크의 15RS와 15RX에 탑재된 엔진은 연료를 분사하는 인젝터가 1개의 실린더에 2개씩 있는 듀얼 인젝터 형식으로 연료의 미세화가 촉진되어 완전 연소시킴으로써 가솔린 직접분사 엔진과 같은 효과를 얻는다. 특수한 촉매가 불필요하여 비용이 절약되었다.

> **Tip** 1996년에 일본 도요타와 미쓰비시에서 데뷔한 직접분사 엔진은 자연 흡기방식의 희박 연소의 사양이었다. 엔진의 마찰저항을 저감시키는 것은 영원한 주제로 앞으로도 연비의 향상을 위해 피할 수 없는 과제이다.

가솔린엔진에도 존재하는 회생 시스템

 **브레이크 에너지 회생 시스템** 자동차가 감속할 때 발생하는 에너지를 활용하는 시스템이다. 수입 자동차에서는 마이크로 하이브리드(Micro hybrid)라고도 한다.

엔진의 부담을 낮추어 연비를 향상

엔진의 보조기기 부품 중 하나로 **발전기**alternator가 있으며, 발전기는 엔진의 출력을 이용하여 배터리를 충전시키는 역할을 한다. 그러나 발전기는 엔진의 크랭크샤프트 풀리Pulley에 연결되는 벨트에 의해 파워 스티어링의 오일펌프 등과 함께 구동되고 있어 엔진의 출력일부를 소비하고 있다. 많은 노력으로 연비가 조금씩 향상되어 가고 있는 와중에 이러한 각종 보조기기의 부품을 작동시키기 위해 풀리를 구동시키는 것은 적지만 엔진에는 부담이 된다. 배기량이 적으며 출력이 작은 엔진일수록 그 부담의 비율은 더 증가된다.

발전기
에너지 회생 시스템의 유무와 관계없이 발전기의 외형은 변함이 없다. 어디까지나 관성에 의해 만들어진 에너지를 배터리로 환원할 것인가 또는 하지 않을 것인가 하는 제어 방식이 다를 뿐이다. 또한 그 자체로 스타터(starter)의 역할을 가지고 있는 것도 있다.

최근에 **전동 파워 스티어링**을 적용하는 차종이 증가되고 있는 상황에서 보조기기를 벨트로 구동시키지 않고 모터를 이용하여 구동시키는 것은 엔진의 부담을 줄이려는 목적으로 엔진의 부담을 줄이면 그만큼 연비가 향상되는 것은 당연한 일이다.

작동은 브레이크 조작으로

이전에는 배터리의 전력이 부족하면 엔진의 회전수를 자동적으로 높여 발전기에서 배터리를 충전하였다. 그러나 이러한 방식은 연비를 악화시키기 때문에 지금까지 하이브리드나 전기 자동차 이외에는 사용하지 않았던 관성 주행이나 브레이크 시의 에너지를 유효하게 활용하는 자동차가 등장하였다.

브레이크 에너지 회생 시스템에 의한 연비의 향상율은 아직 공표된 것이 없지만 마이너 모델변경 시 등에서 적용되는 경우가 국내 및 일본 자동차와 유럽 자동차에서 증가하고 있다.

F1머신에도 장착

F1머신은 800PS 이상의 최고 출력을 발생하면서 세계 최고의 경주를 한다. 2009년 시즌에는 KERSkinetic Energy Recovery System Cars라는 회생 시스템을 탑재한 머신도 등장하였다. 연비 절약의 지향성이 높아지는 과정에서 레이스에서도 잉여 에너지를 유효하게 활용할 수 있다는 발상에서 생겨난 시스템인 것이다.

플라이 휠Fly Wheel 모양의 부품을 사용하여 브레이크 시에 열로서 방출되던 에너지를 전기로 변환시켜 축적하는 방식으로, KERS의 최고 출력은 60kW이고 트랙을 한 바퀴 돌 때 발생하는 에너지는

400kJ, 간단히 말하면 약 6.8초 만에 81PS의 출력으로 상승시킬 수 있다. 다른 머신을 추월할 때 사용할 수 있지만 그만큼 머신의 중량이 증가하여 장점과 단점을 동시에 가지게 되었다.

가솔린엔진을 탑재한 자동차의 회생 시스템

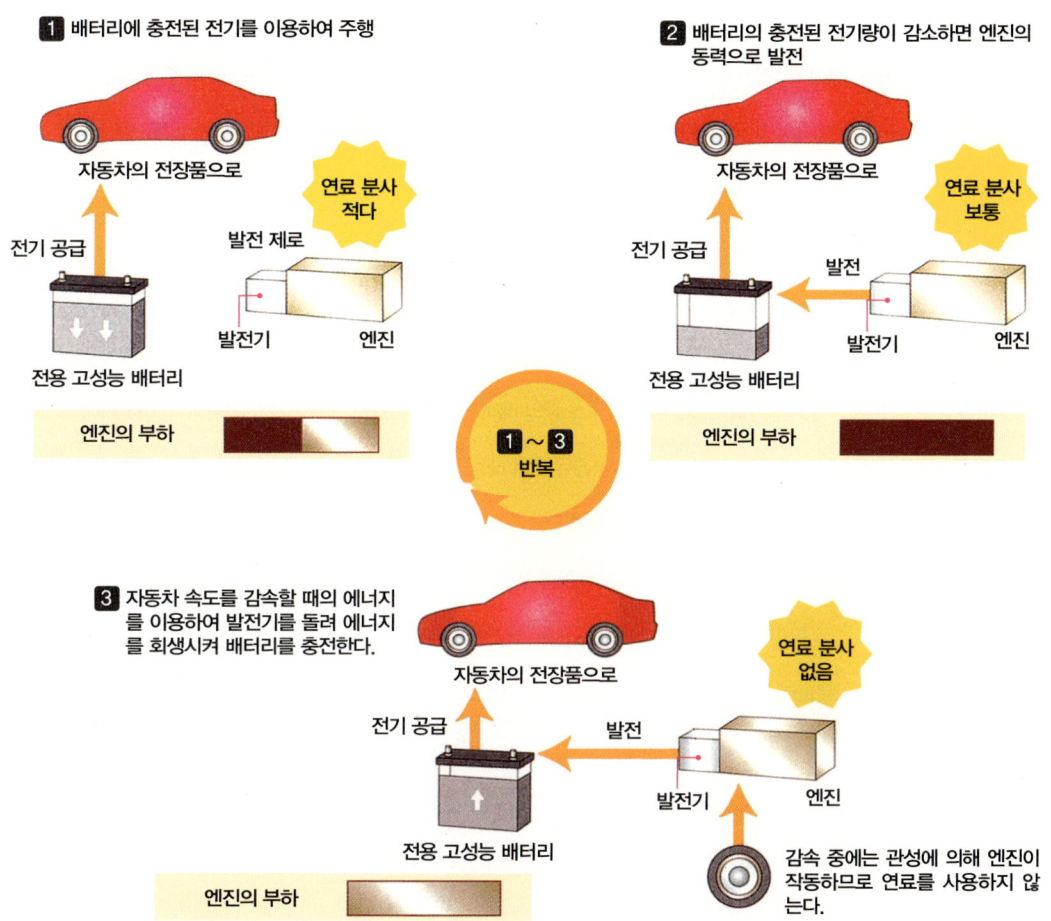

Tip 2010년에 페라리가 앞으로 4년 이내에 자사의 모든 모델을 하이브리드 카로 만들겠다고 발표하였다. 2011년 F1에서 KERS가 부활하였다. 2011년도 규정에서 머신의 최저 중량이 620kg에서 640kg으로 상향된 점도 부활이 가능해진 이유라고 볼 수 있다.

046 자동차 진화의 비밀을 알고 싶다

셀프 주유소에서 당황하는 운전자

경자동차에 디젤이라니… 거짓말 같은 이야기

주유소의 종업원이나 아르바이트생이 아니라 운전자가 자기 스스로 가솔린 또는 경유(디젤)를 급유하는 셀프 주유소는 많은 사람들이 이미 경험해 보았을 것이다. 유럽이나 미국에서는 상당히 오래전부터 대부분의 주유소가 셀프 형태로 운영되고 있다.

급유기 앞에 자동차를 정지시키고 자동차 실내에서 급유구 레버(수입 자동차에서는 없는 경우가 많다)를 당기면 급유구가 열린다. 여기까지는 대부분 누구든지 할 수 있지만 문제는 이제부터이다. 자주 이용하는 셀프 주유소라면 한 번의 경험으로도 그 방법을 알 수 있다.

정전기 제거 패널에 손을 대고 나서 자동차의 급유구 뚜껑을 열고 연료의 종류[레귤러(Regular)/하이옥탄(Hi-octane)/경유]를 버튼으로 선택한 후 급유 노즐을 빼서 자동차의 급유구에 꽂고 급유 노즐의 레버를 당기면 연료가 들어가기 시작한다. 이러한 조작 과정은 거의 같지만 단골이 아닌 다른 셀프 주유소에 간다면 먼저 급유량에 해당하는 돈을 투입해야 하는 곳도 있고 주유가 완료된 후에 후불로 지급하는 곳도 있어 당황하게 만드는 경우가 있을 것이다.

어느 날 신문에서 '경자동차에 디젤을 넣었다'라는 기사를 보고 깜짝 놀란 적이 있다. 최근 다운사이징의 경향으로 인해 작은 자동차로 교환하는 사람이 증가하고 있어 하이브리드 카와 병행하여 경자동차의 판매가 호조를 보이고 있다. 여기서 한 가지 짚고 넘어간다면 경자동차를 포함한, 가솔린엔진을 탑재한 승용차는 보통(regular) 또는 고급(high-octane) 가솔린이 연료로 사용된다고 할 수 있다. 디젤(경유)을 사용하는 승용차는 많지 않기 때문이다.

"셀프 주유소나 자동차 회사에 문제는 전혀 없는가?"라고 반문한다면 그렇지 않다. 급유 노즐의 모양이 어느 유종이나 다 똑같기 때문에 습관이 안 된 운전자에게는 실수를 유발할 수 있는 요인이 되기도 하는데 이것을 변화시키려면 자동차의 급유구 모양과 함께 급유 노즐의 모양을 변경시켜야 할 것이다.

다시 말하면 미국이나 유럽의 셀프 주유소에서는 유종에 따라서 급유 노즐의 형태가 다르고 보통 가솔린을 사용하는 자동차에는 고급 가솔린 등의 다른 유종의 급유 노즐이 맞지 않도록 설계되어 있다. 급유구 뚜껑을 닫지 않고 출발하는 문제도 뚜껑이 고무나 수지로 된 끈 형태로 급유구에 매달려있는 구조라면 일어나지 않을 것이다.

쉬어가기

2장

엔진의 신화??

왕복형 엔진Reciprocating engine / 로터리 엔진 / 엔진 탑재 방식의 이모저모 / 실린더 헤드 / 캠 샤프트와 밸브CAM SHAFT & VALVE / 스파크 플러그와 점화계통 / 실린더 블록 / 피스톤·커넥팅 로드·크랭크샤프트 / 오일 팬 / 연료 분사 / 에어 클리너와 흡기 시스템 / 흡기 계통 / 배기 계통 / 터보차저 / 수랭 시스템 / 라디에이터 / 윤활 시스템

왕복형 엔진(Reciprocating engine)

 **왕복운동** 왕복형 엔진은 원통형의 부품인 피스톤이 실린더(Cylinder) 내에서 왕복운동을 하는 것이다.

실린더 배열

엔진에서 중요한 부분 중 하나는 실린더 블록으로 **실린더**가 배열되어 있는 부분을 말한다. 실린더는 피스톤이 상하운동을 하는 원통 형태의 공간으로 실린더 블록 안에 배열된 실린더의 수로 기통 수가 결정된다. 이렇듯 실린더가 일렬로 배열된 실린더 블록을 가진 엔진을 **직렬형**이라고 하며, 직렬형 실린더 블록을 좌우에 각각 배치하면 **V형** 또는 수평 **대향형**이라고 부른다. 직렬형, V형, 수평 대향형 등의 모든 형식에서 실린더의 수로 기통 수가 결정된다.

엔진의 최고 출력을 높이려면 배기량의 증가나 기통 수를 증가시키는 방법이 일반적이지만 직접분사 엔진의 등장으로 인해 적은 배기량에 터보차저turbo charger등의 과급기를 추가하여 최고 출력을 높이는 방식도 유럽을 중심으로 증가하고 있다.

2.0 ℓ 까지의 주류는 직렬 4기통

일반적으로 배기량이 2.0ℓ가 한계인 자동차에 탑재되는 것은 직렬 4기통이라는 형식으로 실린더 블록에 4개의 실린더가 직렬로 배치되어 있는 것이다. 최근에는 엔진 위에 사운드 인슐레이션sound insulation 커버를 씌우는 자동차가 많아져서 눈으로 봐서는 기통 수를 알기 어렵다. 초기의 티코와 마티즈는 직렬 3기통 엔진을 탑재하였으며, 모닝은 초기의 직렬 4기통에서 현재의 직렬 3기통으로 변경되었다. 직렬 3~4기통이 많은 이유는 실린더 블록이 하나로도 충분하고 소형으로 경량화 할 수 있기 때문이다. 예전에는 직렬 6기통 2.0ℓ의 자동차도 있었지만 1기통 당 배기량이 적어지고 회전력이 세분화되어 저속 회전력이 떨어지기 때문에 요즘에는 장착하지 않는 추세이다.

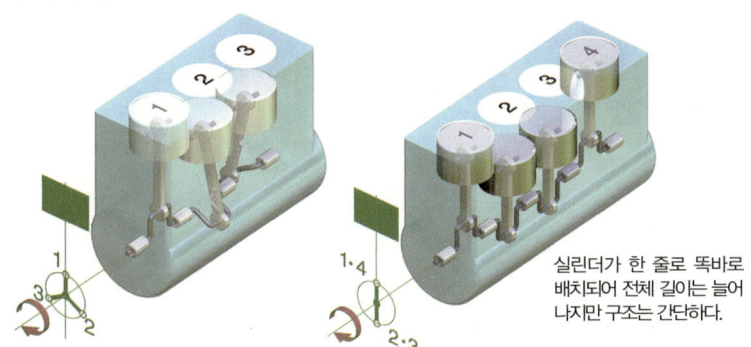

실린더가 한 줄로 똑바로 배치되어 전체 길이는 늘어나지만 구조는 간단하다.

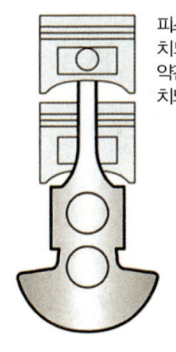

피스톤은 모두 수직으로 배치되어 있는 것이 많지만 약간 비스듬히 기울어져 배치되어 있는 경우도 있다.

6기통 이상은 V형이 주류

엔진 1기통 당 적절한 배기량은 일반적으로 500cc가 이상적이라고 알려져 있기 때문에 2.5ℓ 이상의 배기량에서는 6기통이 주류를 이룬다. 예전에는 6기통이라고 하면 직렬형으로 부드럽게 이루어지는 회전이 매력적이라고 생각하였다. 그러나 현재는 엔진의 탑재 공간이나 충돌 안전성의 측면에서 V형이 주류가 되었으며 고급 자동차일수록 기통 수가 많아지지만 양산되는 자동차로서는 V형 8기통까지가 일반적이다. 극히 일부의 자동차에서는 V형 12기통도 존재한다.

그 밖에 독일의 포르쉐 911계와 일본의 스바루 자동차만이 탑재하

050 자동차 진화의 비밀을 알고 싶다

고 있는 수평 대향형 엔진이 있으며, 이것은 두 개의 실린더 블록을 수평으로 서로 마주보도록 배열한 것이다. 그러나 중심은 낮출 수 있지만 엔진의 폭은 넓어지기 때문에 탑재할 수 있는 차종은 제한적이다.

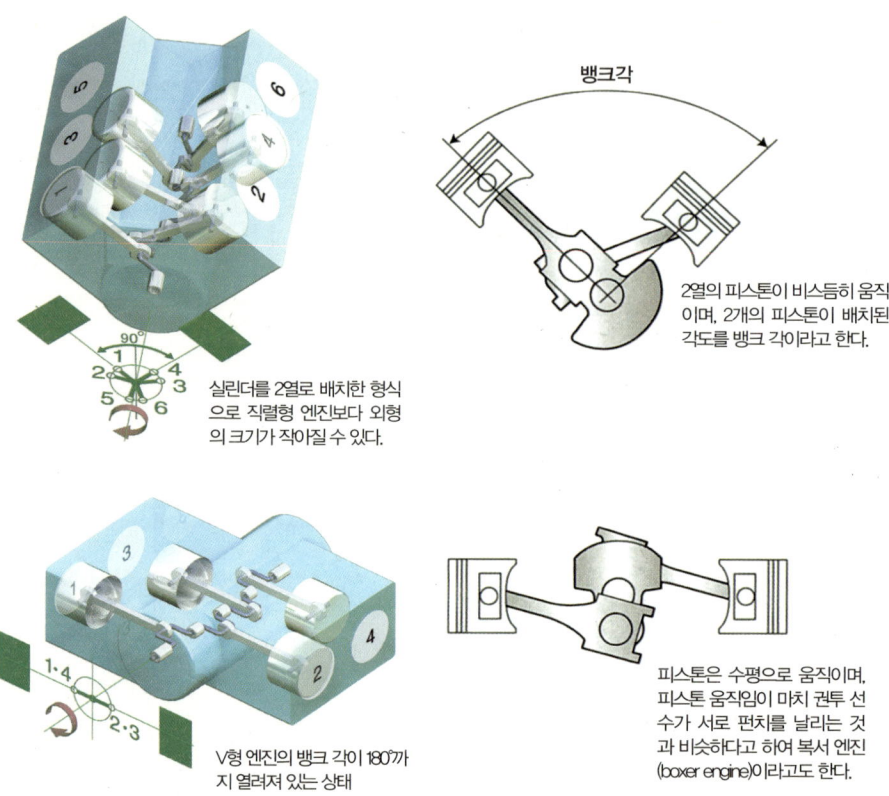

실린더를 2열로 배치한 형식으로 직렬형 엔진보다 외형의 크기가 작아질 수 있다.

2열의 피스톤이 비스듬히 움직이며, 2개의 피스톤이 배치된 각도를 뱅크 각이라고 한다.

V형 엔진의 뱅크 각이 180°까지 열려져 있는 상태

피스톤은 수평으로 움직이며, 피스톤 움직임이 마치 권투 선수가 서로 펀치를 날리는 것과 비슷하다고 하여 복서 엔진(boxer engine)이라고도 한다.

> **Tip** W형 엔진은 뱅크 각(Bank angle)이 불과 15° 정도인 V형 엔진을 조합한 것이다.

로터리 엔진

 **회전운동** 왕복운동 엔진의 경우 피스톤이 상하 운동을 하는 것에 비하여 로터리 엔진은 로터가 회전운동을 한다.

실용화된 것은 많지 않다

원래는 독일의 NSU사와 펠릭스 반켈Felix Wankel이 기술을 제휴하여 개발한 것으로 국내외에서 몇 군데의 자동차 회사가 실용화를 시험했지만 양산 자동차에 탑재하여 출시가 가능했던 곳은 일본의 마쓰다 뿐이다. 1967년에 마쓰다 코스모 스포츠에 처음 탑재된 로터리 엔진은 마쓰다에서 40년 이상의 역사를 갖고 있으며, 한 회사만 개발하는 것이므로 발전은 느리지만 차세대형도 개발되고 있다.

소형이면서 고효율을 추구

왕복운동 엔진과는 완전히 구조가 다르다. 피스톤이 상하 운동을 하는 것에 비하여 로터리엔진은 삼각형 모양의 **로터**가 회전하면서 흡기·압축·폭발·배기를 한다.

피스톤의 상하 운동을 크랭크축에서 회전운동으로 변화시키는 왕복운동 엔진의 경우 피스톤이 두 번 왕복하는 사이에 한 번의 폭발이 이루어지지만 로터리 엔진에서는 로터의 3변 모두가 연소실이 되어 로터가 1회전하는 사이에 3회의 폭발이 이루어진다. 1로터 당 654cc로 경자동차와 같은 배기량이면서도 2로터654cc×2의 자연흡기로 235ps173kw의 고출력이 가능한 것은 이 때문이다.

로터는 왕복운동 엔진의 크랭크축에 해당하는 **익센트릭**excentric 샤프트를 축으로 회전한다. 혼합기의 흡입은 2개의 **로터 하우징**에 샌드위치와 같이 배치되어 있는 사이드 하우징side housing의 구멍으로 들어가며, 연소된 배기가스는 로터 하우징의 열려있는 구멍에서 이루어진다. 2002년까지 생산되었던 RX-7에서는 이러한 방식이었지만, 2003년부터 출시된 RX-8에서도 배기 역시 사이드 하우징에서 일어나는 방식으로 변경되었다.

다시 말하면 왕복운동 엔진에서 필요한 흡배기 밸브, 캠 샤프트가 불필요하게 되어 구조가 간단하며, 엔진의 본체가 소형으로 구성 부품이 많지 않은 것이 큰 특징이다.

엔진이 소형이기 때문에 자동차에 탑재하는 자유도가 높아 엔진 룸의 뒤쪽에 탑재하는 패키지의 채택으로 앞뒤의 중량 배분이 양호한 스포츠카용의 유닛으로써 인식되고 있다. 2002년까지는 터보가 장착되어 있었지만 배출가스 규제에 걸맞게 현재는 자연 흡기 방식으로 되어 있다.

로터리 엔진의 사이클

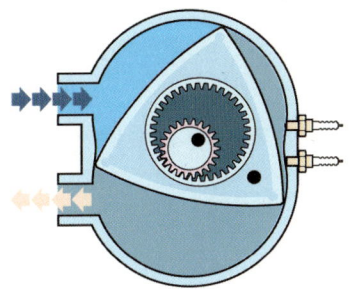

1 흡기
혼합기를 만들기까지의 시스템은 왕복운동 엔진과 같다. 중심에 있는 삼각형이 로터이며 눈썹 모양의 공간 3개가 항상 엔진 내부에 있다. 로터 하우징에 열려있는 흡기 포트로부터 로터의 회전에 의해 발생하는 부압으로 혼합기를 흡입한다.

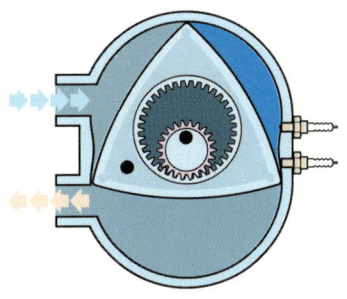

2 압축
왕복운동 엔진에서는 피스톤의 움직임으로 압축하고 있지만 로터리 엔진은 로터가 회전하여 체적이 좁아진 공간에 혼합기를 이동시키는 것으로 압축하고 있다. 그 체적의 차이를 형성하는 것은 로터 하우징의 눈썹 모양의 공간으로 삼각형 로터 3개의 모서리는 항상 벽면에 접촉하고 있다.

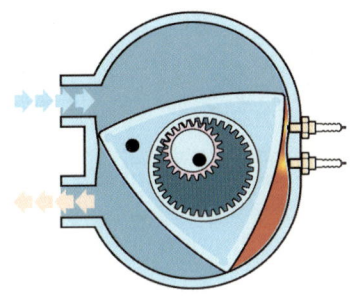

3 폭발
이곳에서 다음 사이클의 압축이 이루어진다.
압축된 혼합기는 점화 플러그가 있는 장소에서 폭발한다. 연소가스가 팽창하면서 로터를 밀어내 동력을 얻으며, 보다 좋은 효율의 연소를 위해 점화 플러그는 1로터 당 2개씩 장착되어 있다.

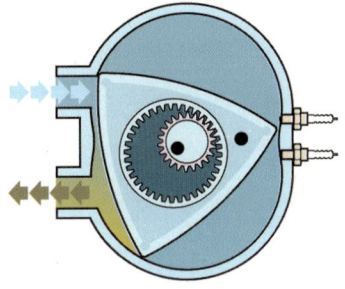

4 배기
이곳에서 다음 사이클의 압축이 이루어지고 있다.
이곳에서 다음 사이클의 폭발이 이루어진다. 폭발 후의 연소 가스는 로터의 회전에 의해서 밀려 배기 포트를 통해 배출되며, 3개의 공간에서 4행정이 진행되기 때문에 로터 1회전에서 3회의 폭발이 일어난다. 로터 1회전 당 익센트릭 샤프트는 3회전을 한다.

> **Tip** 차세대 로터리 엔진으로서 배기량이 증가된 르네시스 16X가 연비와 회전력의 향상을 목표로 개발 진행 중이다. 로터리 엔진은 수소 등의 다른 연료와도 호환성이 좋아 수소 로터리 엔진을 탑재한 자동차도 리스로 판매되고 있다.

054 자동차 진화의 비밀을 알고 싶다

엔진 탑재 방식의 이모저모

 **가로 배치방식** 미니밴 등의 소형 자동차를 위주로 넓은 실내 공간을 추구하는 자동차에 엔진을 탑재하는 방식

구동 방식과 엔진의 탑재 방식

대부분의 자동차는 앞 타이어가 구동륜이 되며, 자동차의 진행 방향에 대하여 엔진이 옆으로 배치된 방식을 가로 배치방식이라고 한다. 이것을 FFFront engine · Front drive 방식이라고도 부른다. 시중에서 흔히 볼 수 있는 승용차의 대부분이 이 방식이라고 생각해도 좋다. 앞뒤 타이어가 모두 구동륜이 되는 4WD제작회사에 따라서는 AWDAll Wheel Drive에도 가로 배치방식인 FF가 기본으로 되어 있는 경우가 많다.

앞 타이어가 미끄러질 경우에만 전기 모터를 사용하여 뒤 타이어를 일시적으로 구동시키는 방식 이외에도 비스커스 커플링Viscous coupling이나 할덱스Haldex 커플링, 전자제어 커플링 등을 이용하여 뒤 타이어의 구동력을 발생시키는 방식이 있다. 일반적으로 앞 타이어로만 구동하지만 구동 손실에 의해 연비가 저하되지 않도록 하기 위함이다.

본격적으로 비포장도로를 주행하는 SUVSports Utility vehicle에서는 엔진을 세로 배치방식이나 가로 배치방식에 관계없이 앞뒤 타이어에 회전력의 배분을 고정하는 4WD 로크 모드lock mode ;

가로 배치방식·FF

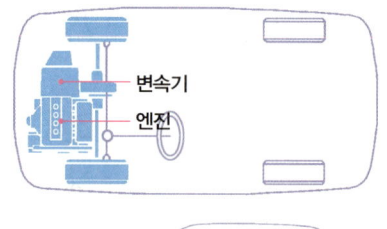

자동차의 진행방향 앞쪽에 엔진과 변속기를 탑재하였고, 엔진을 가로로 배치하여 앞 타이어를 구동시킨다.

e·4WD

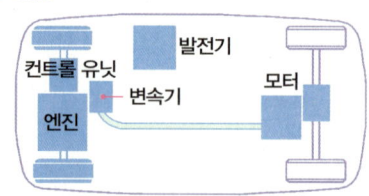

4WD 방식 중 하나로 앞 타이어를 엔진으로 구동하며, 뒤 타이어는 엔진에서 발생한 전기를 사용하여 모터로 구동한다.

발진성이나 주파 능력을 높임 또는 2WD를 스위치로 선택하여 변환할 수 있는 방식을 적용한다.

엔진을 세로로 배치하여 후륜을 구동하는 FRFront engine · Rear drive 방식도 있다. 자동차의 진행 방향을 바꾸는 조향 기능을 가진 앞 타이어와 구동하는 뒤 타이어가 독립되어 있어 승차감이 좋기 때문에 수입 자동차를 포함한 2.0ℓ급 이상의 차종을 중심으로 장착되어 있다. 그러나 기술이 발전함에 따라 FF에서도 그 특유의 단점이 보완되어 거의 느낄 수 없을 정도가 되었기 때문에 FR의 장점을 느끼는 운전자는 극소수라고 말할 수 있다.

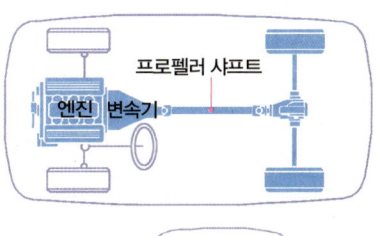

세로 배치방식·FR

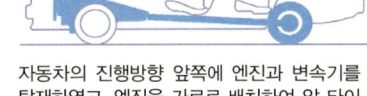

자동차의 진행방향 앞쪽에 엔진과 변속기를 탑재하였고, 엔진을 가로로 배치하여 앞 타이어를 구동시킨다.

중량 배분과 구동력Traction이 뛰어난 구동 방식

FR이나 FF, 4WD는 일반적으로 승용차에 많이 장착되고 있는 구동 방식이다. 그 외에 페라리나 람보르기니 등의 슈퍼 스포츠카에서는 뒤 타이어와 실내 사이에 엔진이 설치되어 있는 미드십midship 방식이나 포르쉐 911처럼 뒤 타이어보다 후방에 엔진을 탑재하는 RRRear engine · Rear drive 방식이 있다.

미드십

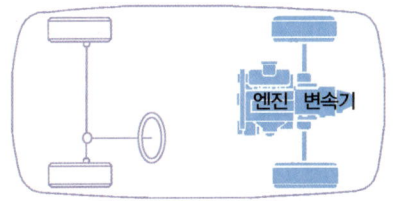 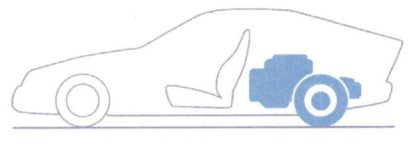

엔진을 차체의 중앙에 배치하고 뒤 타이어를 구동시킨다.

구동륜이 되는 뒤 타이어에 구동력traction을 가하는 것이 유리하지만 자동차의 뒷부분이 무거워져 움직임이 독특하기 때문에 FF 방식의 자동차에 익숙한 사람은 위화감을 느낄 수도 있다. FR이나

4WD에서는 앞뒤의 중량 배분을 최적화할 목적으로 **변속기**를 뒤 종 감속 장치의 바로 앞에 배치하는 **트랜스 액슬**Trans axle 방식도 있다.

RR

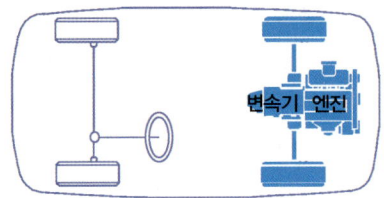

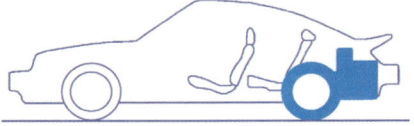

엔진을 차체의 후부에 배치하고 후륜을 구동시킨다.

트랜스 액슬

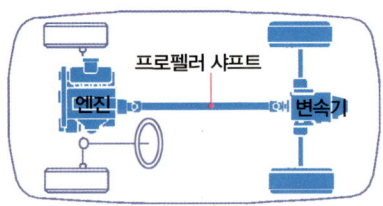

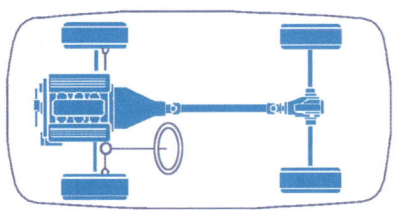

엔진을 차체의 중앙에 배치하고 뒤 타이어를 구동시킨다.

> **Tip** e·4WD는 간이식 4WD 중에서도 가장 간단한 것으로 뒤 타이어에 연결되는 프로펠러 샤프트(Propeller shaft)가 불필요할 정도이다. 승용차에도 스바루와 같이 수평 대향형 엔진과 변속기를 세로 배치방식으로 배치한 4WD가 있다.

실린더 헤드

 **OHV** 오버 헤드 밸브(Over Head Valve)의 약어로, 실린더 헤드를 가진 엔진의 최초 형태라고 할 수 있다.

실린더 헤드가 없는 엔진

실린더 헤드는 실린더 블록 위에 올려져있는 부분으로 캠 샤프트나 밸브, 흡배기 포트, 연소실 등으로 구성되는 엔진의 주요 부품이기도 하다. 현재와 같은 구조를 가지게 된 것은 OHV 타입이 등장한 때부터이다.

그 이전에는 사이드 밸브SV라고 하여 실린더 헤드 옆의 아래쪽 연소실에 흡기가 이루어지는 흡기 포트Intake port가 있고 밸브의 헤드부분이 위쪽 방향으로 배치된 구조였다. OHV도 엄밀히 말하면 밸브는 피스톤의 위에 있지만 캠 샤프트가 실린더 블록 측면에 배치되어 있다. 현재도 OHV 엔진은 미국에서 일부의 자동차에 계속 탑재되고 있다. 구조가 간단하고 정비하기가 수월하며 신뢰성이 높기 때문이다.

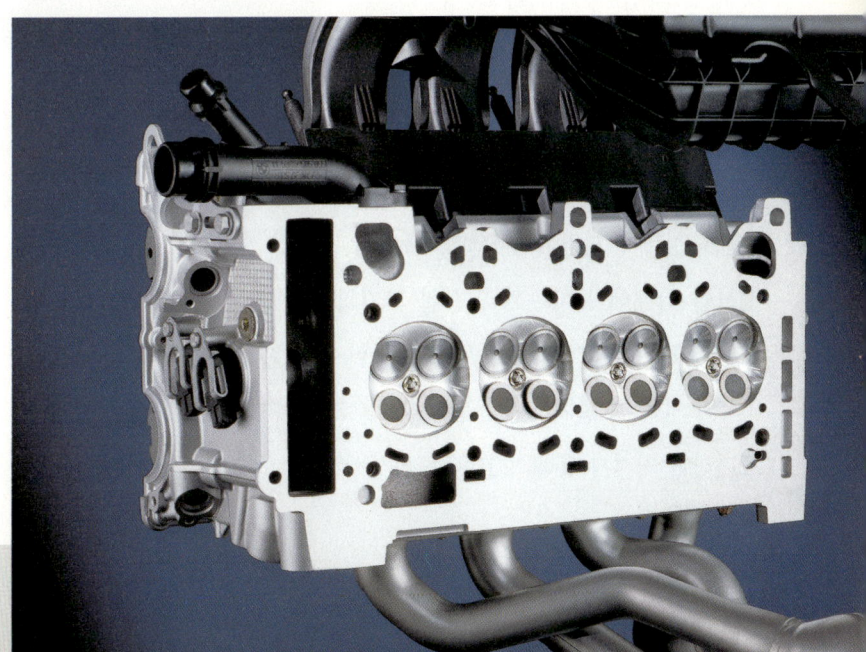

 연소실 측
각 기통에 밸브가 4개씩 설치되어 있는 것이 보인다. 4개의 밸브 중앙에 설치되어 있는 것이 스파크 플러그(spark plug)이다. 아래쪽에 배기 매니폴드가 장착되기 때문에 아래에 있는 것이 배기 밸브가 된다.

현재의 주류는 DOHC 실린더 헤드

DOHC는 고성능의 스포츠 모델을 위해 개발된 특별한 엔진으로써 1개의 실린더 헤드에 캠 샤프트가 2개 배치되어 있는 방식으로 흡기 밸브를 개폐시키는 흡기용 캠 샤프트와 배기 밸브를 개폐시키는 배기용 캠 샤프트로 구성되어 있다. 흡·배기 밸브가 각각 2개씩 배치되어 있는 4밸브는 DOHC의 특징이었지만 SOHC에서도 밸브의 수가 3~4개로 늘어나는 멀티 밸브multi-valve화가 진행되었다. 밸브가 작으면 연소실을 작게 디자인할 수 있다.

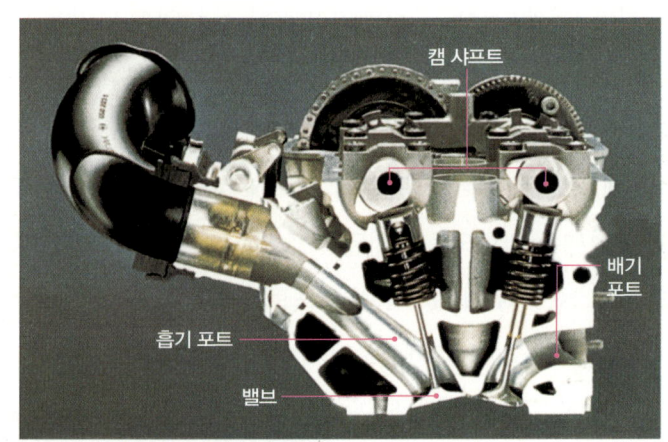

실린더 헤드의 단면
캠 샤프트와 밸브, 흡기 포트, 배기 포트의 관계를 잘 알 수 있다. 2개의 캠 샤프트가 있기 때문에 이 엔진은 DOHC 엔진이라는 것을 알 수 있다. 흡기 포트 내에 있는 금색의 플랩(flap)이 스로틀 밸브이며, 액셀러레이터 페달에 개폐된다. BMW의 밸브트로닉과 같이 평소에 스로틀 밸브가 사진과 같이 열려 있어 흡기 밸브에서 흡기량을 제어하는 엔진도 증가하고 있다.

멀티 밸브의 장단점

SOHC는 멀티 밸브화가 되기 전에는 흡배기 밸브가 각각 1개씩인 2밸브 형태가 보편적이었으며, 흡배기 효율을 향상시키기 위해서는 밸브를 확대해야 하는데 연소실 크기와의 밸런스 문제로 밸브의 대형화에도 한계가 있었고 중량도 무거워지는 문제가 있었다.

밸브의 수가 증가하면 1개의 밸브를 확대하지 않아도 밸브 합계의 표면적이 커져서 흡배기 효율을 향상시킬 수 있으며, 밸브 1개 당 중량도 가볍게 할 수 있다. 멀티 밸브는 엔진의 고성능·고속 회전화에 가장 적합한 구조라고 말할 수 있다.

한편, 부품이 증가하는 만큼 마찰저항도 증가되므로 연비는 불리하게 작용하며, 보다 적은 에너지로 고성능화한다는 다운사이징이 유럽을 중심으로 진행되고 있는 현재로서는 폭스바겐의 1.2ℓ TSI 엔진과 같이 또다시 SOHC 2밸브가 재검토되고 있다.

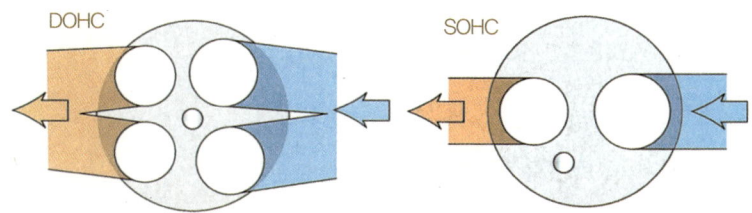

그림의 하늘색 부분이 흡기 포트이며, 갈색 부분이 배기 포트이다. 엔진의 성능을 향상시키기 위해서 실린더에 공기를 많이 넣을 필요가 있지만 밸브를 확대시키기 위해서는 연소실 체적을 크게 하지 않는 한 한계가 있으므로 밸브의 수를 증가시켜 작게 만드는 4밸브와 같은 멀티 밸브화가 이루어진 것이다.

> **Tip** DOHC는 Double Over Head CAM shaft의 약어이며, SOHC는 Single Over Head CAM shaft의 약어이다. 연소효율이나 연비를 생각하면 실린더 지름은 작을수록 좋다. 실린더 지름이 크면 혼합기가 완전 연소하는데 시간이 더 소요되기 때문이다.

캠 샤프트와 밸브(CAM SHAFT & VALVE)

 **가변 밸브 타이밍** 캠 샤프트의 캠 형상에 의하여 밸브의 개폐 시기나 양정(Lift)을 변화시키는 구조이다.

캠 샤프트의 캠으로 밸브를 눌러 흡·배기를 한다

실린더 헤드 커버 바로 밑에 있는 것이 **캠 샤프트**이며, 캠 샤프트에는 각 실린더 위치에 맞추어서 흡·배기 캠이 배치되어 있다. 캠 샤프트가 회전할 때 흡기 행정 또는 배기 행정에 해당하는 **캠 노즈** Nose ; 캠의 돌출부가 밸브를 눌러 연소실 측으로 내려가 열림으로써 혼합기가 연소실로 들어가거나 또는 연소된 가스가 배출된다.

흡기 밸브가 열려 있을 때 피스톤이 내려갈 때 형성되는 부압에 의해 혼합기를 연소실로 빨아들이며, 배기 밸브가 열려 있을 때에는 피스톤이 상승하여 연소된 가스를 밀어내 배출시킨다. 밸브를 개폐시키는 방식에는 캠이 밸브를 직접 구동하는 직동 방식과 **로커 암** Rocker arm을 통해서 구동하는 로커 암 방식이 있다.

캠 샤프트와 밸브

사진은 실린더 헤드에 설치되는 직동 방식의 캠 샤프트와 밸브 부품이다. 좌우에 있는 것이 캠 샤프트이고 바로 안쪽에 있는 것이 밸브 리프터이다. 밸브 위에 밸브 스프링이 끼워지며, 밸브 스프링 위에 밸브 리프터가 씌워지고 그 위에서 캠 샤프트가 밸브를 누르는 것이다.

캠 샤프트와 밸브의 복잡화

캠이 타원형인 캠 샤프트에서는 캠 로브밸브가 열리기 시작하여 닫힐 때까지의 둥근 돌출부분의 상태에 따라 밸브의 양정이 결정되기 때문에 엔진의 특성을 발휘하기에는 별로 좋지 않은 상황이다. 흡기 포트의 형상이나 구조 등의 것으로도 엔진의 회전력이나 출력의 특성을 개선시킬 수 있겠지만 그 외에도 캠 샤프트에 의한 밸브의 양정을 개선하여야 할 필요성이 있다.

따라서 밸브의 양정을 엔진의 회전수에 따라 변화하는 구조가 개발되었으며, 그 시작은 스포츠 엔진용으로서 나온 것이었다. 혼다의 VTECVariable Valve Timing & Lift Electronic Control System이나 미쓰비시의 MIVECMitsubishi Inteligent & Innovative Valve Timing & Lift Electronic Control System이라고 하는 1기통의 캠 위에 2종류의 캠이 있는 형식으로 엔진의 어떤 회전수를 경계로 밸브를 누르는 캠이 변경되는 구조로 되어 있던 스포츠 엔진을 한층 더 고속 회전의 형식으로 만드는 것이 목적이다.

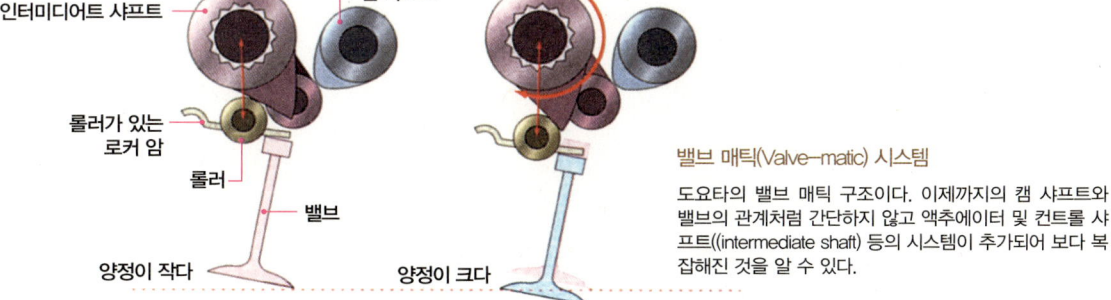

밸브 매틱(Valve-matic) 시스템
도요타의 밸브 매틱 구조이다. 이제까지의 캠 샤프트와 밸브의 관계처럼 간단하지 않고 액추에이터 및 컨트롤 샤프트((intermediate shaft) 등의 시스템이 추가되어 보다 복잡해진 것을 알 수 있다.

현재는 밸브 양정뿐만 아니라 캠 샤프트가 작용하는 각도를 연속적으로 가변시키는 방식을 많이 사용하고 있으며, 차종이나 주행 조건에 관계없이 언제라도 운전자의 의지에 따라 가속할 수 있도록 하는 것이 그 목적이다. 액추에이터Actuator라고 하는 전기나 유압 등의 신호를 기계적인 움직임으로 변환시키는 기구를 통해서 스로틀 밸브의 개도 및 엔진의 여러 가지 데이터를 분석하여 그 순간에 최적인 밸브 양정이나 캠 샤프트가 작용하는 각도를 얻는다. 액추에이터는 엔진의 타이밍 벨트 반대 측에 설치되어 있으며 액추에이터로부터 캠 샤프트와 나란히 컨트롤 샤프트 등도 설치되어 있다.

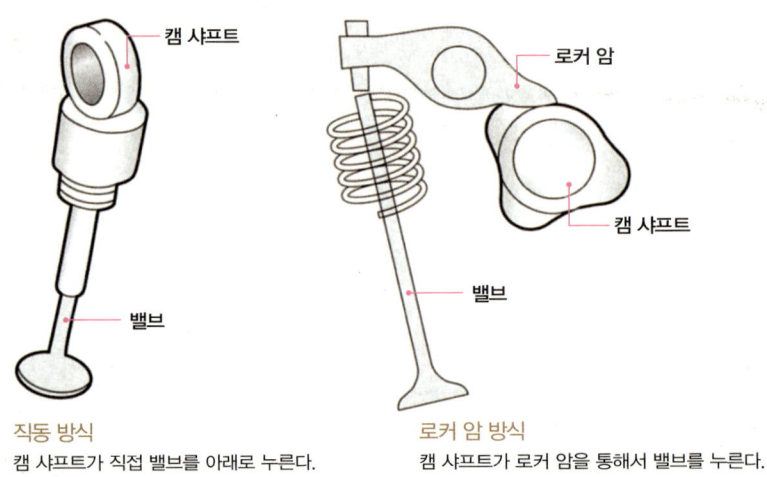

직동 방식
캠 샤프트가 직접 밸브를 아래로 누른다.

로커 암 방식
캠 샤프트가 로커 암을 통해서 밸브를 누른다.

Tip 도요타에서는 VVT-i, 혼다에서는 i-VTEC이라고 부르는 등, 가변 밸브 타이밍의 명칭은 자동차 회사마다 서로 다르다. 엔진의 회전수가 높아질수록 회전력이나 출력이 커지는 것은 과거의 엔진과 마찬가지이다.

스파크 플러그와 점화계통

Key word **직접 점화(DIS)** 점화계통이란 점화코일, 디스트리뷰터 및 스파크 플러그가 하이텐션 코드로 연결되어 있으며 점화코일에서 만들어진 높은 전압이 디스트리뷰터(Distributor)의 로터를 경유하여 하이텐션 코드를 통해 각 실린더의 스파크 플러그에 공급되는 것을 말한다. 최근에는 대부분 이러한 점화계통의 부품들을 일체화시켜 점화 플러그 위에 장착한다.

점화 시스템이 없으면 엔진은 작동되지 않는다

자동차에 승차한 후 시동키를 돌리면최근에는 스타트 버튼을 누르는 방식이 증가하고 있다 엔진은 시동이 된다. 이와 같이 엔진을 시동할 때 사람의 동작은 일순간이지만 그 구조는 매우 복잡하며, 엔진의 운동 부품을 작동시키기 위해서는 연소실에 흡입된 혼합기연료와 공기가 혼합된 기체를 연소 폭발시켜야 한다. 즉 혼합기의 연소를 담당하는 것이 점화ignition시스템이다. 피스톤으로 압축된 혼합기는 스파크 플러그의 불꽃에 의해서 착화着火되며, 착화가 없다면 엔진은 작동할 수 없기 때문에 연료 탱크에 가솔린이 있어도 자동차는 주행할 수 없다. 결국 자동차는 단지 금속 덩어리에 지나지 않게 된다.

현재는 하이텐션 코드 리스가 주류이다

현재 주류가 되고 있는 **직접 점화**Direct Ignition는 **디스트리뷰터 리스**Distributor-less라고도 한다. 종전의 점화 시스템에서는 디스트리뷰터에서 하이텐션 코드가 각 실린더의 스파크 플러그에 접속되는 방식이었기 때문이다. 직접 점화에서는 디스트리뷰터와 하이텐션 코드가 없이 점화코일이 직접 각 실린더의 스파크 플러그 위에 볼트

등으로 고정되어 있다.

　점화코일은 배터리에서 보내온 전류를 초고압으로 높이는 장치이며, 각 실린더 위에 직접 배치되어 승압시키기 때문에 종전의 하이텐션 코드는 불필요하게 되었다. 하이텐션 코드를 통하지 않고 스파크 플러그 바로 위에 점화코일을 배치함으로써 전압의 손실을 방지하여 효율이 좋은 점화가 가능하게 되었다.

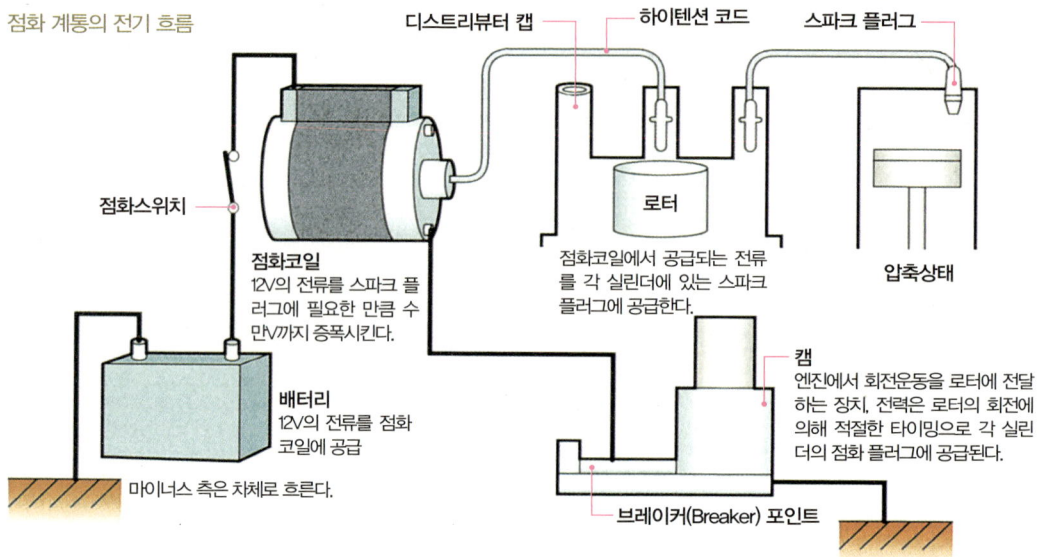

점화 계통의 전기 흐름

　그로 인한 연소 효율의 향상은 연비의 향상으로 이어지지만 정비 면에서는 조금 복잡해졌다. 그 이유는 점화코일이 각 실린더 위에 배치되어 있기 때문에 스파크 플러그 교환 시에도 예전처럼 간단히 스파크 플러그 전용 렌치wrench만으로 교환할 수 없게 되었기 때문이다. 그러나 백금 스파크 플러그가 장착된 대부분의 신형 자동차는 10만km까지 교환하지 않아도 되므로 스파크 플러그의 탈·부착으로 인한 번거로움은 그리 많지 않을 것이다.

스파크 플러그에 이리듐도 사용한다

최근 백금Platina 대신에 많이 사용하는 것은 중심 전극이 0.4mm 정도로 가느다란 형태의 이리듐 합금을 레이저로 용접하여 만든 이리듐 스파크 플러그이다. 백금 스파크 플러그보다 착화 성능이 높은 것이 특징이지만 내구성의 문제로 10만km 무교환은 불가능하다. 따라서 순정품인 경우에는 이리듐 스파크 플러그의 내구성을 높이기 위해 중심 전극을 0.7mm로 두껍게 하였다.

최근의 엔진은 점화코일을 각 실린더의 스파크 플러그 위에 장착하여 직접 점화하는 것이 대부분이다. 하이텐션 코드는 이제 필요 없게 되었다.

스파크 플러그

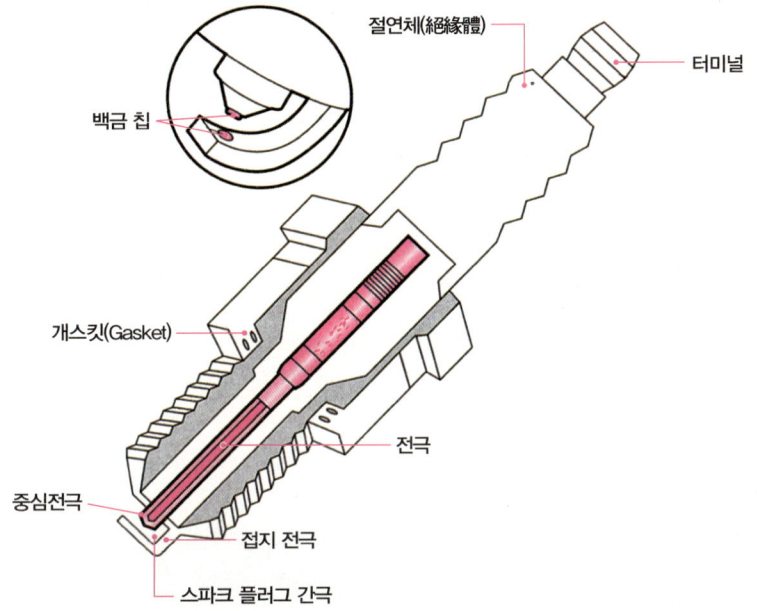

Tip 스파크 플러그에는 열가를 나타내는 숫자가 형식 표기(BKR5ES-11 : NGK의 예)에 포함되어 있다. NGK의 경우는 5, 덴소(Denso)의 경우는 20이 표준 사양이 된다. 플러그의 형식 표기에 포함되어 있는 R은 레지스터 플러그(Resistor plug) 즉, 세라믹 저항체가 내장되어 있는 것을 나타낸다. 이것이 오디오 등의 잡음을 방지한다.

066 자동차 진화의 비밀을 알고 싶다

실린더 블록

> **Key word** — **실린더 배열** 대부분의 경우 피스톤이 왕복운동을 하는 실린더는 직선으로 배열되어 있는 직렬형이다. 직렬형이 V자 형태로 2개 있는 V형과 수평으로 마주보는 수평 대항형이 있다.

가장 강도가 요구되는 부분

실린더 헤드의 연소실에서 폭발한 연소가스의 압력으로 피스톤이 하강하였다가 곧 상승하여 배기가 되고 다시 피스톤이 하강할 때 낮은 온도의 새로운 공기가 흡입된다. 실린더 블록은 온도의 변화가 심하기 때문에 엔진 부품 중에서 가장 큰 강도가 요구되는 부분이라고 할 수 있다.

예전의 **실린더 블록**은 주철로 만든 것이 대부분이었지만 현재의 가솔린 엔진은 대부분 알루미늄 합금이다. 예전에는 알루미늄 합금의 재료가 고가였지만 현재는 양산 효과 등으로 가격이 내려가고 있으며, 알루미늄 합금은 주철보다 중량이 가볍고 방열성이 좋은 것이 특징이다. 엔진의 기통 수가 많을수록 중량이 증가되며, 대부분의 자동차는 엔진이 앞쪽에 탑재되어 있어 그 중량이 무거우면 자동차의 조종 성능에도 악영향을 끼친다. 특히 주류를 이루는 FF라는 구동 방식에서는 엔진이 가로로 배치되고 그 옆에 또 변속기를 배치하기 때문에 자동차의 앞뒤 중량의 밸런스가 악화되기 쉽다.

직렬형 엔진
직렬 6기통 엔진의 실린더 블록

워터 재킷
실린더 라이너

실린더에 라이너를 삽입하는 형식이 주류

알루미늄 재질의 실린더 블록에서는 주철의 실린더 블록과 같이 일체화 되어 있는 것은 극소수이며, 대부분의 알루미늄 재질의 실린더 블록에는 주철제의 **실린더 라이너**가 삽입되어 있다. 피스톤이 알루미늄 합금이므로 알루미늄 재질의 실린더 블록도 열팽창률이 같은 알루미늄을 사용하기 때문에 라이너가 없는 것이 이상적이지만 라이너를 삽입한 것은 내구성을 고려한 결과이다.

실린더 주위의 냉각수 통로

실린더에는, 피스톤이 왕복 운동하는 부분의 주위에 빈 공간이 있는데 이것을 냉각수 통로인 **워터 재킷**이라 하며, 실린더의 주위에 걸쳐 빈 공간이 있는 것을 **오픈 덱**open deck이라고 하고, 부분적으로 구멍이 있는 것을 **클로즈드 덱**closed deck이라고 한다.

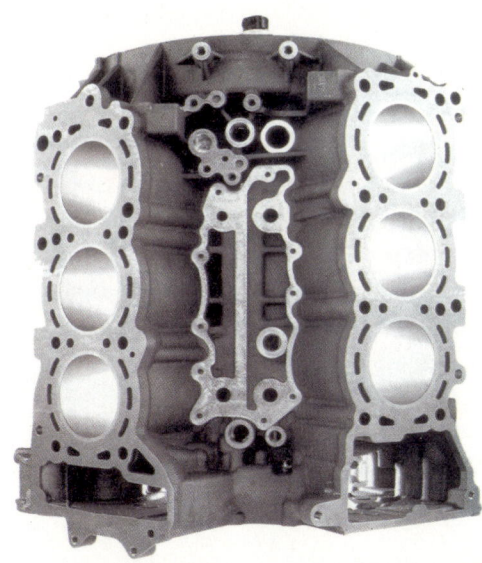

V형 엔진
클로즈드 덱 구조의 V형 엔진의 실린더 블록

엔진의 전체 길이를 짧게 하기 위하여 예전과 비교하면 **보어 피치** bore pitch ; 실린더와 실린더의 사이의 간격이 좁아져 있다. 예전에는 자동차의 주행거리가 많아서 실린더가 마모되면 실린더의 내경을 절삭하여 수정하는 보링boring 작업을 했지만 현재는 그럴 필요가 없다.

최근의 엔진은 실린더 헤드의 상하 온도 차이로 인한 열 손실을 저감시키기 위해 워터 재킷water jacket을 얇게 하여 고온이 되는 상부를 중심으로 냉각하는 방식을 도입함으로써 연비의 향상뿐만 아니라 유해 배출가스를 더 감소시킬 수 있다.

수평 대향형 엔진
직렬 6기통 엔진의 실린더 블록

> Tip 실린더 라이너(Cylinder liner)는 실린더 슬리브(Cylinder sleeve)라고도 부른다. 실린더 라이너에 사용되는 주철은 알루미늄보다 강도가 높다. 주철은 철(Fe)에 탄소(C)와 규소(Si)를 혼합한 합금이다.

피스톤/커넥팅 로드/크랭크샤프트

 **피스톤 링** 피스톤과 실린더 벽 사이를 밀폐시켜 기밀성을 높이는 고리 모양의 스프링을 말한다.

연비를 향상시키기 위한 연구

현재의 왕복운동형 엔진은 **4행정 사이클**cycle엔진으로 **흡입 · 압축 · 폭발 · 배기**의 행정에서 실린더 내를 2회 상하 운동하는 것이 피스톤이며, 피스톤의 주위에는 2~3개의 **피스톤링**piston ring이 있다. 피스톤 링은 실린더 벽과 피스톤 사이의 작은 간극을 밀폐시켜 기밀성을 높여주며, 그 소재로는 철이나 알루미늄 등이 사용되는데 현재는 주조 제품이 대부분이다.

연소실의 바닥면이 되는 피스톤의 헤드 쪽은 피스톤 크라운piston crown이라고도 불리며, 그 형상은 편평한 것부터 돌출된 것, 밸브와의 접촉을 피하는 밸브 리세스형 등 여러 가지가 있다. 피스톤 링의 아랫부분은 **피스톤 스커트**piston skirt라고 하며, 각 기통의 실린더가 배열하는 면에는 피스톤 핀커넥팅 로드와 접속함이 통과하는 구멍piston boss이 있다. 연비를 향상시키려면 마찰저항을 감소시켜야 할 필요성이 있기 때문에 피스톤 링의 장력張力을 약하게 하거나 피스톤 스커트 부분에 패턴 코팅pattern coating을 한 엔진도 있다.

왕복운동에서 회전운동으로

피스톤의 상하 운동은 커넥팅 로드Connecting rod를 통해서 크랭크샤프트의 회전운동으로 변환된다. 피스톤은 고온·고압의 연소 압력을 받는 가혹한 운동을 하기 때문에 크랭크샤프트의 사이에 있는 커넥팅 로드보다 가혹한 운동을 하게 된다. 형상적으로는 연결봉 같은 느낌인데 **피스톤 핀**이 장착된 쪽을 스몰 엔드small end, **크랭크샤프트** 쪽을 빅 엔드big end라고 부른다.

빅 엔드 측은 평면에서 2개로 분할되어 있으며 볼트로 고정하는 것이 일반적인데 분할 면을 거칠게 만들어 접합력을 향상시키기도 한다. 강도를 확보하기 위하여 단면의 형상을 H형으로 만든 단조 제품을 사용한다.

피스톤과 커넥팅 로드

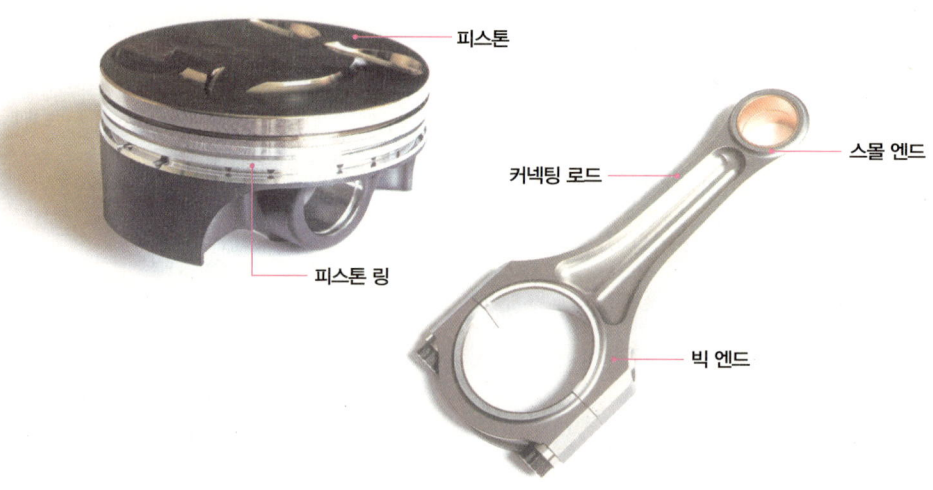

크랭크샤프트

크랭크샤프트는 엔진 내에서 오일 팬의 바로 위에 장착되며, 운동 부품으로서는 가장 밑에 위치해 있다. 크랭크샤프트에서 피스톤의 왕복운동이 회전운동으로 변환되어 트랜스미션오토매틱이나 매뉴얼의 변속기을 거쳐 드라이브 샤프트drive shaft에 동력이 전달된다.

형상은 매우 복잡하지만 일체형으로 만들어져 있으며, 크랭크샤프트 풀리에 연결되는 주축 부분과 각 기통의 커넥팅 로드와 연결되는 크랭크 핀Crank pin 그리고 평형추Balance weight로 구성되어 있다.

크랭크샤프트

주축
크랭크 핀
평형추

> Tip 크랭크샤프트가 복잡한 것은 엔진의 각 기통이 점화 순서에 맞추어져 있기 때문이다. 엔진의 진동 발생은 크랭크샤프트의 회전에 의한 것으로 이것을 억제하기 위해 평형추를 부착하여 진동을 없애는 경우도 있다.

072 자동차 진화의 비밀을 알고 싶다

오일 팬

 **웨트 섬프** 엔진의 가장 아래쪽에 오일을 저장하는 오일 팬이 있는 엔진으로 경주용 자동차나 스포츠카 이외의 자동차들이 이 방식을 채택한다.

엔진 시동 시 오일 팬의 오일을 위로 순환시킨다

오일 팬은 엔진의 가장 아래쪽에 있으며, 엔진 오일을 저장하는 탱크와 비슷하다. 엔진에 시동을 걸면 오일펌프가 회전하여 오일 팬에 있는 오일을 그물망이 있는 스트레이너Strainer로 보내어 금속 조각이나 슬러지Sludge 등을 제거한 후 오일 필터를 통해 엔진 내부로 순환시킨다. 엔진오일은 정기적으로 교환하는데 그 방법에는 오일 딥스틱Dipstick ; 계측 봉 부분에서 위쪽으로 빼내는 방법과 오일 팬에 있는 드레인 플러그Drain plug에서 밑으로 빼내는 방법이 있다.

재질은 철판이 많지만 알루미늄 제품도 있으며, 엔진오일의 냉각성을 향상시키기 위해서 표면에 냉각 핀을 설치한 자동차도 일부 존재한다. 최근의 자동차에서는 오일 필터 밑에 엔진의 냉각수를 순환시키는 수랭식 오일 쿨러를 사용하여 엔진오일의 온도가 지나치게 상승하지 않도록 제어하고 있다.

드라이 섬프 방식이란

드라이 섬프dry sump **방식**에서도 오일 팬은 장착되어 있지만 매우 얇기 때문에 오일의 대부분이 저장되지는 못한다. 그 대신에 엔진의 각부에 공급되는 오일을 저장하는 탱크가 별도로 있어 거기에서 엔진의 각 부분에 오일을 강제적으로 공급한다. 일반적인 오일 팬이 있는 **웨트 섬프**Wet Sump **방식**에서는 격렬한 스포츠 주행 시에 엔진 오일의 액면이 기울어지기 때문에 오일펌프에서 흡입할 수 없게 되어 윤활의 불량을 일으키기도 한다.

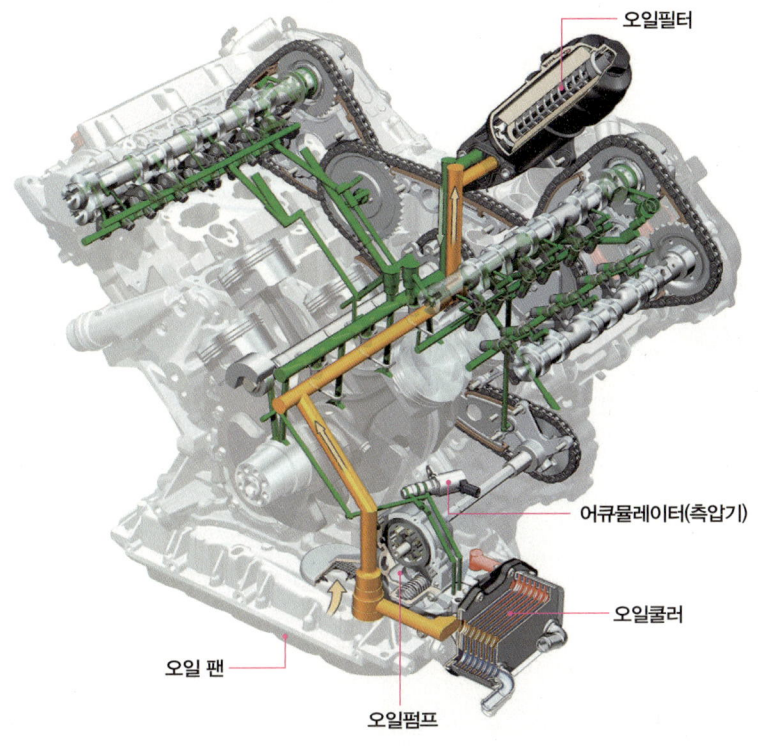

오일 팬의 위치
오일은 중력을 이용하여 엔진의 상부에서 하부로 흘러 내려가 오일 팬에 저장된다.

드라이 섬프 방식은 오일을 엔진의 각 부위로 빠짐없이 공급할 수 있기 때문에 엔진의 손상을 방지할 수 있으며, 이 방식이 장착되어 시중에 판매되는 자동차에는 포르쉐나 페라리 등의 고가격, 고성능인 스포츠카 등이 있다. 드라이 섬프 방식은 대부분의 경주용 자동차에도 적용되며, 그 장점은 어떤 가혹한 주행에서도 엔진의 각 부위에 빠짐없이 오일을 골고루 공급할 수 있다는 것 웨트 섬프에서도 오일 팬 내에 칸막이를 설치하여 오일의 기울기를 줄이는 대책이 실시된 경우가 있음이다. 엔진 하부에 오일 팬이 없는 것과 같아서 그 만큼 엔진의 탑재 위치가 낮아지면 자동차의 중심이 낮아지는 것을 의미하므로 조종 안전성을 높이는데 상당한 효과가 있다. 그러나 구성 부품이 많아 그만큼 가격이 상승한다는 단점도 있다. 웨트 섬프 방식으로도 일반적인 주행에서는 충분히 기능을 발휘할 수 있기 때문에 일반 자동차에서는 드라이 섬프 방식을 적용하지 않는다.

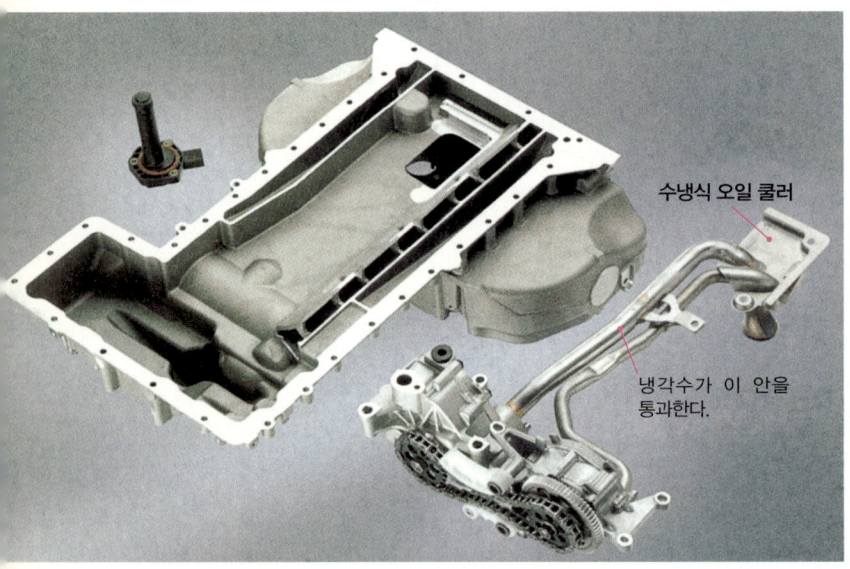

냉각수가 이 안을 통과한다.

오일 팬의 구조
엔진을 윤활한 오일은 고온이 된다. 순환된 오일은 오일 팬 내에서 냉각되어 다시 엔진의 각 마찰부분에 보내진다.

> **Tip** 엔진오일의 양이나 오염의 정도는 엔진룸 안쪽의 엔진 커버 근처에 있는 황색 그립이 붙어 있는 딥스틱을 빼보는 것으로 점검할 수 있다. 엔진오일의 교환 시기나 교환 거리가 증가되고 있지만 오일의 양은 그 기간 중에도 감소할 수 있기 때문에 점검이 꼭 필요하다.

연료 분사

 **직접분사** 인젝터를 연소실에 설치하고 연료를 연소실 내에 직접 분사하는 방식이다.

직접분사 엔진

디젤 엔진에서는 이미 당연시되고 있는 **직접분사 방식**의 연료 분사이며, 가솔린 엔진에서는 이전의 **포트분사 방식**이 대부분이다. 두 방식의 차이는 인젝터가 설치된 장소가 다르다는 점으로, 포트분사는 흡기 매니폴드에 인젝터가 설치되어 연료가 흡입되는 공기와 혼합된 후 연소실 내로 들어간다. 그러나 직접분사 엔진에서는 공기만이 연소실 내에 흡입되어 압축된 후 이 공기 속에서 연료가 순간적으로 분사되는 방식이다.

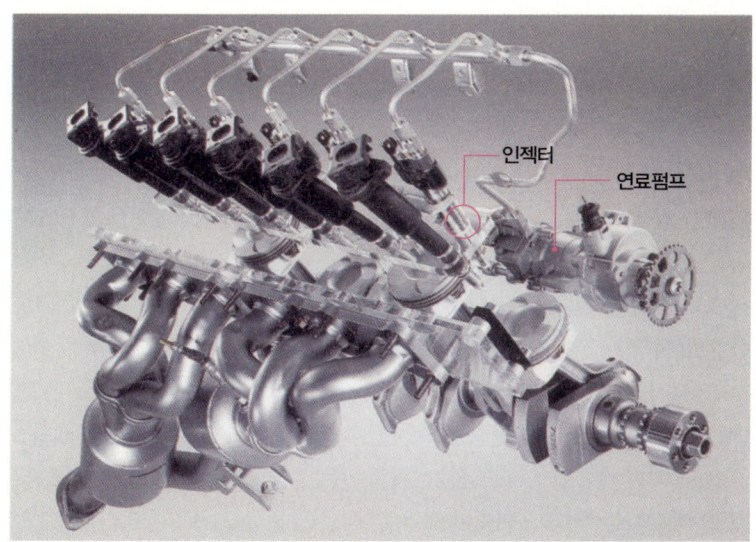

직접분사 엔진의 인젝터
연료를 직접 연소실로 보내는 직접분사 엔진. 연료 펌프에 의해 가압된 연료는 인젝터에서 연소실로 분사된다.

연소실 내에 가솔린을 직접 분사함으로써 연료에 의한 냉각이 가능하여 충진 효과도 향상되며, 또한 노킹knocking이 발생되지 않으므로 압축비를 높일 수 있어 열효율도 향상되기 때문에 고성능화가 용이해진다. 이제까지의 터보에서는 불가능했던 압축비를 높이는 것도 가능해져 고성능과 연비 절약이라는 두 마리 토끼를 함께 잡은 셈이다.

직접분사 엔진은 포트분사의 희박 연소를 넘어서는 초희박 연소가 특징이며, NOx 흡장 환원 촉매라고 하는 전용 촉매가 필요하게 되는 등, 비용이 상승하기 때문에 초기에는 탑재 차량이 그다지 증가하지는 못했다. 렉서스 브랜드의 자동차는 포트분사와 직접분사를 조합하여 완전 연소를 훨씬 더 촉진시켰으며, 특수한 촉매도 필요 없이 고성능과 연비 절약의 양립이 가능하게 되었다.

유럽에서는 스토이키 연소의 직접분사가 등장

2003년경 독일의 자동차 A3에 FSI라는 가솔린 직접분사 엔진을 탑재한 모델이 판매되기 시작했으며, 그 자동차에서는 희박 연소공연비 20~최대 50 : 1 정도도 아니고 특수한 촉매도 필요 없는 스토이키Stoichiometric 연소14.7 : 1를 적용하였다.

현재는 폭스바겐의 TSI 엔진으로부터 시작된 과급기 덕분에 유럽의 자동차회사를 중심으로 엔진의 다운사이징이 시작되었으며, 포르쉐나 페라리 등의 고급 스포츠카에서도 예외는 아니다. 최신형 포르쉐 997형 911이나 페라리 458 등에도 직접분사 엔진이 장착되었다.

또한 직접분사 인젝터의 발달로 인해 BMW의 1이나 3시리즈에 탑재된 엔진에서는 다시 희박 연소가 적용되었으며, N43B20A형, 직렬

4기통 엔진에도 NOx 흡장 환원이라는 전용 촉매가 장착되어 있어서 MT 자동차의 10-15모드 연비가 18.4km/ℓ 320i 세단를 실현시켰다.

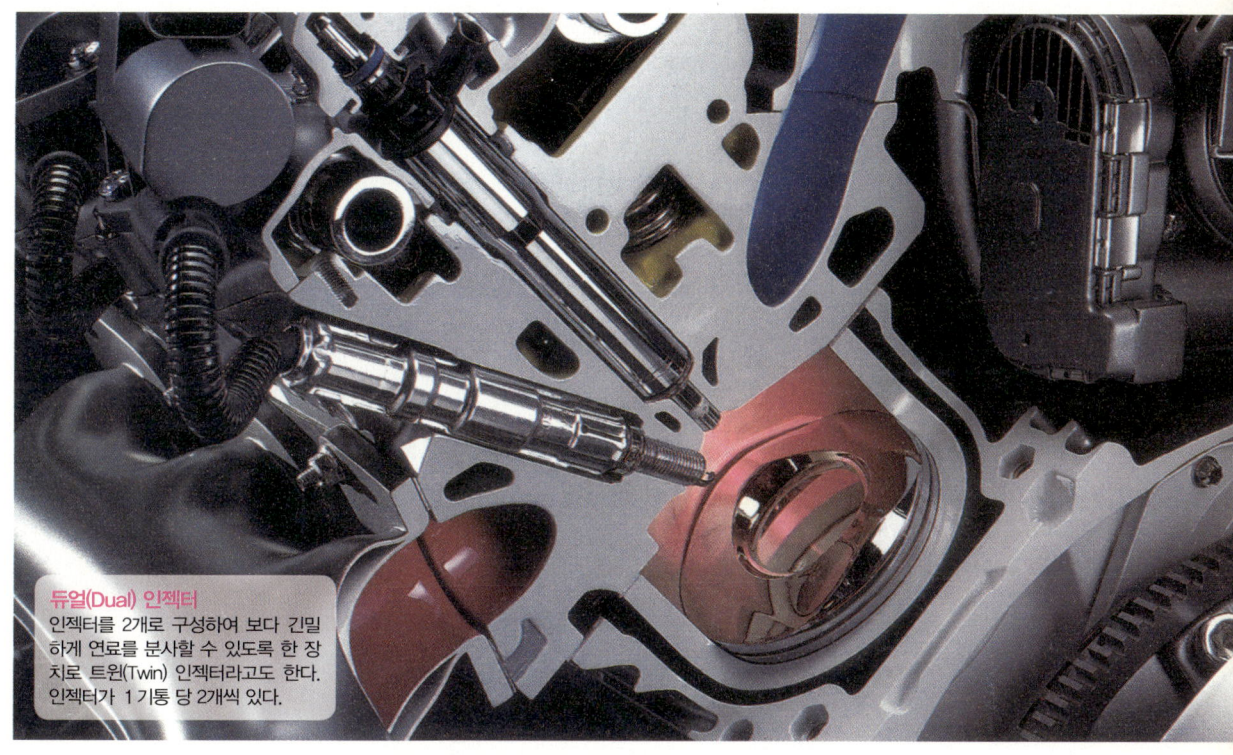

듀얼(Dual) 인젝터
인젝터를 2개로 구성하여 보다 긴밀하게 연료를 분사할 수 있도록 한 장치로 트윈(Twin) 인젝터라고도 한다. 인젝터가 1기통 당 2개씩 있다.

> **Tip** 스토이키는 'stoichiometric'의 약어이고, 학술 용어로는 정규조성(正規組成), 정비(定比)라는 의미이다. 스토이키 연소는 화학적으로 가장 알맞은 비율로 혼합된 연료를 연소시킨다는 의미이다. 1기통의 흡기 포트에 2개의 인젝터가 장착된 듀얼 인젝터 방식의 엔진은 닛산이 세계에서 제일 먼저 양산화 하였다.

078 자동차 진화의 비밀을 알고 싶다

에어 클리너와 흡기 시스템

> **Key word** **건식 페이퍼 타입** 예전에는 전용 오일을 도포한 타입도 있었지만 유지 보수가 편리한 점 때문에 현재는 오일을 도포하지 않은 건식 페이퍼 타입이 대부분이다.

공기 중의 먼지나 이물질을 제거한다

엔진룸의 제일 앞부분이나 중앙 펜더fender 안쪽에 있는 흡기 통로에서 들어온 공기가 최초로 통과하는 곳이 **에어 클리너**이다. 공기와 함께 흡입되는 먼지나 벌레 등을 여과하여 실린더에는 깨끗한 공기만 흡입되도록 하는 장치이다. 현재 양산 자동차에 장착되는 대부분의 에어 클리너는 케이스의 중앙에 여과지가 마치 뱀의 비늘 모양으로 접혀져 내장되어 있는 형식이다.

예전에는 전용 오일을 여과지에 도포한 습식 페이퍼 타입이 많이 사용되었지만 현재는 건식 페이퍼 타입이 대부분이다. 일반적인 조건 하에서 사용된 에어 클리너는 정기적으로 교환하는 부품 중 하나로 자동차 회사에 따라 다소의 차이는 있지만 4만km 전후 또는 2~3년마다 교환하도록 되어 있다.

여과지가 막히면 흡입할 수 있는 공기량이 감소되어 엔진 부품의 제어에도 영향을 미치게 되는데 체감적으로는 잘 느낄 수 없지만 연비나 가속 성능에 악영향을 줄 수 있으므로 정기점검 시나 차량 검사 시에 반드시 체크하여야 할 부분이다.

교환용은 순정 부품이 가장 좋다

에어 클리너는 자동차의 성능을 향상시킬 때 적절한 가격으로 효과를 발휘하기 쉬운 부품 중 하나이다. 순정 제품에서는 에어 클리너 박스라는 수지 케이스 내에 들어 있는 것을 그대로 사용하는 것에 비하여 사외 제품에서는 케이스를 떼어내고 버섯 모양의 형태를 한 것을 노출시켜 장착하는 것도 있다.

에어 클리너의 위치
불필요한 열이 포함되지 않은 공기를 차체의 전면에서 받아들여 에어 클리너 케이스로 보낸다.

원형 주위를 따라 여과지나 스펀지 등이 부착되어 있는 이러한 제품들은 공기를 빨아들이는 표면적이 크기 때문에 성능의 향상뿐만 아니라 엔진룸의 형상도 향상시킨다. 그러나 이때 반드시 확인해야 할 것은 에어 클리너의 위치로, 부근에 배기 매니폴드가 있어 에어 클리너의 온도가 상승될 가능성은 없는지 확인해야 한다. 그러한 환경에 에어 클리너를 노출시키면 흡입 공기의 온도가 높아져 성능 향상의 효과도 반감되기 때문이다.

흡기 온도는 40℃ 정도가 이상적으로, 적정 온도를 유지시키기 위해서 순정의 에어 클리너 케이스는 중요한 역할을 하고 있기 때문에 순정 부품과 똑같은 형태의 고성능 제품도 있지만 노출된 것을 장착할 경우에는 차열 판의 부착을 잊지 말아야 한다. 순정 부품에서도 버섯 모양의 에어 클리너를 적용한 경우가 있는데 바로 혼다 S2000의 오픈 2시트 스포츠카이다. 당연히 수지 제품의 에어 클리너 케이스 내에 들어있기 때문에 엔진룸을 여는 것만으로는 보이지 않는다.

에어 클리너

에어 클리너 박스 내에 에어 클리너가 들어 있으며, 왼쪽은 신품의 에어 클리너이고 오른쪽은 4만km 이상 사용한 에어 클리너이다.
무심코 승차하면 알 수 없지만 액셀러레이터 페달을 밟는 정도에 따라 엔진 토크의 반응을 보면, 에어 클리너가 오염되어 교환하기 직전에 느꼈던 것과 새로운 에어 클리너로 교환한 직후에 느끼는 것 사이에는 상당한 차이가 있다는 것을 알 수 있다.

Tip 터보차저를 탑재한 자동차에서는 효율이 좋은 에어 클리너로 교환하는 것만으로도 추력이 10PS 이상 상승하기도 한다. 에어 클리너의 여과지가 구불구불 접혀 있는 것은 표면적을 넓게 하기 위함이다.

흡기 계통

 **멀티 스로틀 밸브** 보통의 자동차에는 엔진 1개에 스로틀 밸브가 1~2개 배치되어 있지만 멀티 스로틀 밸브는 각 기통마다 1개씩 배치되어 있다.

공기 흐름 센서로 흡입 공기량을 검출한다

에어 클리너를 통과한 흡입 공기는 공기 흐름 센서Air flow sensor로 그 용량을 측정하여 연소실 또는 흡기 포트에 설치되어 있는 인젝터(연료분사장치)의 분사량을 컨트롤하는 데이터로써 전기 신호화된다. 공기 흐름 센서로는 메저링 플레이트식과 맵 센서식 그리고 핫 와이어식 등이 있다. 현재 주류인 것은 핫 와이어 식으로 흡기관 내에 열선이 설치되어 있다.

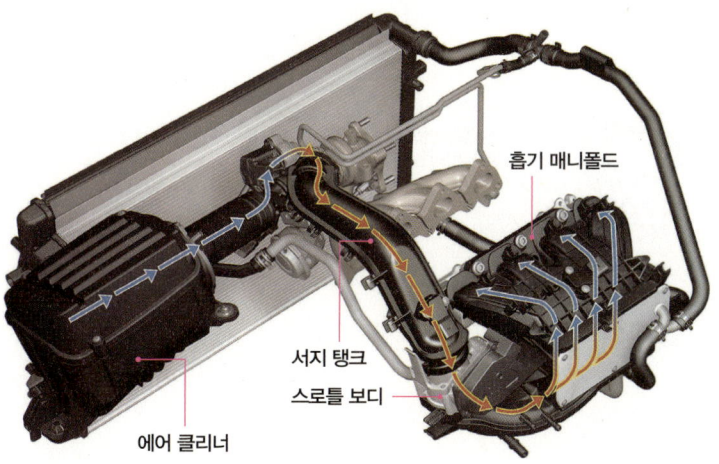

공기의 흐름
에어 클리너를 통과한 공기는 스로틀 밸브가 내장된 스로틀 보디(throttle body)의 경로를 통과하여 서지 탱크(surge tank)로 보내진다. 서지 탱크는 흐르는 기체를 일시적으로 저장하여 기체의 유량을 균일하게 하는 장치로서 공기는 서지 탱크에서 흡기 매니폴드로 보내져 연소실에 도달한다.

핫 와이어식은 열선에 흡입 공기가 통과할 때 온도의 변화에 의해 열선의 전기 저항도 변화되는 것을 이용하여 흡입 공기량을 검출하며, 메저링 플레이트식은 **스로틀 밸브**가 1개 더 추가되기 때문에 흡입 저항이 크다는 이유로 그리 많이 적용되지 않는다. 엔진의 연소 상태 등을 관리하는 센서의 하나로써 흡기 온도 센서가 설치된다.

흡입 공기량에 반응하여 스로틀 밸브가 열린다

공기 흐름 센서를 통과한 흡입 공기는 스로틀 밸브, **흡기 매니폴드**를 경유하여 흡기 밸브를 통과해 연소실로 유입된다. 포트 분사식 엔진은 흡입 공기가 연소실에 유입되기 전에 연료와 섞여져 혼합기가 되지만 직접분사식 엔진에서는 공기만 연료실로 유입된다.

현재 스로틀 밸브를 사용하지 않는 BMW의 밸브트로닉 엔진은 흡기 밸브가 스로틀 밸브의 역할도 함께 할 수 있도록 한 것으로 펌핑 로스pumping loss ; 흡기 손실를 줄일 수 있는 것이 장점이다. 그 결과 엔진의 회전력과 연비가 향상된다.

밸브트로닉

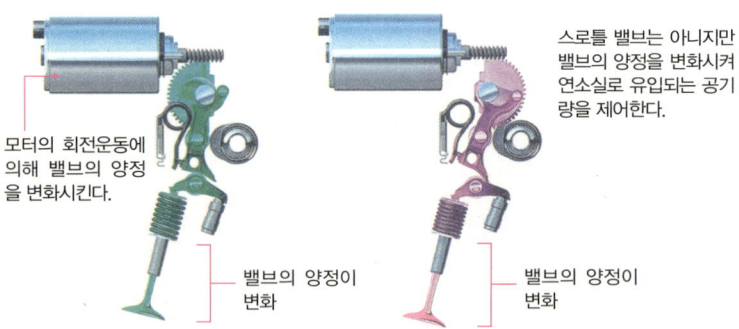

모터의 회전운동에 의해 밸브의 양정을 변화시킨다.

밸브의 양정이 변화

스로틀 밸브는 아니지만 밸브의 양정을 변화시켜 연소실로 유입되는 공기량을 제어한다.

밸브의 양정이 변화

최적의 밸브 양정을 관리할 수 있기 때문에 특히 일상 주행에서 저속회전 시에 흡기의 유속이 빨라지고 완전 연소가 이루어져 배출 가스 중에 HC탄화수소를 저감시키는 효과도 있다. 닛산의 VVEL이나 도요타의 밸브매틱도 같은 모양의 구조이다. 밸브의 양정을 이전보다 더 세밀하게 제어할 수 있는 것은 좋으나 밸브 주위에 액추에이터 및 모터 등의 구성 부품이 증가되어 구조가 복잡한 것은 단점일 수 있다.

일부의 NA_{Natural Aspiration} ; 자연 흡기 스포츠 모델에서는 엔진의 기통 수만큼 스로틀 밸브가 장착된 멀티 스로틀 밸브가 사용되고 있는데 이는 엔진의 출력과 엔진의 응답력을 높이기 위함이며, 현재는 BMW의 M시리즈 등의 한정된 자동차에서만 사용하고 있다.

스로틀 밸브

멀티 스로틀 밸브
각 기통마다 스로틀 밸브가 장착되어 있다.

> **Tip** 흡입 포트의 형상이나 내부 구조를 변경하면 엔진 회전력의 특성 등을 변화시킬 수 있다. 이상적인 흡기 포트는 가급적이면 직선형이라 할 수 있다. 그러나 시판되는 자동차에서는 공간의 제약이 있어 좀처럼 쉽지 않다.

배기 계통

 **배출가스 기준** 자동차의 머플러(Muffler ; 소음기)에서 나오는 배출가스의 주성분인 CO(일산화탄소), NMHC(비메탄탄화수소), NOx(질소산화물)의 기준 값을 결정하는 것이다.

배기 효율뿐만 아니라 배출되는 성분을 저감시키는 역할을 한다

현재 국내의 신형 자동차의 경우, 머플러의 테일 파이프 부근에 서 있어도 배출가스 냄새가 거의 나지 않는다. 이것은 세계에서도 가장 엄격한 국내의 배출가스 규제 덕분이기도 하다. 배기 효율의 향상은 고성능 스포츠 모델을 위한 것이라는 이미지가 떠오를지도 모르지만 그것은 틀린 말이다. 연소실 내에서 연소된 가스를 배기 경로를 통해서 남김없이 배출시키지 않으면 깨끗한 혼합기나 흡입 공기가 연소실로 흡입될 수 없으며, 엔진의 성능 저하와도 연결된다.

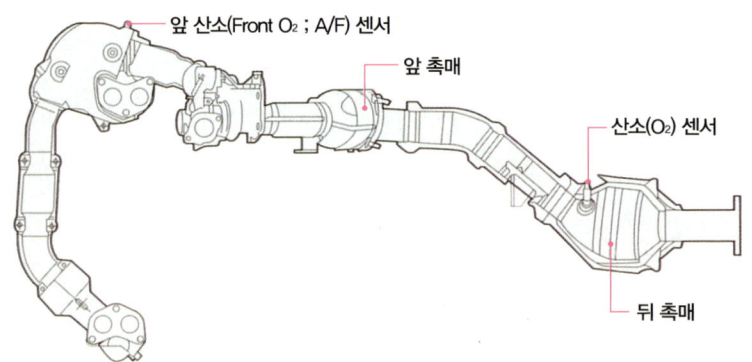

배기 계통의 구성 부품
앞(Front) 촉매와 뒤(Rear) 촉매의 2개에 의해 배기가스가 정화된다. 산소() 센서는 배출가스 중 산소량을 조사하는 장치이다. 배출가스에 포함되어 있는 산소량이 많으면 연소가 충분하지 않다고 판단하여 연료를 많이 분사시킨다. 반대로 산소량이 너무 적은 경우에는 연료의 양을 감소시킨다.

연소실에 유입된 혼합기가 연소된 후 배출 경로를 통해 모두 배출되면 NOx가 증가하여 촉매의 부담도 증가되기 때문에 배출가스의 일부를 흡기로 되돌려 재연소 시킴으로써 NOx의 발생이 저감되도록 하는 것이 **EGR**배출가스 재순환 시스템이며, 배기 계통에서 재순환되지 않는 연소 가스는 **촉매**Catalyzer로 정화된다.

촉매의 경우, 일반 승용차의 대표적인 규제였던 1987년 배출가스 규제 이후의 자동차에는 머플러 앞에 1개만 설치되어 있었지만, 2000년 배출가스 규제 이후의 자동차는 배기 매니폴드 바로 아래와 머플러 앞에 2개 이상 장착된 자동차도 나왔다. 보다 엄격해진 배출가스 규제에 대응하기 위한 것으로 현재 국내에서 판매되고 있는 자동차는 모두 2010년 배출가스 규제에 따라 만든 자동차이다.

배기 매니폴드의 바로 아래에 촉매가 설치된 것은 엔진이 냉간 상태에서 시동되었을 때의 촉매 반응을 높이기 위한 것으로, 촉매의 경우 차가운 상태에서는 정화 기능이 잘 이루어지지 않는 특성이 있어서 엔진에 보다 가까운배기온도가 높다 위치에 배치함으로써 촉매의 온도를 높여 정화 기능을 향상시키기 위한 목적이다.

자동차의 성격에 따라서 머플러 테일 파이프의 디자인도 달라진다

같은 차종이라도 등급에 따라 그 디자인이 다른 경우가 있다. 예를 들어 스포츠 모델에는 좌우 2개씩 모두 4개가 있지만, 일반 자동차에는 좌우 어느 쪽이던지 1개만 있으며, 그 직경도 스포츠 모델에

트윈 테일 파이프

싱글 테일

가까울수록 크게 디자인되어 있다. 고급 세단의 경우, 뒤 범퍼에 가려서 머플러가 보이지 않게 만든 것도 있다.

　머플러의 테일 파이프tai pipe는 사실상 디자인적인 요소가 상당히 강하다. 쉽게 말하면 V형 8기통 엔진을 탑재한 페라리의 고급 자동차에도 테일 파이프는 3개나 있다. 배기 효율에서 중요한 것은 배기 매니폴드를 지나 테일 파이프가 시작되는 부분까지로, 즉 소음기silencer의 파이프 직경에 의해 크게 좌우된다.

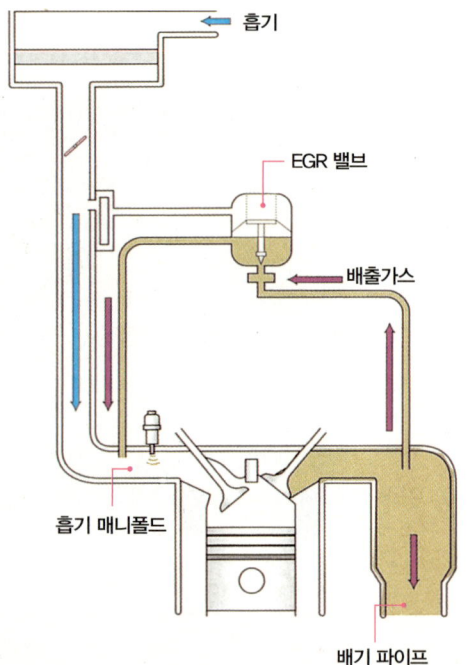

EGR
연소실이 고온 상태로 변하면 배출가스에서 특히 유독한 NOx가 발생한다. 이때에 산소를 거의 포함하지 않는 배출가스의 일부를 흡기로 되돌려 연소실의 온도를 낮춘다.

> **Tip** 배기 매니폴드에 장착된 O₂(산소) 센서와 A/F(Air Fuel) 센서는 배출가스와 연소 상태를 감시하여 배출가스를 보다 깨끗하게 하고 있다. 뒤 범퍼의 좌우에 타원형이나 삼각형 모양의 크롬(chrome) 부품이 끼워져 있고, 그 뒤로 테일 파이프(Tail pipe)가 숨겨져 있는 자동차도 있다.

터보차저

> **Key word**   A/R 터빈의 배기가스가 들어가는 입구의 가장 좁아지는 안쪽 부분의 면적을 그 중심으로부터 터빈 블레이드(blade)까지의 거리로 나눈 값이다.

배기량이 적은 엔진을 고성능화시킨 아이템

터보차저Turbo charger는 최초에 항공기용으로 개발되었으며, 공기가 희박한 상공에서도 엔진의 성능이 저하되지 않도록 하기 위한 것으로 자동차에 표준으로 장착된 것은 1973년 BMW의 2002 터보가 최초이다.

터보차저는 양 끝에 **컴프레서**compressor와 **터빈**turbine의 날개Blade가 있는 과급기의 일종으로, 에어 클리너를 통과하여 유입된 흡입 공기를 컴프레서 날개로 압축하여 보다 많은 공기를 연소실로 공급하여 연소시키며, 연소 가스는 반대 측에 있는 임펠러 날개를 회전시킨다. 최초로 적용된 자동차는 대형 자동차였지만 1980년대에는 도요타의 스탈렛, 닛산의 마치, 프랑스 르노5, 피아트의 유노와 같은 1000~1400cc급 소형 자동차의 고성능화에 일익을 담당하였다.

그러나 컴프레서에서 흡입 공기를 압축할 때 터빈이 회전하기 시작하는 시점은 배기가스가 배출될 때부터이다. 그 당시의 터보 엔진은 일정한 회전수대략 3000rpm를 경계로 터보가 작동되기 시작하여 급격히 가속되는 극단적인 엔진 특성을 보였으며, 그 특성은 다루기가 매우 힘든 것이었다.

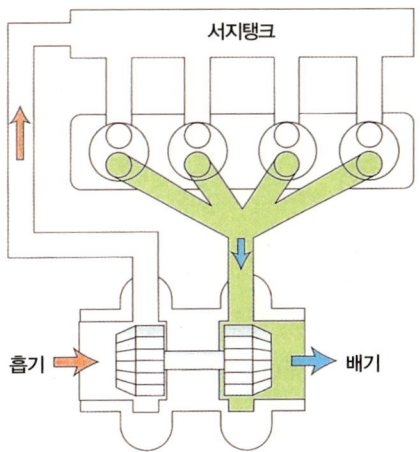

터빈의 배치
배기가스는 배기 매니폴드에 강하게 흘러들어가 터빈을 회전시킨다.

그 후 터빈의 소형화나 구조의 개량을 통해 다루기 쉬워졌지만 흡입 공기를 컴프레서에서 압축하는 구조였기 때문에 엔진의 기본이 되는 압축비를 낮출 필요가 있었다. 압축비를 낮추는 것은 연소효율을 낮추는 것이 되므로 터보차저가 없는 엔진보다 많은 공기를 연소시키기 위해서는 연료 분사량도 많아야 했다. 요구하는 출력은 발생되었지만 2000년경부터 점점 엄격해진 배출가스 규제에 맞추기 어렵게 되어 2002년경에 280PS 급의 터보가 장착된 스포츠 모델의 모습은 사라졌다.

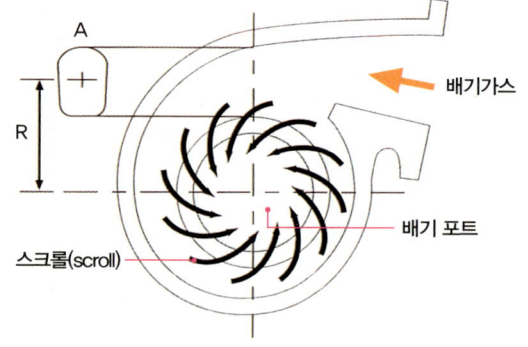

터빈 하우징 A/R
이 A/R값이 작은 터빈은 저속회전에서의 반응은 좋지만 최고 출력은 낮아진다. 반대로 A/R값이 큰 터빈은 반응이 나쁘지만 고속회전에서 고출력을 발휘한다. 차종에 따라 적절한 특성의 터빈을 장착시키지만 모든 영역에서 반응이 좋은 것은 아니다. 그래서 아래와 같은 트윈스크롤(twin scroll)이나 VG 터보가 개발되었다.

직접분사 엔진으로 다시 각광받다

직접분사 가솔린 엔진이 유럽을 중심으로 부활한 것은 2000년대 초반으로, 압축에 의해 고온이 된 흡입 공기가 연소실에 공급되기 전에 연료와 혼합되는 포트 분사식 엔진에 비해서 압축된 공기가 연소실 내에 들어간 후 연료와 혼합되는 직접분사 엔진은 연료에 의해 흡입된 고온의 공기를 냉각시켜 이상연소가 발생되지 않도록 한다. 또한 압축비를 낮게 선정하지 않아도 좋기 때문에 연소효율도 높다. 이것이 연비와 출력의 양립을 실현시켜 터보차저가 재평가된 요인이다.

트윈 스크롤

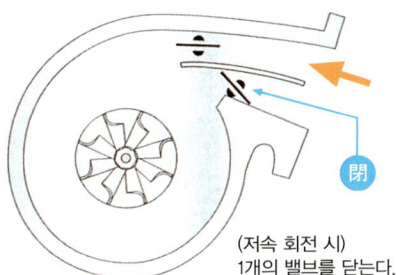

(저속 회전 시)
1개의 밸브를 닫는다.

VG 터보

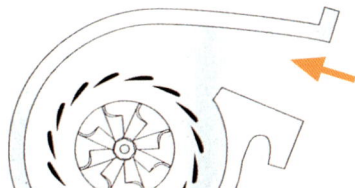

(저속 회전 시)
베인을 닫는다.

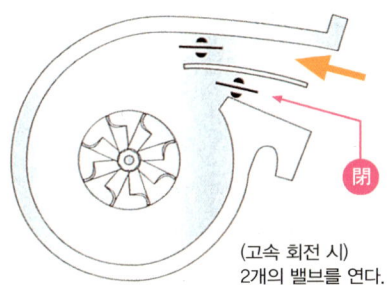

(고속 회전 시)
2개의 밸브를 연다.

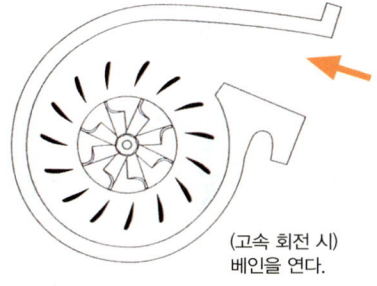

(고속 회전 시)
베인을 연다.

배기가스의 속도가 낮을 때에는 밸브를 1개 닫아 배기가스의 유속을 증가시킨다. 반대로 배기가스에 충분한 유속이 있을 때에는 밸브를 양쪽 다 열어 저속회전 시에도 반응을 좋게 하는 것이다.

터빈 내의 베인(vane) 개도를 조절함으로써 터빈에 보내는 배기가스의 유속을 조정한다. 저속회전에서는 베인을 닫아 힘이 약한 배기가스의 힘을 증폭시킨다. 충분한 유량이 있는 고속회전 시에는 베인을 열어 대부분의 배기가스를 직접 터빈으로 보낸다.

> **Tip** 터보차저의 특징은 A/R뿐만 아니라 터빈 및 컴프레서의 날개 수나 형상으로도 변한다는 점이다. 터빈은 1분당 20만 번이나 회전하기도 한다. 터빈 축을 윤활하게 하는 오일 파이프는 매우 가늘어서 엔진오일 관리를 소홀히 하면 자칫 터빈이 파손되는 경우도 있다.

수냉 시스템

 **오버히트** 냉각수 온도가 100℃ 이상으로 상승하는 현상. 냉각수 부족이나 수온 센서 불량 등으로 일어난다.

응급 시 보충하거나 LLC 주입

자동차의 엔진에서는 **LLC**Long Life Coolant라고 하는 냉각수가 워터 재킷을 순환하면서 냉각시키며, 엔진의 크랭크샤프트 풀리에 설치되어 있는 구동 벨트로 작동되는 워터 펌프에 의해 엔진의 각부로 보내진다. 그 밖에 엔진의 오일 팬에 있는 엔진오일도 윤활과 동시에 냉각시킨다. 예전에는 포르쉐 911이나 폭스바겐의 비틀, 피아트 500 등에서 공랭식 엔진이 존재했지만 현재의 자동차는 모두 수랭식 엔진으로 되어 있다.

중요한 구성 부품으로는 **라디에이터**, 쿨링 팬, 어퍼&로워 호스 Upper and Lower hose, 수온 조절기Thermostat, 실린더 블록과 헤드의 워터 재킷 등이 있으며, 고온의 연소실이나 실린더 주위를 냉각시킨다.

왜 냉각시켜야 할까?

실린더에서 연소된 혼합기의 온도는 2000℃나 되기 때문에 이 열을 받는 피스톤이나 실린더 블록도 당연히 고온이 된다. 이것을 냉각시키지 않으면 피스톤이나 밸브가 녹아서 눌러붙고 실린더 헤드는 팽창하여 변형을 일으키게 되며, 더욱이 이상연소도 유발되어 최종적으로는 엔진이 손상된다.

사람이 한여름의 햇빛 속에서 수분 공급을 받아 체온을 낮추지 않으면 열사병에 걸리듯이 자동차의 엔진에도 유지해야 할 적당한 온도가 있는 것이다.

자동차의 계기판 안에는 수온계가 있는데, 바늘이 CCool와 HHot의 중간보다 C쪽으로 약간 치우쳐서 가리키고 있으면 엔진의 온도는 정상이다.

최근에는 수온계가 없이 경고등만 설치되어 있는 차종도 있는데, 각종 센서의 작용이나 라디에이터의 고성능화로 인해 냉각수 온도의 세밀한 컨트롤이 가능해졌기 때문이다. 이것은 메이커로서의 자신감을 나타내는 것이다.

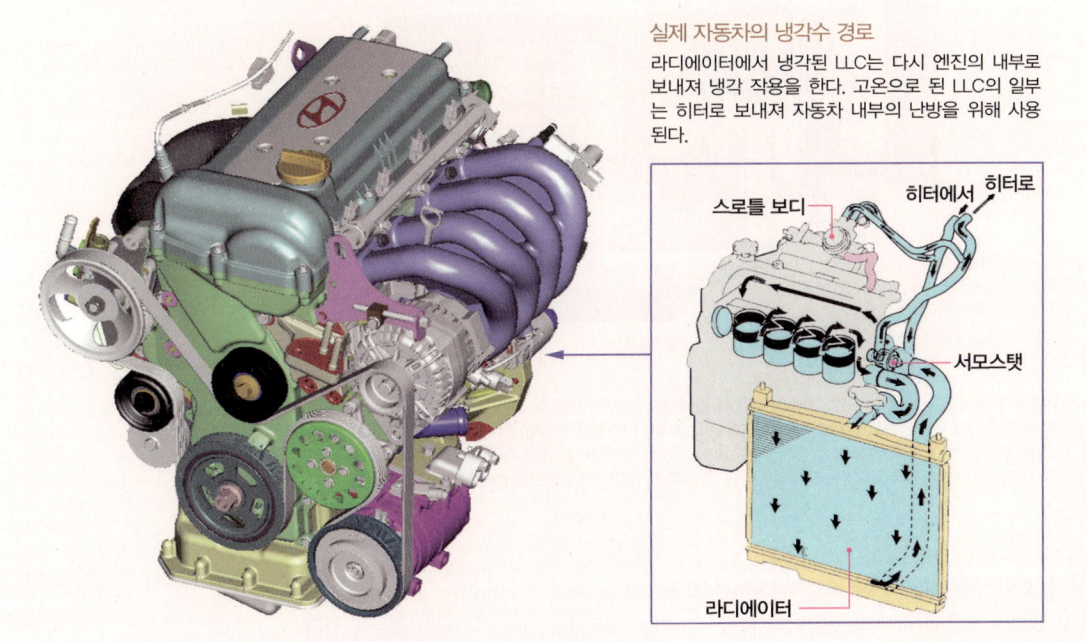

실제 자동차의 냉각수 경로
라디에이터에서 냉각된 LLC는 다시 엔진의 내부로 보내져 냉각 작용을 한다. 고온으로 된 LLC의 일부는 히터로 보내져 자동차 내부의 난방을 위해 사용된다.

냉각수도 교환이 필요하다

라디에이터 등의 냉각 계통을 순환하고 있는 LLC는 2~3년마다 교환하도록 권장되고 있다. LLC는 내부의 녹을 방지하거나 겨울철에 동결을 방지하는 효과를 가지고 있는데 오랫동안 교환하지 않으면 그 효과가 점점 떨어지기 때문이다.

최근의 신형 자동차에는 슈퍼 LLC가 주입되어 있어 7~10년 또는 100,000km 이상의 교환 사이클을 가지고 있는 것도 있다. 더욱 상세한 내용은 자동차의 취급 설명서에 기재되어 있다.

수랭식 엔진의 구조

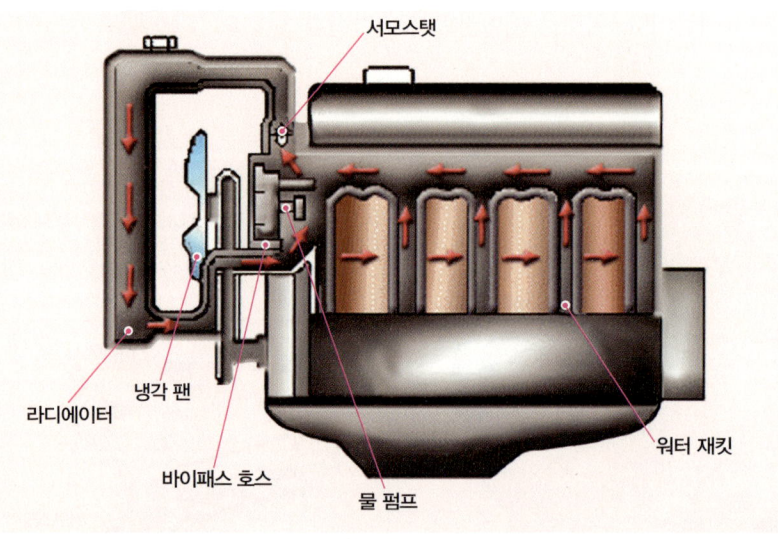

라디에이터에서 냉각된 LLC는 엔진의 각부로 보내져 열을 흡수하지만 엔진에 시동을 건 직후, 특히 겨울철에는 엔진이 완전히 냉각되어 있는 상태이기 때문에 LLC로 냉각을 하면 엔진은 적절한 온도를 유지하지 못하고 더 차가워진다. 이러한 현상을 방지하기 위하여 실린더 헤드 워터 재킷의 냉각수 출구에 수온 조절기가 부착되어 있어, 엔진이 완전히 냉각되어 있는 경우 LLC는 라디에이터를 통과하지 않고 바이패스(bypass)되어 다시 엔진 내부로 되돌아간다.

Tip LLC의 색은 자동차 회사에 따라 다르지만 대부분은 빨간색이거나 녹색이다. 수온계의 경우 일반적으로 C(cool)와 H(hot) 그리고 적정한 온도의 세 가지 눈금밖에 없지만 냉각수 온도가 수치로 표시되는 경우도 있다.

라디에이터

 **다운 플로와 크로스 플로** 냉각수가 라디에이터 내에서 흐르는 방향에 따라 두 가지 타입이 있다.

수랭식 엔진의 필수품

보닛을 열면 엔진룸 바로 앞에 있는 부품으로, 캡뚜껑이 있으며 중앙에 여러 개의 파상 핀으로 되어 있는 것이 **라디에이터**이다. 실제로는 그 바로 앞에 같은 모양으로 라디에이터 두께의 절반 크기인 에어컨용 콘덴서가 있다.

라디에이터의 위치
주행 시 바람을 이용하여 열을 효과적으로 냉각시킬 수 있도록 라디에이터는 차량의 앞부분에 배치되어 있다.

워터 펌프에 의해 엔진 실린더 등의 주요 **워터 재킷**을 순환한 냉각수는 수온이 82℃ 이하로 낮을 때수온 조절기가 열리기 전에는 엔진의 내부를 순환할 뿐이지만 엔진이 뜨거워지면 수온 조절기가 열려서 라디에이터로 순환하게 된다.

엔진의 내부는 냉각수가 순환하여 적당한 온도를 유지하도록 되어 있으며, 혼합기의 연소에 의한 열로 뜨거워진 물냉각수을 냉각시키는 것이 라디에이터이다. 그 구조는 냉각수가 통과하는 튜브와 얇은 판이 번갈아 배치된 방열 핀으로 되어 있으며, 자동차의 앞쪽에 설치되어 있어 주행 중에 공기로 냉각된다. 위쪽에 어퍼 탱크Upper tank, 아래쪽에 로워 탱크Lower tank가 있으며, 일반적으로 **다운 플로**Down flow형이 대부분 적용되고 있는 방식이다. 그 외에 좌우에 탱크가 있어 옆으로 물이 흘러가는 **크로스 플로**Cross flow형도 있다.

다운 플로형은 라디에이터의 어퍼 탱크에 라디에이터 캡이 설치되어 있으며, 이 캡에는 압력 밸브가 스프링을 매개로 설치되어 있어 냉각수의 온도가 일정 온도 이상으로 상승하여 압력이 높아지면 압력 밸브가 자동으로 열려 냉각수가 리저브 탱크로 흘러 들어간다. 라디에이터의 캡은 $1.1 kgf/cm^2$ 정도의 압력을 받을 때까지 열리지 않기 때문에 비등점이 상승되어 냉각 효과를 높이고 있다.

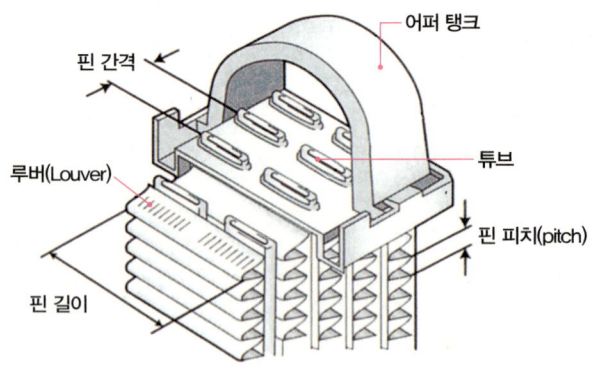

라디에이터 코어(Core)의 구조
냉각수의 통로인 튜브의 내부에 LLC가 흐른다. 튜브에는 금속의 방열 핀이 장착되어 있어 열이 대기 중으로 방출된다.

도로 정체 시에 활약을 하는 전동 팬

시내의 도로는 늘 만성적인 정체 상태이다. 느릿느릿한 주행이나 아이들링idling 상태에서는 라디에이터에 바람이 불어오지 않으므로 냉각이 잘 이루어질 수 없기 때문에 라디에이터 뒤에 전동 팬이 설치되어 있다. 선풍기와 같은 날개를 모터로 회전시켜 강제적으로 라디에이터에 바람을 보내 냉각시키는 구조로, 차량의 정체 시에 때때로 엔진룸에서 '위잉'하는 소리가 나는 것은 이 전동 팬이 돌아가는 소리이다.

또한 자동차를 주행한 후 엔진의 시동을 정지시킨 경우 냉각수 온도가 상승되어 있으므로 전동 팬은 라디에이터가 일정 온도가 될 때까지 계속 회전하여 냉각시킨 후 정지된다. 그 이유는 라디에이터 로워 탱크에 수온 센서가 부착되어 있어 일정 온도 이상에서는 전동 팬 모터에 전원을 공급하기 때문이다.

라디에이터 캡의 구조

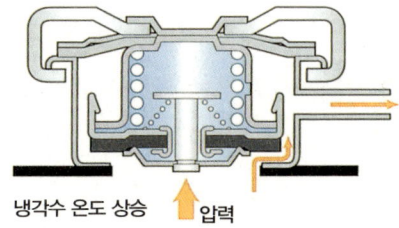

냉각수 온도 상승   압력

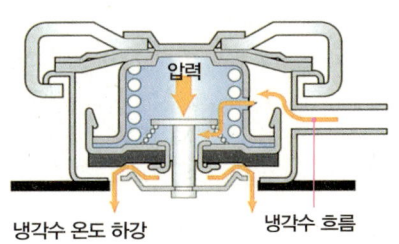

냉각수 온도 하강   냉각수 흐름

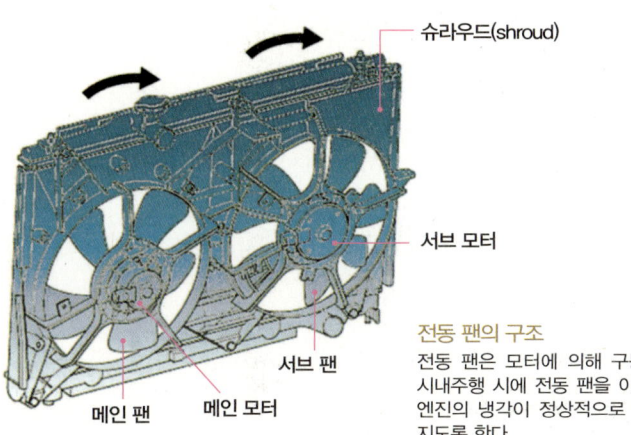

슈라우드(shroud)
서브 모터
서브 팬
메인 팬   메인 모터

전동 팬의 구조
전동 팬은 모터에 의해 구동된다. 시내주행 시에 전동 팬을 이용하여 엔진의 냉각이 정상적으로 이루어지도록 한다.

> **Tip** 주행 후 수온이 높아진 상태에서는 뜨거운 물이 분출되어 화상을 입을 우려가 크기 때문에 라디에이터의 캡을 열 때 주의하여야 한다. 냉각수로 넣는 LLC는 자동차를 사용하는 지역(기온)에 따라서 물과의 혼합률이 달라진다.

윤활 시스템

 **오일 필터** 오일 속에 혼합되어 있는 금속 가루 등을 제거하기 위하여 종이 재질의 여과지가 내장되어 있다.

엔진 부품의 마찰을 저감시키는 역할만 하는 것은 아니다

일반적인 자동차에 적용된 윤활 시스템에서는, 웨트 섬프라고 하는 오일 팬이 실린더 블록 아래에 설치되어 있으며, 크랭크축으로 구동되는 **오일펌프**에 의해 스트레이너strainer를 통과하여 빨아올려진 오일이 오일 필터를 경유하여 여과된 후 엔진 각부의 **오일 통로**oil gallery를 통해 오일 팬으로 되돌아온다.

엔진이 작동되고 있는 동안에는 이와 같은 순환을 계속 반복하여 엔진의 각 금속 부품 사이에 유막oil film을 형성시키는 것으로 직접적인 접촉을 방지하여 매끄러운 윤활 작용을 한다.

유막의 예를 들면, 피스톤 링과 실린더 벽의 아주 작은 틈새를 밀폐하여 기밀을 유지하는 역할을 하고, 냉각수와 함께 엔진을 적정한 온도로 유지하거나 방청녹 방지 그리고 세정 역할도 한다. 그러나 최근의 자동차는 이것만으로는 냉각이 부족하기 때문에 오일 필터oil filter의 아랫부분에 수랭식 **오일 쿨러**를 장착한 경우도 많다.

스포츠 모델에서는 라디에이터의 앞에 공랭식 오일 쿨러가 추가로 설치되어 있는 경우도 적지 않다. 시판되는 자동차 중에는 오일의 온도를 나타내는 유온계나 오일의 압력을 나타내는 유압계가 장착된 자동차가 별로 없지만 유온이나 유압을 체크하면 엔진 오일의 교환 시기를 관리할 수 있다.

윤활 경로
아래 그림과 같이 엔진오일은 엔진의 모든 부분으로 보내져 윤활과 냉각을 담당한다.

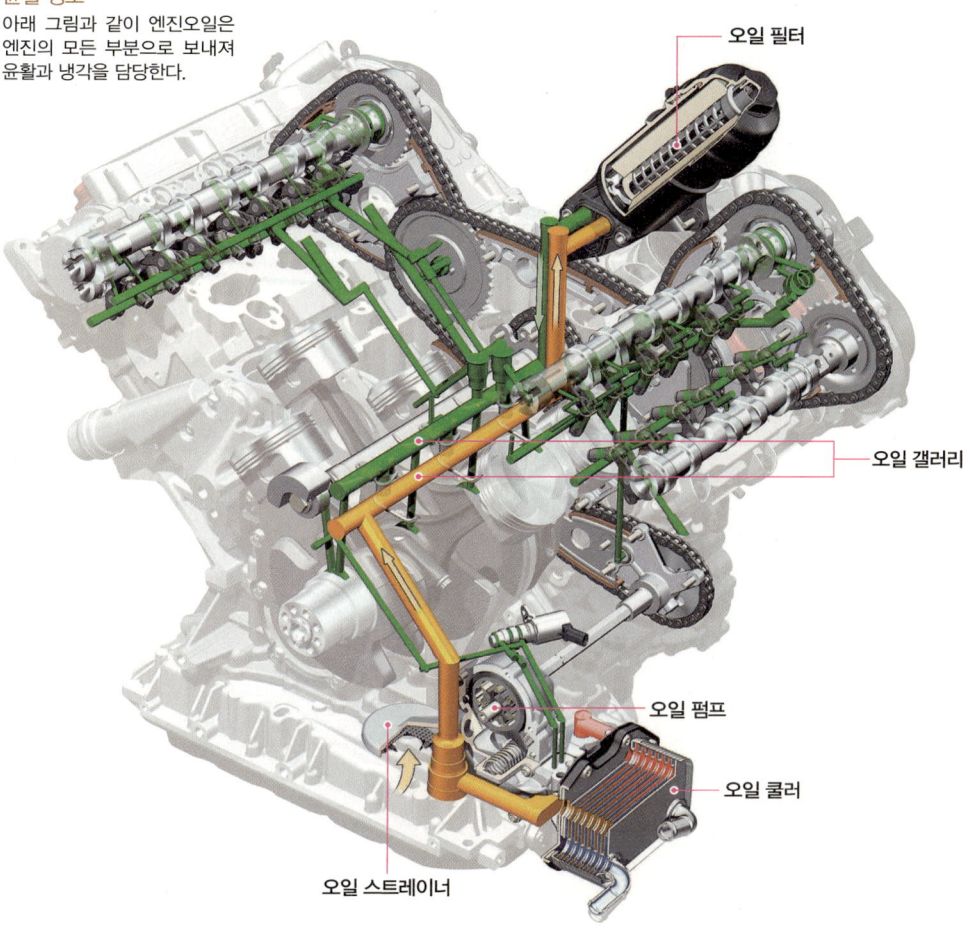

- 오일 필터
- 오일 갤러리
- 오일 펌프
- 오일 쿨러
- 오일 스트레이너

교환 시기를 정확하게 지키자

　엔진오일의 성능이 향상되어 교환 시기가 15,000km 또는 1년으로 늦춰졌더라도, 15,000km를 주행하지 않았으니 1년이 경과되었어도 아직 교환할 필요는 없겠지, 라는 생각을 버려야 한다. 왜냐하면 거리나 기간 중 어느 쪽이든 먼저 도달한 때에 맞추어 교환하라는 뜻이기 때문이다. 예를 들어 15,000km보다 적은 7000km를 주행한 경우라도 1년이 경과되었다면 당연히 엔진오일을 교환해야 한다.

　최근의 엔진은 연비가 중요시되기 때문에 0W-20의 저점도 오일을 사용한다. 이것은 예전의 5W-30이나 10W-30보다도 **점도**가 낮은 오일이며, 또한 고성능 터보 엔진이라면 더 엄격히 오일을 관리하는 것이 바람직하다.

　오일 필터의 교환 주기는 예전에는 엔진오일을 3,000~5,000km마다 교환하면 오일 교환 2회마다 1번 정도로 해주었지만, 엔진오일의 교환 주기가 길어진 최근에는 엔진오일 교환 때마다 오일 필터도 교환해 주도록 권장하고 있다.
　터보 엔진에서도 0W-40의 저점도 오일이 지정된 자동차도 있다. 차량 별로 지정된 엔진오일은 그 엔진의 설계 단계부터 이미 고려되어 있기 때문에 권장 사항을 따라야 한다.

■ 오일이 흐르는 경로

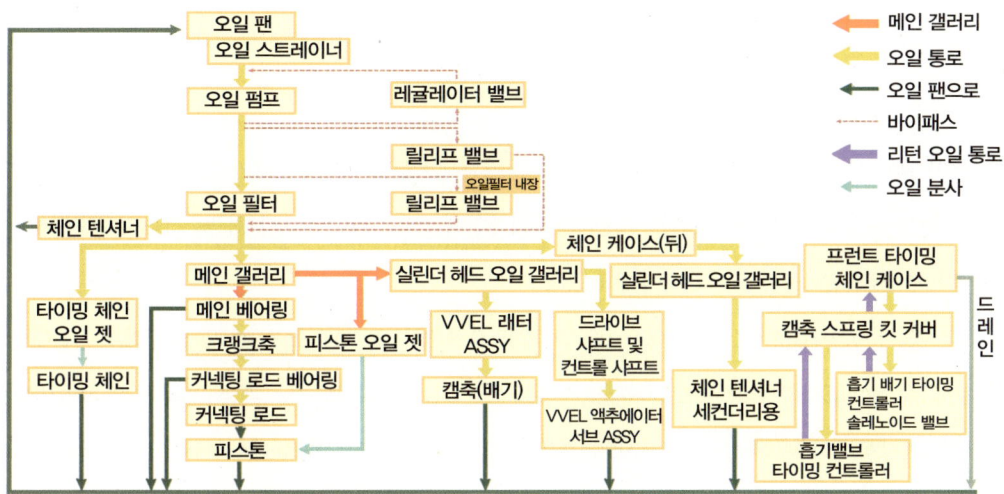

오일펌프가 회전하면 오일 팬에 저장된 오일이 빨려 올라간다. 우선 최초에 오일 스트레이너에서 커다란 불순물이 제거된 뒤 엔진 각 부분을 순환하며, 오일 필터를 통과할 때 엔진 오일에 포함 되어있는 작은 불순물이 제거된다. 임무를 완수한 오일은 중력에 의해 밑으로 흘러 내려가 다시 오일 팬 속으로 되돌아간다.

> **Tip** 터보차저의 특징은 A/R뿐만 아니라 터빈 및 컴프레서의 날개 수나 형상으로도 변한다는 점이다. 터빈은 1분당 20만 번이나 회전하기도 한다. 터빈 축을 윤활하게 하는 오일 파이프는 매우 가늘어서 엔진오일 관리를 소홀히 하면 자칫 터빈이 파손되는 경우도 있다.

엔진을 양호한 상태로 유지하는 방법

엔진은 냉각수 온도가 상승할 때까지 정지시키면 안 된다

　엔진오일의 수명이 길어지면서 엔진오일의 교환 주기는 15,000km 또는 1년이라고 지정된 경우가 많고, 수입 자동차의 경우 25,000km까지 무교환인 것도 있다. 엔진오일의 발달은 자동차의 수명 연장에 중요한 키포인트이다. 최근의 신형 자동차에서는 처음 1,000km를 주행한 후 엔진오일의 교환이 불필요한 경우도 있다.

　이 경우 대다수의 자동차 사용자들은 연간 평균 3000~5000km 정도를 주행하므로 1년에 한 번 정도만 엔진오일을 교환해주면 되고, 냉각수의 경우도 Super LLC가 주입되어 있는 자동차는 7년 정도까지 교환하지 않아도 된다. 과거와 비교해보면 자동차의 유지에 드는 비용과 빈도가 대폭 줄어들게 되었으며, 옛날 사람들처럼 정신 건강상 좋지 않을 정도로 유지 보수에 신경을 쓰지 않아도 된다. 그러나 이것은 어디까지나 신형 자동차를 구입했을 경우의 이야기이다.

　자동차의 엔진이나 구동계통이 잘 융합되어 가장 양호한 상태의 주행거리는 10,000~15,000km 정도이며, 이 주행거리를 초과하면 서서히 성능이 저하되기 시작한다. 인간으로 말하면 20대를 절정으로 여러 가지 기능이 저하되는 현상과 같은 맥락이다.

　집 근처에서 주회 장을 보는 정도로 자동차를 운행하는 사람은 엔진을 시동하여 자동차를 운행하는 거리가 짧기 때문에 냉각수 온도가 적정한 온도까지 상승하기도 전에 엔진을 정지시켜야 하는 경우도 있다. 이러한 사용 방법으로는 연료가 농후한 상태에서 주행하기 때문에 엔진 내부에 카본이 축적되기 쉬워 엔진이나 오일에는 가장 가혹한 상황인 것이다.

　특히 겨울에는 주행하면서 뜨거워진 엔진 내부로 찬 공기가 유입되어 이슬이 발생하는 결로 현상이 생기게 되어 엔진 오일이 수분에 의해 희석되는 현상도 발생된다. 근거리만 주행하는 사람은 배터리의 전력을 사용만 하게 되고 배터리가 충전될 수 없기 때문에 한 번에 장거리를 주행하는 사람과 비교하면 배터리의 수명도 그만큼 짧아진다. 배터리 등의 전장계통도 엔진을 양호한 상태로 유지하기 위해서는 아주 중요한 부품이다.

　최근에는 자동차도 백색 가전과 같은 취급을 받고 있다고 일컬어진다. 많은 운전자들이 차에는 연료만 채워두면 그만이라고 생각하지만, 엔진을 그보다 더 좋은 상태로 유지하기 위해서는 엔진에 시동을 걸었을 때 가끔은 냉각수 온도가 적정하게 상승할 때까지 엔진의 시동을 정지시키지 않도록 해야 한다.

쉬어가기

3장

진화하는 엔진의 시동부터 주행까지??

동력계통의 구성 부품 / 엔진의 시동에서 주행까지 / 엔진에서 트랜스미션으로 / 트랜스미션에서 구동 타이어로 / 구동 방식과 엔진 탑재 방식 / MR과 RR / 전기 자동차의 구성 부품 / 전기모터의 구조 / 전지배터리의 구조 / 배터리전지의 종류 / 정통 스포츠 EV

… 자동차 진화의 비밀을 알고 싶다

동력계통의 구성 부품

Key word **엔진** 폭발·연소하는 힘으로 자동차를 달리게 하는 동력의 원천이다. 저속 회전력이 증강되었다고는 하지만 모터와 같은 회전력의 특성은 발생하기 어렵다.

쾌적성 확보를 위해 엔진의 부담은 커진다

일부 고가의 스포츠카를 제외하고 자동차의 동력이 되는 **엔진**은 모두 자동차 앞부분에 탑재되며, 엔진은 가로 배치식으로 앞 타이어 구동인 FF차가 대부분이다. 엔진에는 발전기와 엔진오일을 순환시키는 오일펌프, 냉각수를 순환시키는 워터펌프로 된 필수 부품과 핸들을 가볍게 돌릴 수 있도록 보조하는 파워 스티어링용의 오일펌프, 에어컨을 작동시키는 에어컨 컴프레서 등 쾌적성을 높이는 보조 기기들이 장착되어 있다.

이 부품들은 모두 크랭크샤프트 풀리와 함께 한 개의 벨트로 구동되고 있으며, 그 외에도 타이밍 벨트 또는 타이밍 체인으로 캠 샤프트를 구동한다. 그러나 쾌적성이 높을수록 엔진의 주변은 복잡해진다. 경기용 자동차의 엔진룸이 간단한 이유는 쾌적성을 위한 보조 기기가 전혀 없기 때문이다.

엔진만으로는 자동차가 움직일 수 없다

엔진만으로는 타이어를 움직일 수 없다. 오른쪽 페이지의 그림은 엔진이 세로 배치식으로 되어 있으며 4개의 타이어로 구동되는 닛산

GT-R의 모습이다. 최고의 스포츠카로서, 보통은 엔진의 바로 뒤에 배치되는 트랜스미션이 앞뒤 중량의 밸런스와 주행 안전성의 향상을 위해 뒤 타이어 쪽으로 배치되어 있다.

동력계통의 구성 부품

엔진에 의해 발생된 동력은 트랜스미션에 의해 적절한 회전력과 회전수로 변화되어 뒤 타이어로 전달된다. 또 FR이나 4WD 등, 뒤 타이어에도 동력을 전달하는 방식의 자동차에서는 뒤 타이어에 동력을 전달하는 프로펠러 샤프트가 설치되어 있다. 또한 엔진의 동력을 좌우로 분할하여 각각의 타이어로 전달하는 부품으로 디퍼렌셜 기어가 있다.

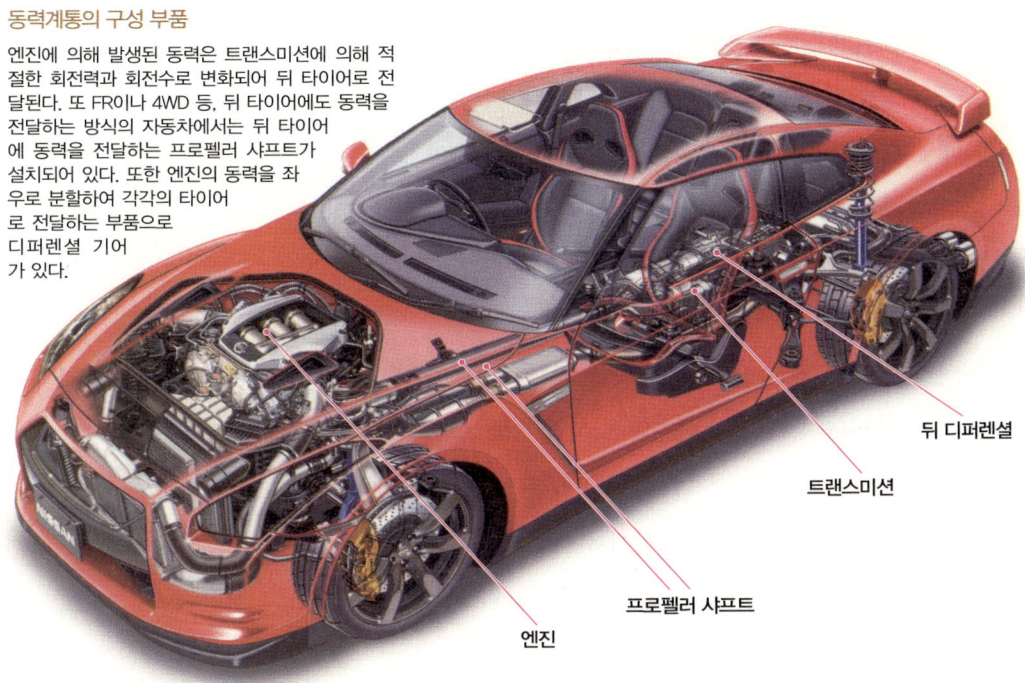

뒤 디퍼렌셜

트랜스미션

프로펠러 샤프트

엔진

그림은 닛산 GT-R의 투시도이다. 일본 최고의 스포츠카라는 평판에 걸맞게 그 구조는 고속 주행에 집중되어 있으며, 엔진과 구동 타이어의 관계성을 나타내는 형식은 4WD이지만 단순한 4WD가 아니다. 위의 그림에서 알 수 있듯이 트랜스미션이 차체의 뒤쪽에 배치되어 있는데 이렇게 차체의 뒤쪽에 트랜스미션을 배치하는 설계를 트랜스 액슬이라고 한다. 트랜스미션은 엔진과 버금갈 정도로 무겁기 때문에 뒷바퀴를 구동할 경우로 한정되지만 중량의 배분이 적절한 경우에 뒷바퀴 측에 배치한다.

닛산의 GT-R은 4WD로서 트랜스 액슬을 장착했는데 엔진에서 발생한 동력을 프로펠러 샤프트를 통해 뒤 타이어 측의 트랜스미션에 전달하고 그곳에서 적절한 회전수로 변경하여 뒤 타이어에 전달한다. 더욱이 4WD이기 때문에 한 개의 프로펠러 샤프트를 사용하여 앞 타이어로도 트랜스미션을 경유하고 동력을 전달한다. 이와 같은 구조를 양산 자동차에 적용한 경우는 이전에 없었으며, 아마 향후로도 없을 것이다.

가로 배치식의 FF차에는 앞에서 언급한 엔진 옆에 소형 트랜스미션이 있고 **디퍼렌셜 기어**를 통하여 좌우 앞 타이어에 **드라이브 샤프트**가 연결되어 있는 간단한 구조이다. 뒤 타이어로 연결되는 **프로펠러 샤프트**나 드라이브 샤프트는 사용하지 않기 때문에 소형차라도 비교적 실내 공간이 넓어질 수 있으며, 트랜스미션이나 디퍼렌셜이 설치되어 있기 때문에 엔진의 동력이 타이어로 전달되어 차량이 움직일 수 있는 것이다. 엔진이 차체에 탑재되어 있는 것만으로는 주행할 수가 없다.

4개의 타이어에는 독립된 **서스펜션**이 장착되어 있어서 노면이 거칠어도 차체가 그다지 상하로 진동하지 않도록 되어 있으며, 앞뒤 타이어의 중심과 중심 사이wheel base나 앞 타이어의 중심에서 차량의 앞 끝까지Front overhang, 뒤 타이어의 중심에서 차량의 뒤 끝까지 Rear overhang의 길이에 의해 자동차의 조종 특성이 변화된다. 예를 들면 직진 안전성을 높이기 위해서는 휠베이스를 길게 하면 된다. 이것은 실내 공간의 확대에도 유효하며, 앞뒤의 오버행overhang을 짧게 하면 좁은 장소에서 자동차를 선회하기가 쉬워지며 코너에서의 조종성도 좋아진다.

> **Tip** 자동차에 사용되는 소비재에는 연료 이외에도 엔진이나 트랜스미션 그리고 디퍼렌셜 등에 사용하는 윤활유와 냉각수 및 배터리 등이 꼭 필요하다. 엔진이나 트랜스미션 등의 무거운 부품은 가능한 한 앞 타이어와 뒤 타이어 사이에 배치하여야 조종성이 좋아진다. 무거운 물건을 핸들 앞에 있는 짐바구니에 가득 채운 자전거는 조종하기 어렵다는 것을 알면 쉽게 이해할 수 있을 것이다.

엔진의 시동에서 주행까지

 **배터리** 엔진의 동력으로 구동된 교류 발전기에 의해 발전된 전기가 이곳에 저장된다. 배터리가 없으면 엔진의 시동을 걸 수 없다.

양호한 점화는 엔진을 양호하게 하는 하나의 조건이다

피스톤이 왕복운동을 하는 왕복운동 엔진과 로터가 회전하는 로터리 엔진은 배터리가 정상 상태가 아니면 엔진을 시동시킬 수 없으며, 지금은 생활의 필수품이 된 휴대전화나 디지털 카메라 등도 배터리가 충전되어 있지 않으면 사용할 수 없는 것과 마찬가지이다. 엔진을 양호한 상태로 작동시키기 위한 방법에는 깨끗한 공기, 좋은 압축, 양호한 점화의 3가지 키워드가 있다.

에어 클리너로 공기가 흡입되어 흡기 포트 속이나 또는 연소실 내에서 연료와 혼합되고 피스톤에 의해 압축되어도 **스파크 플러그**가 점화되지 않으면 연소 폭발이 일어나지 않는다. 다시 말해 엔진이 시동되지 않는 것이다. 이 스파크 플러그가 점화하기 위해서는 배터리와 점화 시스템이 필요하며, 배터리의 전력은 **이그니션**ignition**코일**에서 승압된다. 정상적인 배터리는 엔진이 정지하고 있는 상태에서 12V 정도이지만 불꽃을 발생시키기 위해서는 이 전압을 15,000V 이상으로 승압시켜야 한다.

1990년대까지는 이그니션 코일이 독립되어 있어서 디스트리뷰터라고 하는 배전장치에서 하이텐션 코드를 경유하여 스파크 플러그에 고압의 전기를 보내는 시스템이 대부분이었지만 현재는 스파크 플러그의 바로 위에 이그니션 코일이 설치되어 있는 **직접 점화 시스템**이 대부분이다.

점화 계통과 더불어 스타팅 모터도 중요하다

배터리와 점화 시스템이 정상이라도 엔진에 연료와 공기를 보내지 않으면 의미가 없다. 압축된 공기만 있는 연소실에서는 '탁탁'하고 불꽃만 튈뿐이다. 엔진의 시동이 이루어지도록 하는 것이 **스타팅 모터**로서 엔진의 크랭크샤프트에 조합되어 있는 링 기어를 스타팅 모터의 피니언 기어로 구동하여 엔진을 전동으로 회전시킨다. 시동이 되면 연속하여 폭발-배기-흡입-압축의 사이클 운동이 시작되기 때문에 링 기어와 피니언 기어는 시동 시에만 맞물리도록 설계되어 있으며, 일단 시동이 걸리면 맞물림이 이탈된다.

결국 스타팅 모터도 배터리의 전력으로 작동되는 것이다. 지금은 왕복운동 엔진의 유지·보수가 불필요maintenance free한 시대로 스파크 플러그를 2~10만km까지는 교환 없이 사용할 수 있는 등, 점화 시스템도 발달하고 있다. 배터리도 유지·보수가 불필요한 타입으로 개발이 진행되고 있기는 하지만 교환은 일반적으로 3년마다 필요하다.

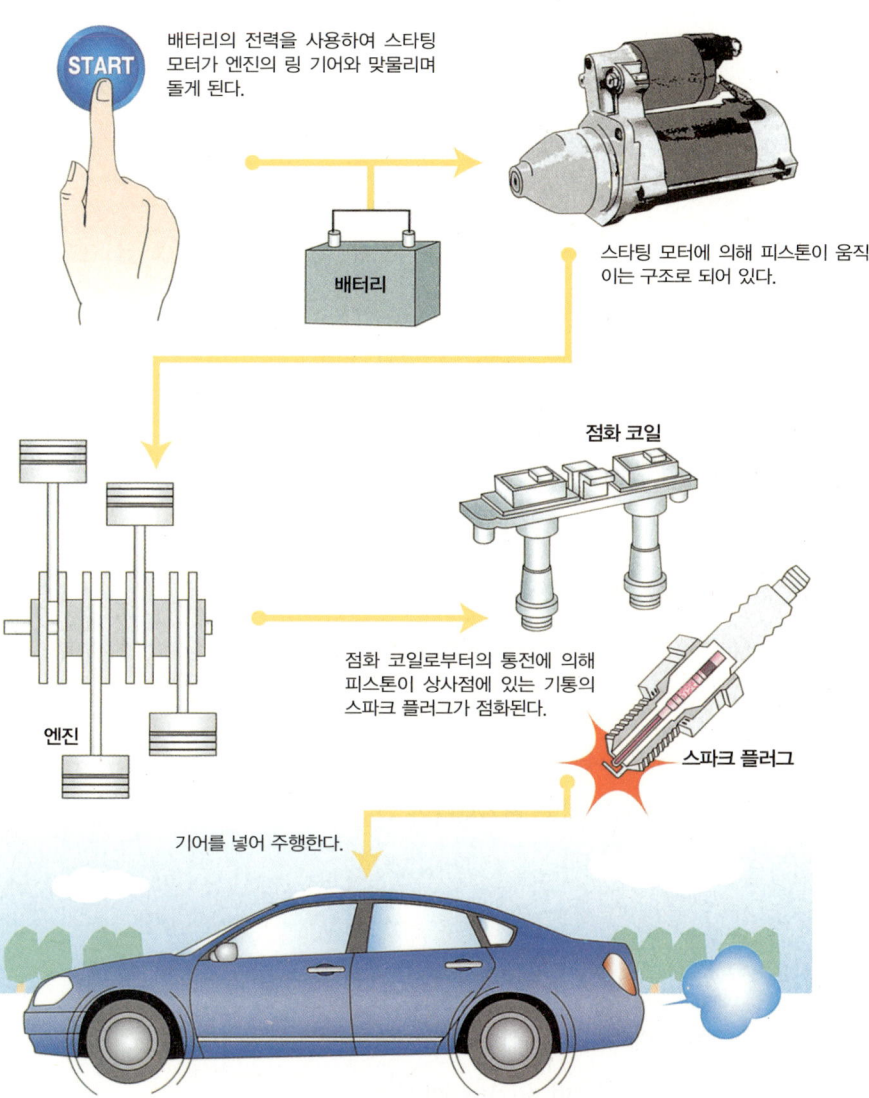

Tip MF(Maintenance Free) 배터리는 전해액을 보충하지 않아도 되는 대신에 배터리 전해액의 비중 상태를 나타내는 램프가 부착되어 있기도 하다. 아이들링 스톱 장치가 장착된 차량은 배터리도 표준 모델보다 큰 대형 모델이 장착되어 있다.

엔진에서 트랜스미션으로

> **Key word**
> **트랜스미션** 변속기를 의미하며, 그 종류에는 MT(수동변속기)나 AT(자동변속기), CVT(무단변속기)가 있다. 엔진의 폭발 연소로 얻어진 동력을 트랜스미션에서 증폭하는 역할을 한다.

엔진은 회전력을 유지하기가 힘들다

4행정의 왕복운동 엔진은 1기통에서 피스톤이 두 번 왕복하는 사이에 한 번 연소되기 때문에 4기통에서는 점화 타이밍을 변경시켜 1기통보다 운동력을 유지하기가 쉽다. 그러나 엔진은 회전속도가 높아질수록 동력원으로서의 힘이 향상되는 특성이 있기 때문에 폭발과 연소를 이용하여 회전운동을 유지시키는 부속품이 필요하며, 그 부속품이 크랭크샤프트의 회전력을 전달하는 MT의 플라이휠과 AT의 토크 컨버터이다.

최근에는 가솔린엔진에도 1500rpm정도의 저속회전 영역에서 최대의 회전력을 발휘할 수 있도록 개발된 것이 있지만 전기모터와 같이 회전과 동시에 최대의 회전력을 발생하기는 어렵다.

트랜스미션에서의 증폭

엔진의 회전력을 전달하는 것만으로는 타이어를 회전시키기 어렵다. 가벼운 경자동차마저도 중량이 800kg이나 되며, SUV 중에서는 2000kg 이상인 자동차도 있다. 정지된 자동차를 움직이도록 하기에는 힘이 부족하기 때문에 자동차를 발진시킬 때 처음부터 고속의 기어를 넣어 발진시킬 수는 없기 때문에 엔진에서 발생한 회전력을 트

랜스미션의 저속 기어로 증폭시키는 것이다.

자동차의 카탈로그에 있는 제원표에는 트랜스미션의 변속비가 명기되어 있는데 1단부터 6단MT 또는 1단부터 8단AT의 각 단계별 변속비의 숫자가 표시되어 있다. 각각의 수치와 최종 감속비 수치를 곱하면 총 감속비가 된다.

이 총 감속비를 계산해 보면 그 자동차의 성능을 알 수 있다. 예를 들어 스포츠카에서 2~4단의 총 감속비 수치가 비슷하게 되어 있는 경우가 있는데 이것은 기어의 단수를 높여도 엔진 회전속도의 저하가 적다는 것을 의미한다. 이것을 **클로즈 레이쇼**close ratio라고 하며, 이러한 자동차의 목적은 주행 시 최대의 회전력 및 출력을 발생하기 쉽도록 한 것이다. 그래서 AT 자동에서는 액셀러레이터 페달을 깊게 밟지 않아도 운전자가 요구하는 가속을 쉽게 얻을 수 있다.

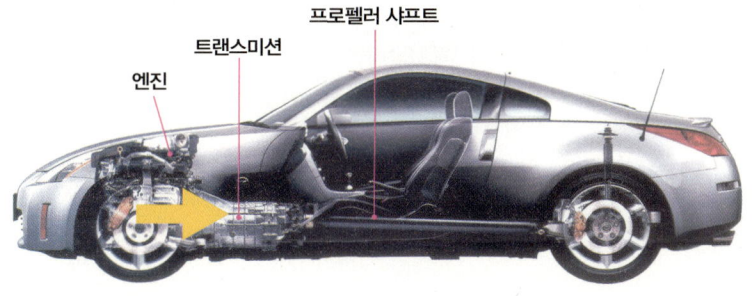

엔진의 동력 전달 이미지
엔진에서 발생한 동력은 트랜스미션에서 회전수를 적절히 변경시켜 프로펠러 샤프트를 통해 타이어로 전달된다.(FR차)

친환경을 중요시하는 최근에는 가속성은 물론이고 연비 또한 향상시키기 위하여 가장 높은 기어의 감속비를 작게 하여 1단과의 차이를 보다 크게 한 와이드 레인지wide range화가 진행되고 있다. AT의 경우에는 와이드 레인지화를 위하여 8단으로 된 자동차까지 등장하는 등 다단화가 진행되고 있으며 부변속기가 있는 CVT도 있다. 기어단수의 다단화는 연비를 향상시키고 직선적Linear인 가속성이 가능해진다는 장점도 있지만 시내의 주행 시에는 변속 횟수가 많아 불쾌감을 느끼게 되는 경우도 있다.

변속의 원리

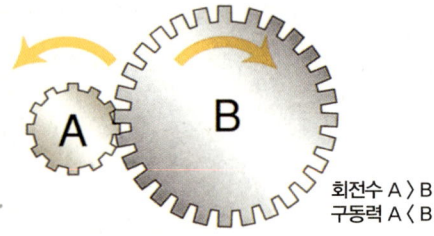

회전수 A > B
구동력 A < B

회전수 A < B
구동력 A > B

트랜스미션에는 수많은 기어가 내장되어 엔진의 회전력을 가변시킨다. 엔진에 직결된 자동차의 타이어로 오르기 힘들어 보이는 언덕도 저속 기어를 사용하면 쉽게 올라갈 수 있다. 기어의 움직임은 지렛대의 원리와 똑같다.

> **Tip** 기어비(比)가 커지면 엔진의 회전속도가 떨어지게 되므로 연비뿐만 아니라 정숙성도 함께 향상된다. 기어비를 넓히기 위해서는 기어의 단수를 증가시킬 필요가 있다. 기어 단수가 적으면 각 단의 기어비 차이가 커져서 가속이 매끄럽게 되지 않기 때문이다.

트랜스미션에서 구동 타이어로

 **드라이브 샤프트** 트랜스미션(변속기)에서 증폭된 엔진의 동력을 타이어에 전달하기 위한 회전축이다.

드라이브 샤프트에서 구동 타이어로

트랜스미션에 의해 주행상황에 알맞은 구동력으로 변환된 엔진의 동력은 **디퍼렌셜**차동기어에서 **드라이브 샤프트**로 전달되며, 드라이브 샤프트에 직결되는 것이 타이어와 휠의 조합 부품이다. 엔진의 동력을 노면에 전달하는 최후의 부품으로 가장 많이 사용되는 가로 배치식 엔진인 FF의 예이다.

고급 세단에 많은 FR에는 트랜스미션과 디퍼렌셜 기어 사이에 프로펠러 샤프트가 있으며, 이 경우 프로펠러 샤프트에 전달된 엔진의 출력은 디퍼렌셜 기어에서 회전 방향이 변환되어 드라이브 샤프트를 통해 타이어에 전달된다. 이러한 부품의 연결에 의해 타이어가 회전하여 무거운 차량이 주행할 수 있게 되는 것이다.

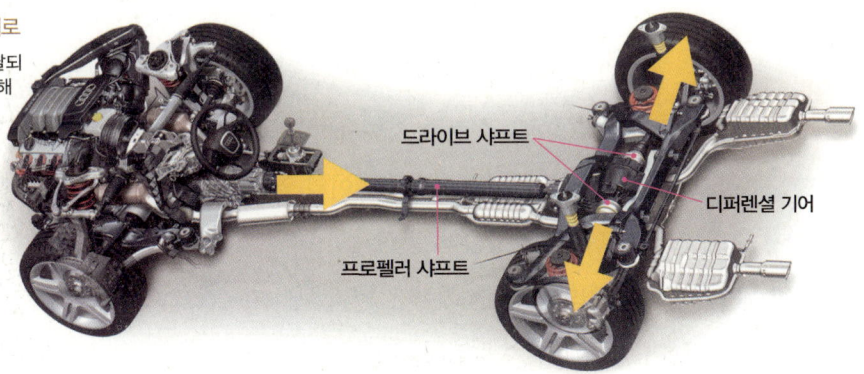

트랜스미션에서 구동 타이어로
프로펠러 샤프트로부터의 전달되는 동력은 디퍼렌셜 기어에 의해 이등분되어 좌우에 독립된 드라이브 샤프트로 전달된다. 드라이브 샤프트는 타이어와 연결되어 있다.

디퍼렌셜 기어가 없으면 방향이 바뀌지 않는다

앞뒤 타이어가 각각 샤프트에 연결된 상태를 상상해보자. 앞 타이어는 진행방향을 변환시키는 조향 기능을 가지고 있으며, 커브 길을 돌 때 좌우 타이어커브의 내측과 외측의 회전 반경이 다르기 때문에 내측 타이어의 회전수가 적지 않으면 커브 길을 돌 수 없다. 좌우 타이어가 같은 회전수로 돌면 내측 타이어에서는 미는 힘이 발생하여 진행방향을 원활하게 변환할 수 없기 때문에 디퍼렌셜 기어가 필요한 것이다.

트랜스미션에서 구동 타이어로

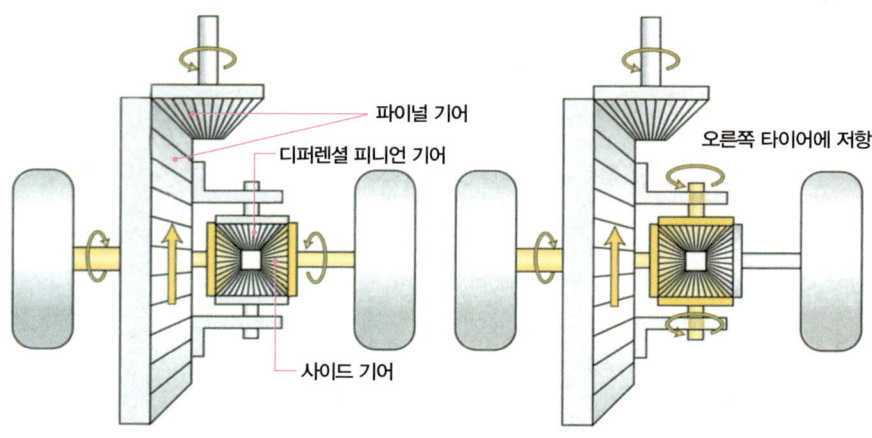

프로펠러 샤프트로부터의 전달되는 동력은 디퍼렌셜 기어에 의해 이등분되어 좌우에 독립된 드라이브 샤프트로 전달된다. 드라이브 샤프트는 타이어와 연결되어 있다.

디퍼렌셜 기어는 좌우 타이어의 회전수 차이를 흡수하여 원활하게 주행할 수 있도록 좌우 타이어에 디퍼렌셜 기어의 역할을 담당하는 것이다. 그 구조는 앞뒤·좌우 방향에 총 4개의 기어로 구성되어 있으며, 앞뒤방향으로 배치되어 있는 기어가 디퍼렌셜 피니언 기어 pinion gear이고 좌우방향으로 배치되어 있는 기어가 사이드 기어 side gear이다. 그 작동은 매우 복잡하다.

커브 길에서 내측에 있는 타이어가 외측의 타이어와 같은 회전수를 유지하면 내측 타이어는 미끄러지게 되어 노면에서 받는 저항력이 커지므로(회전수가 적어짐) 사이드 기어는 디퍼렌셜 피니언 기어에 동력을 전달한다.

직진 주행 시에 사이드 기어만으로 회전되었던 것이 좌우 저항의 차이에 의해 디퍼렌셜 피니언 기어가 저항이 적은 바깥쪽 타이어의 회전수를 증가시키도록 작동하는 것이다. 이 작동은 디퍼렌셜 기어의 단면을 보지 않으면 쉽게 이해할 수 없을지도 모른다.

그러나 여기에는 단점도 있는데 구동 타이어의 좌우 어느 한 쪽이 진흙탕 등에 빠지게 되면 이 오픈 타입의 디퍼렌셜 기어는 대처할 수가 없다. 모터스포츠의 과격한 코너링에서도 내측 타이어가 공회전하여 앞으로 진행하는 구동력이 감소된다.

> **Tip** 디퍼렌셜 기어와는 반대로 좌우 구동 타이어의 차동을 제어하는 리미티드 슬립 디퍼렌셜(LSD ; Limited Slip Differential) 기어도 있다. 4WD에서는 앞뒤 타이어의 차동을 제한하는 디퍼렌셜 기어도 있다.

구동 방식과 엔진 탑재 방식

> **Key word** **가로 배치식·FF** 현재 가장 많이 사용되는 타입이다. 엔진이 자동차의 진행 방향에 대하여 자동차의 앞쪽에 가로 방향으로 탑재되고 앞 타이어로 구동한다.

왜 가로 배치식·FF인가?

2.0ℓ 이상의 큰 자동차라면 엔진이 세로 배치식인 FR에서도 충분히 넓은 실내 공간을 확보할 수 있지만 최근 판매의 중심이 되고 있는 경자동차나 1.5ℓ급 해치백 자동차에서는 세로 배치식 FR이라면 엔진룸의 공간이 커지기 때문에 실내 공간이 좁아지게 된다. 결국 소형자동차에서 필요한 실내 공간을 확보하려면 엔진룸의 공간을 가급적 작게 해야 하는 것이다.

예를 들어 2.0ℓ급 FR 세단의 전체 길이가 4700mm임에도 불구하고 실내 길이는 1900mm밖에 안되는데 비하여, 이와 비슷한 FF세단은 전체 길이가 4600mm임에도 실내 길이가 2000mm로 더 크다.

FR은 엔진을 세로로 배치하는 것이 일반적인데 엔진의 바로 뒤편에 트랜스미션변속기을 세로로 또 배치한다. 그래서 보닛실내보다 앞쪽이며 엔진이 들어 있는 부분이 앞뒤로 길어지게 되고 트랜스미션은 실내 전방의 자동차 바닥 쪽으로 돌출되어 있다.

세단에는 물건을 넣는 트렁크 공간도 독립되어 있기 때문에 보닛이 길면 실내 공간이 상대적으로 작아지는 것은 어쩔 수 없다. 그에

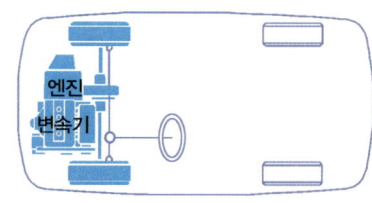

세로 배치식·FF

엔진과 변속기를 옆으로 배치하여 앞 타이어를 구동하는 것으로 현재 가장 일반적으로 사용하고 있는 방식이다. 동력부를 소형화할 수 있어서 실내 공간을 넓힐 수 있다. 그러나 타이어와 타이어 사이에 모든 것이 배치되기 때문에 길이가 긴 엔진, 예를 들면 V형 12기통 엔진 등은 탑재하기 어렵다. 공간에 여유가 없기 때문에 설계에 큰 공간이 필요한 서스펜션은 장착하기 어렵다.

비해 FF는 엔진이 가로 배치식으로 되어 있고 그 옆으로 소형화된 트랜스미션이 배치되기 때문에 엔진룸을 짧게 할 수 있어 그만큼 실내 공간을 넓힐 수 있게 되는 것이다.

그래서 FR이 별로구나, 라고 생각한다면 그렇지만은 않다. FR에는 진행방향을 바꾸는 타이어와 구동력을 내는 구동 타이어가 별도로 있기 때문에 조향할 때 걸리는 느낌이 없이 원활하게 이루어져 자연스러운 고품격의 승차감을 얻을 수 있다는 것이 특징이며, 스포츠카나 고급차용으로 장착되고 있는 것이다. 그러나 현재는 서스펜션 등의 여러 가지 주변 부품의 발달로 FF와 FR의 승차감 차이도 거의 느낄 수 없을 정도로 좋아졌다.

가로 배치식·FF

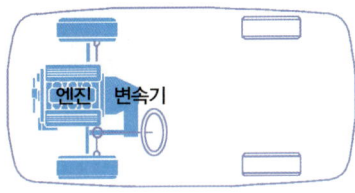

엔진과 변속기를 자동차의 진행방향으로 배치하고 앞 타이어를 구동하는 방식이다. 세로 배치식과는 다르게 비교적 큰 엔진을 탑재할 수 있다. 엔진과 타이어의 사이에 공간을 넓게 확보할 수 있어 서스펜션의 배치를 생각해 볼 수 있는 여유가 있다. 단지, 세로 배치식과는 달리 동력부가 실내 공간을 압박하기 때문에 실내 바닥이 넓은 FF차의 이미지와는 다른 인상을 받게 된다.

가로 배치식·FR

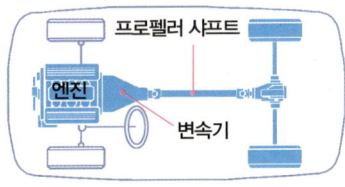

엔진과 변속기를 자동차의 진행방향으로 배치하고 프로펠러 샤프트를 통해 뒤 타이어를 구동하는 방식이다. 가로의 공간에 여유가 있어 V형 8기통이나 V형 12기통 등 커다란 엔진을 탑재하기 위해 주로 이 형식이 선택된다. 앞 타이어는 조향으로만 사용되므로 비교적 탁월한 조종 안전성을 얻을 수 있다. 단지, 자동차의 실내에 프로펠러 샤프트가 통과하는 돌출부가 필요하게 되어 바닥이 다소 답답해진다.

4륜구동 4WD

4WD라는 구동방식은 원래 지프Jeep차 등 비포장도로를 주행하는 자동차를 위한 것이었고, 승용자동차에서는 엔진을 세로로 배치하는 FR을 기본으로 하는 것이 일반적이었다. 그 후에 엔진을 세로로 배치하는 FF에 프로펠러 샤프트를 설치하여 뒤 타이어도 구동하는 방식이 등장하였다. 이 방식에서는 보통 앞 타이어가 미끄러졌을 때에만 뒤 타이어에 구동력을 전달하는 것이 주류였다.

최근에는 4WD에서도 프로펠러 샤프트를 설치하지 않는 자동차가 있다. 이 자동차는 평상시에는 앞 타이어의 2륜으로 구동하지만 눈길 등 미끄러지기 쉬운 노면에서 앞 타이어가 미끄러졌을 때에만 전기모터로써 뒤 타이어를 구동시키는 간이형이다. 주행 안전성보다는 발진을 보조하는 시스템이라고 생각할 수 있다.

4WD

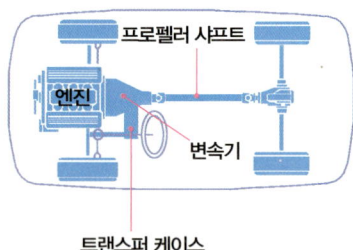

엔진과 변속기를 가로(왼쪽 그림) 또는 세로로 배치한다. 앞 타이어를 구동하면서 동시에 프로펠러 샤프트를 통해 뒤 타이어도 구동하는 방식이다. 앞뒤 타이어의 4륜이 구동되기 때문에 가장 효과적으로 노면에 동력을 전달할 수 있다. 그러나 4륜 모두에 동력을 전달하기 때문에 그만큼 부속품이 많아져 중량도 증가한다. 또한 같은 이유로 가격도 상승한다.

Tip 4WD라고 해서 주파 능력을 과신하는 것은 금물이다. 가속 성능이 좋아도 차량의 중량이 무거운 만큼 브레이크는 잘 걸리지 않을 수도 있다.

MR과 RR

> **Key word** — **엔진의 탑재 위치** 일반적으로 엔진이 자동차의 앞부분에 탑재되는 것에 비하여 MR과 RR에서는 엔진이 운전자보다 뒤에 탑재된다.

현재 일본의 스포츠카에 존재하지 않는 MR

MRMidship engine · Rear drive은 운전자와 뒤 타이어 사이에 엔진을 탑재하고 뒤 타이어를 구동하는 방식이다. 1934년 경주용 자동차에 최초로 적용되었는데 당시는 경주용 자동차에서도 FR이 표준적이었다. MR의 목적은 가장 무거운 부품인 엔진을 차체의 중앙부에 배치함으로써 주행 성능을 높이려는 것이지만, 경주용 자동차가 본격적으로 보급되기 시작한 것은 1960년대로 들어와서부터이다.

시판되는 자동차 중에서 페라리나 람보르기니 등의 슈퍼 스포츠카가 장착한 사실은 잘 알려져 있지만 혼다 NSX 스포츠카가 이 방식을 적용한 것은 잘 알려져 있지 않다. 1984년에 도요타 MR2 미드십 스포츠카가 비교적 저렴한 가격에 시판되었던 사실도 있다.

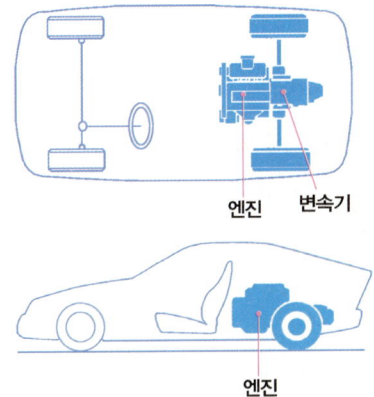

MR

엔진이라는 가장 무거운 기계를 앞뒤 타이어의 내측에 배치하기 때문에 앞 타이어에도 엔진의 중량이 전해진다.

RR은 비틀Beetle에서 포르쉐로

MR보다 더욱 드문 존재가 **RR**Rear engine · Rear drive이다. 1938년에 프로토 타입Prototype이 완성된 소형자동차 폭스바겐 타입1이 RR 방식을 채택한 것은 잘 알려져 있으며, 이 자동차의 명칭이야말로 세상이 다 아는 비틀인 것이다. 현재의 주류인 FF차가 기계적인 부분을 모두 앞부분에 배치할 수 있는 것과 같이 엔진과 구동계통의 장치가 모두 뒷부분에만 배치되어 있으며, 공간 효율이 좋은 것이 특징이다.

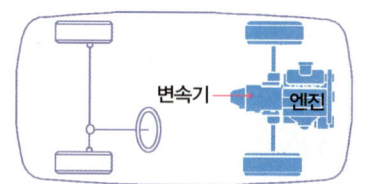

RR식은 폭스바겐의 소형자동차로부터 시작하여 포르쉐 356, 그리고 그 후속 모델에서도 진화를 계속하였고 현재의 포르쉐 911로 계승되고 있다. RR의 장점은 공간의 효율도 양호하면서 엔진의 중량에 의해 구동 타이어에 강력한 접지력을 얻을 수 있다는 것이다.

엔진 중량의 대부분을 뒤 타이어가 지지한다.

MR이나 RR이 한정된 스포츠카 이외에 잘 적용되지 않는 이유 중의 하나는 자동차의 움직임이 한계를 초과했을 때 그 움직임이 한층 더 격렬해져 제어가 어렵기 때문이라고 알려져 있다. 그러나 그 격렬한 특성도 서스펜션 등의 섀시 기술의 발달에 힘입어 상당히 개선되고 있다.

버스에는 RR 방식이 폭넓게 이용되고 있다. 실내를 최대한 넓게 하기 위해서 자동차의 실내 공간을 압박하는 보닛을 없애야 하고 또한 실내의 바닥이 낮아야 하기 때문이다. 따라서 엔진을 차체의 뒷부분에 배치할 수밖에 없는 것이다. 버스의 맨 뒷좌석이 한층 높게 되어 있는 것은 그 밑에 엔진이나 라디에이터 등의 구성 부품이 배치되어 있기 때문이다.

> **Tip** 혼다의 NSX는 아쉽게도 2005년에 생산이 종료되었다. 후속 차종을 개발하겠다고 발표는 했었지만 실제로 상품화될 지는 아직 미정이다. RR 방식을 채택한 승용차의 트렁크는 차체의 앞부분에 있다. MR 방식도 마찬가지이지만 자동차에 따라서는 차체의 뒷부분에도 작은 트렁크를 준비해 두기도 한다.

전기 자동차의 구성 부품

 **충전** 가솔린엔진을 탑재한 자동차는 주유소에 가지 않으면 연료를 보급 받을 수 없는 것에 비하여, 전기 자동차는 자택의 콘센트로 연료의 보급에 상당하는 충전을 할 수 있다.

간단한 것이 최선이다

하이브리드 카의 인기가 점점 높아지고 있다. 지구의 온난화를 방지하기 위하여 무엇인가 협력하고 싶은 마음을 가진, 환경 의식이 높은 운전자들에게 지지를 얻고 있는 것 이외에도 저연비가 그 인기의 이유일 것이다.

하이브리드란 서로 다른 것들의 혼합이란 의미로 종전의 가솔린엔진에 전기모터가 조합된 파워유닛을 갖춘 자동차이다. 가솔린엔진의 부족한 부분을 모터로 보완하여 연비를 향상시킨다는 것이 개발의 목적이다.

그래도 결국 가솔린엔진을 사용하고 있다는 것에는 변함이 없지만 연비가 좋아져도 시스템이 복잡해서 자동차의 중량이 무거워지는 단점을 간과할 수는 없다. 원래 차체가 가벼운 소형자동차의 경우 가솔린엔진을 탑재한 자동차와 하이브리드카를 비교해 보면 가솔린엔진을 탑재한 자동차의 연비가 더 좋은 경우도 있다.

이러한 와중에 전기 자동차EV가 기아, 현대, 미쓰비시와 닛산에서 출시되었다. 구동용 배터리인 고성능 **리튬이온배터리** 등의 가격이 낮아지면서 1회 충전으로 주행할 수 있는 거리가 실용 가능한 160km까지 연장된 덕분이다.

   그 구성 부품은 매우 간단하지만 공간을 가장 많이 차지하는 것은 바닥 밑에 탑재된 구동용 배터리이다. 가솔린엔진을 탑재한 자동차에서 공간을 차지하던 엔진과 트랜스미션은 전기모터를 사용하게 되면서 바뀌었고 모터에도 감속 기구는 있지만 가솔린엔진을 탑재한 자동차처럼 복잡한 변속 기구는 필요하지 않다. 왜냐하면 모터는 회전과 동시에 최대의 회전력을 발생시키기 때문이다.

EV의 구성

미쓰비시 아이미브 투시도이다. 실내의 바닥 밑에 구동용 배터리가 장착되어 있다. 배터리는 중량이 무거우므로 차체 중앙부에 장착하는 것이 바람직하기 때문이다.
모터는 대부분 뒤 타이어 사이에 장착되어져 뒤 타이어를 구동한다. 내연기관 (엔진)의 탑재 자동차보다도 간단한 구성이다.

인버터
인버터에서 직류 전류를 교류 전류로 변환

차량 탑재 충전기
가정용 전원 등에서 배터리로 충전을 하는 장치

구동용 배터리
배터리에서 공급되는 것은 직류 전류

모터 (감속기어 부착)
전기 자동차에는 교류 모터가 사용되고 있다. 감속 기어란 모터의 축에 기어를 부착하여 회전력을 증폭시키는 장치

   그밖에 필요한 부품으로는 인버터inverter ; 직류를 교류로 교환하는 장치와 전압을 변환하는 차량 탑재 충전기 그리고 DC-DC 컨버터converter 정도이다.

과제도 당연히 있다

   전기 자동차는 주유소에 가지 않아도 되고 주행 중에 등의 가스도 배출하지 않기 때문에 진정한 궁극의 에코 카라고 할 수 있는 것이며, 가솔린이나 디젤엔진의 자동차와 같은 오일 교환도 불필요하다.

그러나 모두 장점만 있는 것은 아니다. 이미 시판 중인 미쓰비시의 아이미브는 1회 충전으로 주행거리가 10-15모드로 160km이며, 기아의 레이는 91km이다. 에어컨이나 와이퍼 등을 사용하면 주행할 수 있는 거리는 당연히 더 짧아진다.

급속 충전 주유소가 고속도로 주차장에 설치되고 있긴 하지만 편의점이나 간이 주차장 등에는 아직 설치가 진행되지 않고 있다. 이렇게 인프라 환경이 열악한 현재로서는 가솔린엔진 자동차처럼 행동 범위를 넓힐 수 없다는 결점이 있는 것이다.

앞으로는 동력원으로써 전기모터를 사용한 자동차가 증가할 것이다. 전기모터는 회전과 동시에 최대 회전력을 발휘하는 특성 때문에 감속기어를 한 개만 조합시키면 되기 때문에 다단의 변속 기구가 필요 없다. 그만큼 회전력이 크기 때문이다. 전기모터가 주행에 알맞은 회전력을 발생하는 것은 전기모터가 갖는 특성에서 기인한다.

동력원의 변화
현재 자동차에 사용되는 동력원의 대부분은 왼쪽 사진과 같은 엔진으로 가솔린 또는 경유를 연료로 하여 점화시스템(경유는 압축 착화)에서 폭발·연소시킨다. 출력과 회전력이 상승하는 것에 맞추어 높아지는 특성 때문에 다단의 변속 시스템이 필요하다.
토크는 굳이 설명하자면 계속해서 돌게 하는 회전력을 뜻한다. 엔진과 타이어를 직결한 상태(탑 기어 주변)에서는 발진도 그다지 쉽지 않고 MT에서는 엔진의 정지를 일으키기도 한다. 이것은 약한 엔진의 회전력에서 기인되는 현상이다.

> **Tip** 급속 충전은 80%까지이며, 이것은 충전 시 발생되는 열로부터 배터리를 보호하기 위함이다. 전기 구동 자동차가 발명된 것은 1835년이다. 이것은 1885년에 가솔린엔진이 등장한 것보다 훨씬 이전으로서 변속기 등의 보조 부품이 필요하지 않았기 때문에 전기 구동 자동차가 먼저 나올 수 있었던 것이다.

전기모터의 구조

 **영구자석** 그 자체로 N극과 S극에서 자력선을 방출하는 자석을 말한다. 모터의 기초 소재로 사용된다.

기본은 자석과 전자석의 관계

초등학생 시절 학교에서 자석을 관찰한 적이 있을 것이다. N극과 S극은 서로 당기고 같은 극끼리는 서로 밀어내는 특성이 있으며, 모터는 그 특성을 이용하여 회전하는 구조로 되어 있다. 구성 부품으로는 모터의 바깥쪽에 **스테이터**가 몇 개의 **코일**로 배열되어 있고 그 중심에는 **영구자석**으로 이루어진 **로터**가 있다. 배터리에서 전류를 연결시키면 코일은 전자석이 되며 반대 극끼리 서로 당기거나 같은 극끼리 서로 밀어내는 자석의 특성으로 인하여 로터가 회전한다. 이와 같이 원리는 매우 간단하다.

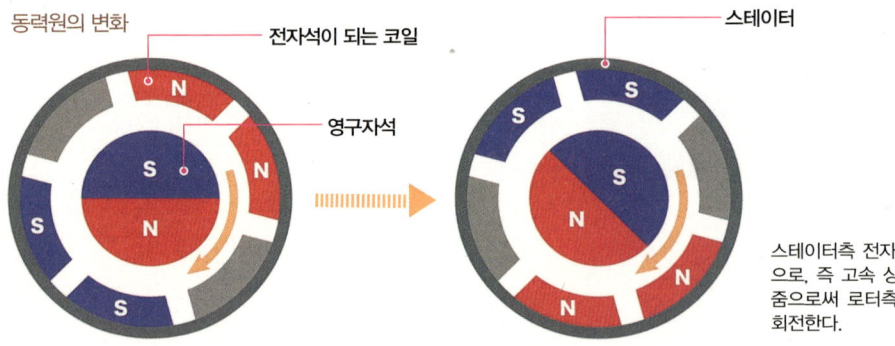

스테이터측 전자석의 S → N극으로, 즉 고속 상태로 교체하여 줌으로써 로터측의 영구자석이 회전한다.

한번 회전하기 시작하면 관성이 있기 때문에 전자석이 되는 코일의 N극과 S극을 교대로 바꿔주면 중심부의 영구자석과 서로 당기거나 밀면서 회전을 계속하게 된다. 실로 간단한 구조라고 말할 수 있다.

그렇다면 엔진은 어떠한가?

연료가 되는 가솔린이나 경유를 연료 탱크에서 빨아올려 흡입된 공기와 혼합하고 스타팅 모터를 링 기어에 맞물려 회전시키면서 스파크 플러그로 혼합기에 점화디젤은 스파크 플러그를 사용하지 않고 압축 착화시켜야 한다. 구성 부품만 해도 캠 샤프트와 밸브 그리고 밸브 스프링, 피스톤, 커넥팅 로드 등 몇 가지만 열거해보아도 전기모터보다 압도적으로 복잡하게 되어 있다.

전기모터의 강점은 역시 회전을 시작하자마자 강력한 회전력을 발생시키는 것이다. 모터를 동력원으로 하는 전철電鐵의 가속 감을 생각해보자. 전철의 경우는 오히려 갑자기 최대 회전력을 일으키는 모터의 특성을 완화하기 위한 시스템을 만드는 기술을 연구해온 역사를 가지고 있다.

엔진의 경우는 갑자기 정지 상태의 타이어에 연결되면 정지되지만 모터의 경우는 급발진하기 때문에 전철 안에 서 있는 승객들은 모두 바닥에 쓰러지고 말 것이다. 그래서 오히려 모터의 힘을 낮추기 위해 전선에 저항 등을 붙이거나 전기의 전압과 주파수를 변경시켜 모터가 가급적 천천히 회전할 수 있도록 하는 기술을 도입하고 있다. 이 기술은 EV에서도 사용되고 있다.

자동차의 동력이 되는 엔진이나 모터는 회전 에너지가 모두 구동력이 되는 것은 아니다. 이것은 **열효율**이나 **변환효율**로 나타내게 된다. 다시 말해 가솔린엔진의 변환효율은 연소 에너지의 30% 정도이며, 70%가 쓸모없이 버려진다는 것은 의외로 잘 알려져 있지 않다. 이에 비해 모터는 회전에 따라서 80% 정도가 구동력으로 이용된다고 알려져 있어, 모터가 효율성에서 압도적으로 유리한 것이다.

동력원의 변화
닛산의 리프에 탑재된 모터이다. 내부 구조가 보이도록 일부를 절단한 것으로 엔진과 비교하면 구조가 압도적으로 간단하며 일목요연하다. 1회의 충전만으로 주행이 가능한 거리가 적다는 단점을 해소하는 것이 전기 자동차의 과제일 것이다.

> **Tip** 전기 자동차의 승차감은 하이브리드 카에서도 느낄 수 있으며, 프리우스의 EV 모드에서도 체험이 가능하다. 미쓰비시의 전기자동차 아이미브의 모터 출력은 그 모델의 가솔린엔진의 터보 탑재 자동차와 같지만 회전력은 2.0ℓ 급이다.

전지(배터리)의 구조

 **일차(一次) 배터리** 사용하고 버리는 타입으로 충전할 수 없다.
이차(二次) 배터리 몇 번이라도 재충전하여 사용할 수 있다.

내부에서 화학반응이 일어나고 있다

배터리에는 두 종류가 있다. 시계나 TV 등의 리모컨에 사용하는 단3형 배터리나 단추형의 배터리 등 사용하고 버리는 타입을 **1차 배터리**라고 하며, 가솔린엔진 자동차나 디젤엔진 자동차에 사용되는 시동용의 납산 배터리, 하이브리드 카의 니켈-수소 배터리, 리튬이온배터리 등과 같이 충전이 가능한 것을 **2차 배터리**라고 한다.

배터리는 전자를 저장해 두는 것이다. 내부의 전해액과 전해질 속에 **양극**(+)과 **음극**(-)이 있고 그 사이에서 화학반응이 일어나 **방전**과 **충전**이 반복되고 있다. 방전 시에는 양극에서 음극으로 전류가 흐르고 충전 시에는 그 반대로 전류가 흐른다. 그러나 한 번 사용하고 바로 버리는 1차 배터리는 방전만 가능하다.

가솔린이나 디젤엔진 자동차에 탑재되는 현재의 시동용 배터리(납산 배터리)는 엔진 시동, 에어컨이나 와이퍼 작동, 램프 종류의 점등 등 부하에 의해 방전되며, 내부에 들어있는 전해액의 황산이 소비되어 물이 되는 것으로 전해액의 비중이 저하되어 간다.
그러나 방전되어도 알터네이터alternator ; 교류 발전기의 발전에 의해서 방전 시 물이 되었던 황산납이 다시 과산화납으로 변화되면서 충전이 된다. 이제까지 설명한 것은 양극에서 일어나는 반응으로 음극에서는 별도의 반응이 일어나며, 시동용 배터리는 이와 같이 충전과 방전을 반복하면서 3년 정도 사용이 가능하다. 영원히 사용할 수 없는 이유는 기간이 경과함에 따라 황산납이 결정화되어 위에서 설명한 것과 같은 반응을 방해하는 설페이션sulfation ; 비전도성 결정피막 현상이 일어나 배터리의 수명을 단축시키기 때문이다.

유지 및 관리 상태에 따라 수명이 좌우된다

휴대 전화나 PC 등에서 이미 필수품이 된 리튬이온배터리는 성능이 높기 때문에 보급이 진행되는 중인 전기 자동차EV에서도 꼭 필요한 배터리라고 할 수 있다. 1990년대까지의 전기 자동차에서는 보통 엔진룸에 있던 납산 배터리가 자동차 바닥 밑이나 트렁크 등에 대량으로 적재되어 있었다. 그러나 고성능인 것은 잘 알려져 있었지만 당시에는 리튬이온배터리의 가격이 높았기 때문에 탑재할 수 없었다.

그 당시의 전기 자동차는 무거운 배터리가 대량으로 탑재되어 차체의 중량이 상당히 무거웠으며, 충·방전의 특성도 좋지 않아 가속 성능은 가솔린엔진 자동차보다 떨어졌고 조향 성능 또한 둔하고 무거웠다. 리튬이온배터리의 구조는 리튬이온이 양극과 음극 사이를 왔다 갔다 하면서 화학반응이 일어나는 것으로 되어 있다. 성능이 좋아서 자동차에 탑재하는 배터리의 양을 줄일 수 있는 반면 완전 충전이나 완전 방전 상태로 보관하면 수명이 단축되는 등 관리의 어려움도 있다.

니켈-수소 배터리

NiOOH + MH ↔ Ni (OH) + M
옥시 수산화니켈 + 금속수소화물 ↔ 니켈(수소·산소)+수소 흡장 합금

수소가 극판 사이를 왕복하는 것에 의해 충전·방전이 이루어진다.

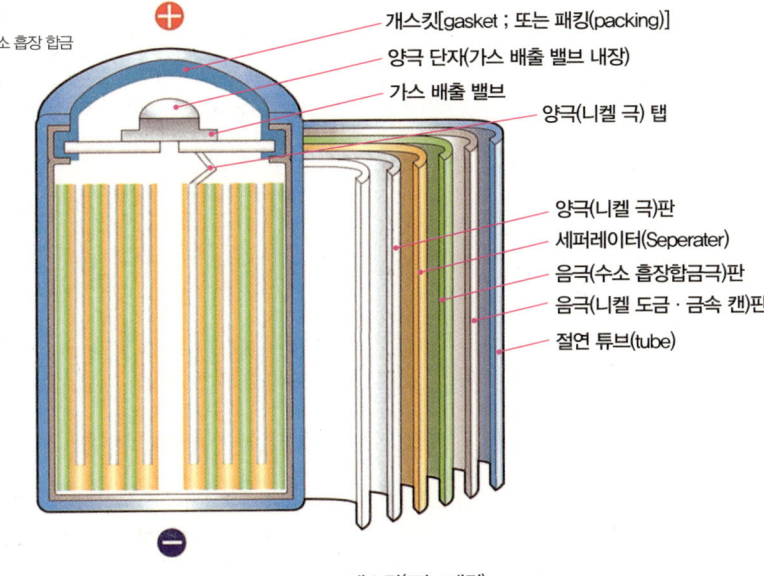

리튬이온배터리

$Li_{(1-x)}CoO_2$ + Li_xC ↔ $LiCoO_2$ + C
리튬   수산이온   탄소

리튬이 극판 사이를 왕복하는 것에 의해 충전·방전이 이루어진다.

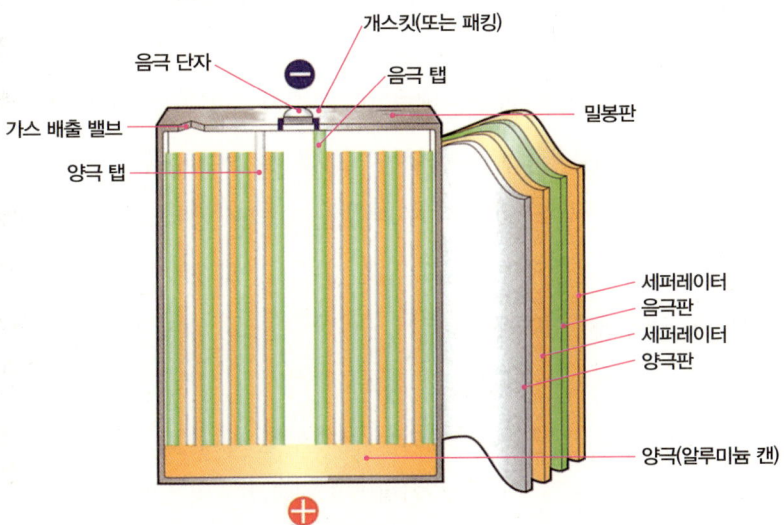

> **Tip** 전기 자동차(EV)의 발전과정은 배터리의 발전과정과 동일하다고 할 수 있다. 그 정도로 배터리는 전기 자동차에 있어서 중요한 부품이다. 골프장의 카트(cart)는 전기 자동차이지만 납산 배터리를 탑재하고 있다. 골프장의 카트(cart)는 전기 자동차이지만 납산 배터리를 탑재하고 있다.

배터리(전지)의 종류

 **납산 배터리** 1859년 프랑스인 플랑테(Plante)에 의해 발명되었으며, 현재까지도 2차 배터리의 주역으로 사용되고 있다.

종류는 다양하지만 자동차에서는 2차 배터리만 사용

한마디로 배터리라고는 해도 오른쪽 페이지에서 분류한 것과 같이 그 종류가 매우 다양하다. 예로부터 친숙한 것은 TV나 에어컨의 리모컨 등에 사용되는 건전지이며, 건전지에도 망간과 알칼리 등의 종류가 있는데 이것은 소위 충전할 수 없는 1차 배터리에 속한다.

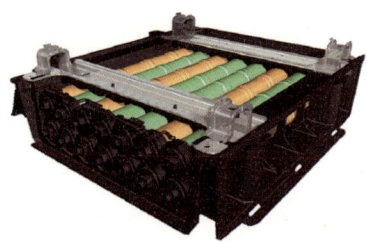

니켈-수소 배터리
혼다 인사이트에 탑재되어 있는 니켈-수소 배터리. 녹색과 오렌지색의 원통 2개 1조의 모듈(module)로 인사이트에는 7조(합 14개)의 모듈이 탑재되어 있다.

최근에는 이 건전지형의 2차 배터리도 등장하고 있다. 가전 판매점 등에서 충전기와 세트로 판매되는 제품을 본 적이 있을 것이다. 이것이 바로 니켈-수소 배터리이며, 이것을 대형화시킨 타입이 도요타의 프리우스나 혼다의 인사이트 같은 하이브리드 카의 트렁크 바닥 밑에도 탑재되어 있다.

자동차용으로 가장 많이 사용되는 것이 납산 배터리로 셀Cell의 위쪽마다 필러 플러그가 있어서 전해액의 레벨이나 비중을 측정해 본 적이 있는 사람도 있을 것이다. 이 배터리는 3년에 한 번씩 교환하도록 정해져 있어서 자칫 한 번 사용하고 버리는 1차 배터리라고 생각하기 쉽지만 이것은 스타팅 모터·헤드램프·와이퍼·에어컨 등의 부하에 의해 방전되면 알터네이터alternater의 발전으로 충전되는 2차 배터리이다.

이미 100년 이상의 역사를 가지고 있는 납산 배터리이지만 그 사이에 눈에 보이지 않는 부분까지 개선이 진행되어 자동차의 발전에 맞춰서 아이들링 스톱 차량 또는 브레이크 에너지 회생 자동차 전용이라고 쓰여 있는 것까지 등장하고 있다. 이것들은 보통 내부 저항이 낮게 되어 있다.

배터리는 고온이나 저온에 약하다

배터리는 사실상 고온에 노출되면 수명이 단축된다고 알려져 있으며, 배터리 속에서는 자기방전이 항상 일어나고 있는데 이 자기방전은 온도가 높아지면 커지는 특성이 있다. 봄이나 가을에는 한 달간 운행하지 않아도 괜찮지만, 여름에는 한 달간 운행하지 않으면 시동이 걸리지 않을 경우도 있다. 추운 지방에서 디지털 카메라 등의 배터리가 예상보다 빨리 소모되는 경험을 겪어 본 사람이 많을 것이다. 차량의 배터리에서도 이와 같은 현상이 일어난다.

최근에는 필러 플러그가 열리지 않는 MFmaintenance free 배터리도 많은데 이 경우에는 전해액을 체크할 수 없다. 사용자는 전압을 측정하는 방법 이외에는 배터리가 양호한지 아닌지 판단 할 수 없다. 그러나 MF 배터리 중에는 배터리의 성능을 한 눈에 알아볼 수 있도록 인디케이터indicator가 장착된 것도 있기 때문에 구입할 때 하나의 기준이 될 수도 있을 것이다.

리튬이온배터리
도요타 프리우스의 플러그인(Plug-in) HV에 탑재되어 있는 리튬이온배터리. 종전의 니켈-수소 배터리와 비교해서 축전 용량이 약 4배나 된다.

자동차 진화의 비밀을 알고 싶다

배터리의 종류

화학 배터리	1차 배터리	■ 건전지
		망간 건전지
		알칼리(망간) 건전지
		니켈계 1차 배터리
		리튬 배터리
		■ 버튼(button) 배터리
		알칼리 버튼 배터리
		산화은(酸化銀) 배터리
		공기(아연) 배터리
	2차 배터리소형	■ 소형 2차 배터리
		니켈-카드뮴 배터리
		니켈-수소 배터리
		리튬이온배터리(폴리머 배터리 포함)
		소형 제어변식 납산 배터리
		납산 배터리
		알칼리 배터리
	연료 배터리	
물리배터리	태양 배터리	

> **Tip** DVD용 모니터를 추가로 장착할 때에는 배터리의 부하가 증가하게 된다는 것을 염두에 두자. 수입차의 경우 배터리가 엔진룸에 설치된 경우는 거의 전무하다. 이것은 엔진의 열로부터 배터리를 보호하기 위함이다.

정통 스포츠 EV

 **포르쉐 911** 세계적으로 명성이 높은 스포츠카 중 하나이다. 전기 자동차(EV)에서도 이것과 어깨를 나란히 하는 스포츠카가 출현했다.

스타트부터 96km/h에 도달하는 시간이 놀랍게도 3.9초!

전기 자동차EV는 재미가 없다. 기존 가솔린엔진의 고성능 스포츠카의 애호가는 이렇게 생각할지도 모른다. 그래서 애호가들은 수입 중고 스포츠카를 구입하여 즐기는 것이 보통이다.

전기 자동차는 미쓰비시 아이미브와 닛산 리프, 기아의 레이 정도로 아직 주행거리도 짧고 실용차로서의 영역을 가지고 있지 못하기 때문에 사람들이 재미없다는 인상을 가지게 된 것이다. 그러나 미국의 제너럴모터스나 크라이슬러에서도 현재 생산되는 전기 자동차는 없으며, 다만 벤처기업이 전기 자동차 버전의 스포츠카를 출시하고

테슬라 로드스터

외형은 로터스 엘리스를 쏙 빼닮았다.

있을 뿐이다. 그것은 **테슬라 로드스터**로서 캘리포니아 주의 테슬라 모터스에서 생산하는 차이다.

3946mm×1851mm×1127mm길이×폭×높이인 짧고 넓은 차체는 영국의 로터스 엘리스를 모체로 한다. 자동차의 중량이 약 1240kg이나 되는 까닭은 450kg이나 되는 구동용 배터리 때문이다. 그 가속력은 0~96km/h가 표준사양에서 3.9초나 된다. 포르쉐 911 터보에 육박하는 속도를 가지고 있으며, 그 가속감도 발진과 동시에 최대 회전력이 발생되는 전기 자동차만의 독특한 것이다.

1회 충전으로 390km나 달린다.

리튬이온배터리가 탑재된 일본의 전기 자동차는 1회 충전으로 160km기아의 레이는 91km라고는 하지만 테슬라 로드스터는 그것의 약 2.5배인 390km를 달리는 것이다. 강력한 가속력을 발생하는 전기모터의 최고 출력은 215kw288PS, 최대 회전력은 370N·m이다.

흔히 비교되는 포르쉐 911 터보는 최고 출력 368kw500PS, 최대 회전력은 650N·m이고 차량의 중량은 1600kg에 육박한다. 포르쉐 터보의 57% 정도의 최고 출력으로 동등한 가속이 가능한 것은 자동차의 중량이 가볍기 때문만이 아니라 회전과 동시에 최대 회전력을 발생하는 전기모터만의 특성도 기여하는 바가 크다. 기어도 단지 1단만으로 되어 있다.

배터리는 자동차 전용 리튬이온이 아니라 PC에도 사용되고 있는 타입으로 여기에는 약 3.7V의 셀이 총 6,831개나 탑재되어 있다. 이

인테리어

변속 레버(Shift knob)가 없는 것이 EV라는 증거이다.

충전상태

가정용 전원에서 충전이 가능하다.

것이야말로 390km나 되는 주행거리를 실현하기 위한 필수품이다. 가격은 약 1억 8천만 원부터로 일반 서민에게는 확실히 부담이 되는 가격이다. 그러나 보다 저렴한 전기 스포츠카가 출시될 날이 반드시 올 것임에 틀림없다.

뒷모습(Rear view)

배기관이 존재하지 않는 EV 다운 뒷모습

Tip 2007년 동경모터쇼에서는 미쓰비시 아이미브를 모체로 한 스포츠 모델 콘셉트 카를 선보였다. 1997년에 도요타에서는 초대 RAV4를 사용한 전기 자동차를 만들어 출시하였다. 당시 가격은 약 6천7백만 원 정도였다.

전기 자동차의 과거와 미래

보급에 많은 장애물이 있다

1946년에 동경전기자동차라고 하는 회사가 전기 자동차를 완성시켰다. 그러나 물론 일반 서민이 살 수 있는 것은 아니었다. 당시의 구동 배터리는 당연히 납산 배터리였고 현재의 엔진룸에 탑재되어 있는 시동용 배터리를 차량의 뒷부분에 대량으로 탑재시킨 형식이었다. 언덕길이 오래 지속되면 정지할 정도의 성능이었던 것이다.

그런 일본에서도 경자동차를 모체로 한 미쓰비시 자동차공업의 아이미브가 2010년에 시판되었으며, 그해 말에는 닛산자동차에서 보통 승용차 크기의 5도어 해치백 스타일 전기 자동차 리프가 출시되었다. 배터리는 양쪽 모두 리튬이온을 탑재했으며, 후발인 리프는 가솔린엔진 자동차의 개량형이 아니라 전용 플랫폼을 사용한 것이 주목할 만하다.

두 차종 모두 주문이나 예약이 당초 예상을 뛰어넘어 사용자의 환경 의식이 높아진 것을 짐작할 수 있었으며, 닛산 리프를 예약한 사람들 중 가장 많은 연령층이 60대라고 하는 데이터도 있다. 전기 자동차를 구입하기 전에 꼭 해야 할 일은 AC200V의 콘센트를 자택의 주차장에 설치하는 것이며, AC100V의 콘센트가 현관 밖에 있다면 그것만으로도 충분하다.(아이미브는 AC100V용 변환 어댑터가 표준으로 장착되어 있다)

구입할 때 지방자치단체에서 보조금이 나오긴 하지만 그 금액은 지자체에 따라 제각각이며, 보조금이 나오지 않는 곳도 있기 때문에 구입하기 전에 확인이 꼭 필요하다. 보조금이 나오지 않으면 가격은 약 5천6백만 원이나 된다.

가장 큰 문제는 역시 1회 충전으로 주행할 수 있는 거리가 짧다는 것이지만 주말에 근처의 쇼핑센터에 갈 목적 정도로 사용하는 사람이라면 전혀 문제가 없다. 그러나 가끔 당일치기 온천여행을 떠나려면 왕복거리나 도중의 급전 시설을 사전에 꼼꼼히 확인해 둘 필요가 있다.

일본 고속도로의 대형 휴게소 주차장에서는 15~30분 정도의 소요시간으로 80%까지 충전이 가능하며, 급속 충전 시설이 설치되기 시작하였지만 아직 장거리 여행은 불안한 감이 있다. 간이 주차장이나 쇼핑센터, 편의점 등 전기 자동차의 보급 상황에 맞추어 충전시설이 확충된다면 일본 전역을 전기 자동차로 여행할 수도 있을 것이다. 그렇게 되면 전기 자동차의 보급이 더욱 늘어날 것이다.

쉬어가기

4장

에쿄드라이브를 위한 연비의 향연??

최신형 엔진의 회전력 특성 / 다운사이징이란? / 터보차저의 부활 / 가변 밸브의 구조 / SOHC의 부활 / 경량화 / 전동 파워스티어링 / 에코 타이어 / 마일드 하이브리드 / 선택식 주행 모드 / 에코 드라이브 서포트 기능 / 에코 페달 / 밀러 사이클 엔진

최신형 엔진의 회전력 특성

 **플랫 토크(flat torque)** 특정한 회전수에서 회전력이 발생되는 것이 아니라 광범위한 회전수에서 최대 회전력의 가속을 얻을 수 있다.

OHV나 OHC, 당시는 저속형

엔진의 종류에 따라서 최대 출력이나 최대 회전력을 발생시키는 회전수가 다르다. 일찍이 OHVOver Head Valve가 주류였던 시대에는 캠 샤프트가 실린더 블록의 크랭크 케이스 부분에 설치되어 있어서 그곳에서 푸시로드push rod를 통하여 엔진의 최상부에 있는 밸브를 구동시켰다. 그 푸시로드에 에너지가 손실되는 구조였기 때문에 엔진의 고성능·고회전화가 진행됨에 따라 모습을 감추게 되었다.

그 대신 SOHCSingle Over Head Cam shaft가 등장하였으며, SOHC는 OHV가 가지고 있던 푸시로드를 없애고 캠 샤프트를 엔진의 최상부에 배치하여 고속회전을 얻을 수 있게 되었다. 이와 함께 엔진의 출력도 향상되었지만 고출력이라고 부를 만큼 만족스럽지는 못하였다.

그래서 SOHC의 발전형으로 캠 샤프트를 1기통 당 2개씩 갖춘 DOHCDouble Over Head Cam shaft가 개발되었다. 회전과 파워를 한층 더 높일 수 있게 되었지만 그 만큼 저속 영역에서의 회전력은 떨어지게 되어 사용하기 쉬운 엔진이라고는 말할 수 없게 되었다.

최대 회전력을 저속회전에서 발생시킨다

지구 온난화의 방지를 부르짖는 시대에 DOHC와 같은 고속회전·고출력 엔진이 어울리지 않는 것은 저속회전에서 고출력을 얻을 수 있는 엔진이 바람직하기 때문이다. 이러한 엔진의 특징을 결정짓는 요소 중 하나로 **밸브 타이밍**이 있다.

밸브 타이밍은 흡입·압축·연소·배기의 피스톤 왕복운동에 맞추어 흡·배기 밸브를 개폐시키는 시기와 관련된 것으로 흡기 밸브는 피스톤의 하강흡입 시에 열려 피스톤이 제일 밑바닥인 하사점에 도달할 때까지 닫히지 않고 피스톤이 상승하여 압축 행정을 하는 초기까지 열어둠으로써 보다 많은 공기가 흡입되어 고성능화가 가능하다.

최근의 엔진에서는 스로틀 밸브를 없애고 흡기 밸브만으로 흡기량을 제어하는 타입이 등장하였다. 이것은 흡기 포트 내에서 스로틀 밸브를 배제실제로는 비상용이 있다하여 기계적인 손실을 저감시킴으로써 저속영역에서 회전력의 향상에 도움을 주고 있다.

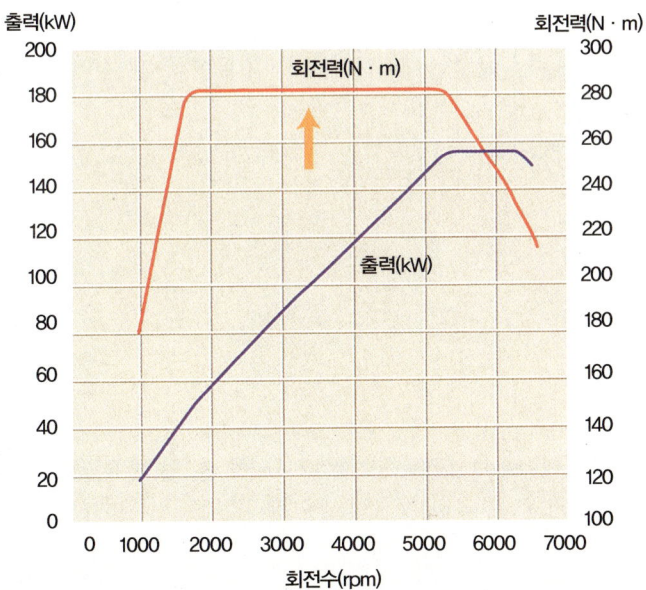

TSI(Turbo charged Stratified Injector) 엔진

넓은 회전 영역에서 최대의 회전력을 발생시키는 것이 폭스바겐 TSI 엔진의 특징이다. 다운사이징 설계로 배기량이 1.2~1.4 ℓ 이지만 1500rpm부터 최대 회전력을 발생시키기 때문에 보디의 규모가 큰 미니밴에서도 회전력의 부족함 없이 주행할 수 있다.

직접분사 엔진은 연소실 내의 압축 공기 속으로 연료를 분사함으로써 냉각효과가 생기기 때문에 터보 엔진이라도 압축비를 낮출 필요가 없으므로 연소효율이 향상되어 포트 분사 엔진 이상으로 저속 회전력을 높일 수 있게 되었다.

예전에는 보통 4000rpm 전후에서 최대 회전력이 발생되었지만, 이와 같은 방식에서는 1500rpm에서 발생되어 5000rpm 정도까지 지속되는 엔진도 있다. 고속회전형 엔진에서 저속회전형 엔진으로 회귀하는 현상이 일어나고 있는 것이다.

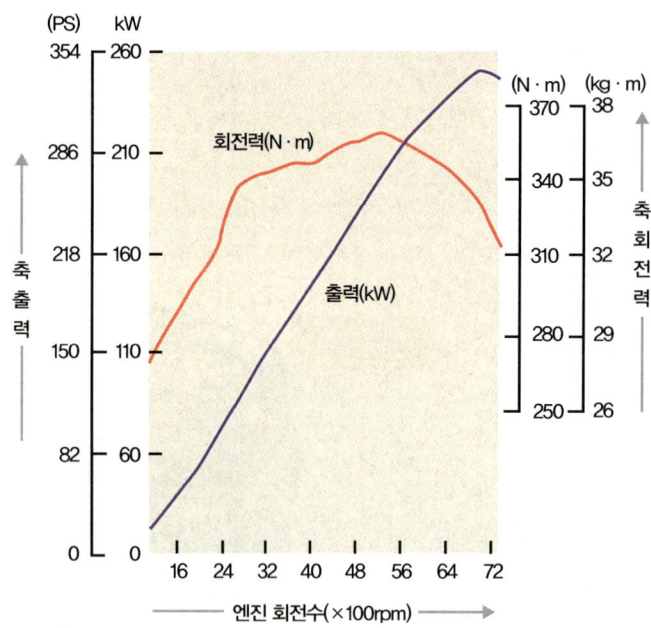

일반적인 고출력 엔진

위의 화살표가 있는 회전력 곡선을 보자. TSI 엔진이 1500~5000rpm을 초과할 때까지 일정한 최대 회전력을 발생시키는 것에 비하여, 아래의 일반적인 고출력 엔진은 5200rpm에서 최대 회전력을 발생시킨다. 다시 말해 최대의 회전력을 발생시키기 위해서는 엔진을 5200rpm까지 상승시켜야 한다. 그만큼 액셀러레이터 페달을 깊게 밟아야 하기 때문에 연비에 악영향을 미친다.

> **Tip** 볼보에는 포트 분사가 주류였을 때에도 플랫 토크(Flat torque) 엔진이 존재하였다. 지금은 경기용 랠리나 경주용 자동차(racing machine)에서도 저속 회전력이 증강되고 있다.

다운사이징이란?

 **다운사이징** 엔진의 배기량을 줄이는 것. 엔진의 특성 및 제어의 발전에 따라 가능해졌다.

배기량 축소의 장점

다운사이징의 가장 큰 특징은 엔진의 중량이 가벼워진다는 점으로 차량 중량의 경감으로도 연결된다. 대부분의 자동차에서는 엔진이 자동차의 앞쪽에 탑재되며, 특히 FF차의 경우에는 변속기 등의 기계 부품도 앞부분에 집중 배치된다. 따라서 이 부분을 가볍게 하면 차량 전후의 중량 배분이 보다 균등해진다. 시내 주행 시에는 그다지 느끼지 못할 수도 있지만 고속도로나 구불거리는 산간 도로 등에서 방향을 바꿀 때의 조향 안정성이 향상되는 것이다.

배기량의 축소와 함께 엔진의 각 부품 크기도 줄일 수 있어 마찰 저항을 낮출 수 있으며 연비도 향상된다. 다운사이징은 밸브 타이밍 제어의 발전과 연료 분사에서 직접분사식 엔진의 등장으로 가능해졌다.

스포츠 모델이나 SUV에서도 배기량을 줄이는 경향이 있다

예를 들어 BMW의 SAV(Sports Activity Vehicle ; 일반적으로는 Sports Utility Vehicle이라고도 한다)인 X5는 첫 모델의 최대 배기량이 4798cc인 4.8i였지만 현행 모델에서는 50i이면서 배기량은 4394cc이며, 달라진

점은 배기량만이 아니다. 4.8i의 엔진은 V형 8기통의 논 터보였던 것에 비하여 50i인 신형은 트윈 터보차저를 장착함으로써 첫 모델의 최고출력이 261kW355PS, 최대 회전력이 475N·m48.5kg·m인 것에 비하여 300kW407PS, 600N·m61.2kg·m을 실현하여 배기량의 축소 분량을 능가하는 고성능화가 가능해졌다.

골프 R32

엔진 형식	BVB
종류	V형 6기통 DOHC
배기량(cc)	3188
최대 출력	184kW(250ps)
최대 회전력	320N·m(32.6 kg·m)/ –
연비	10.2~10.8km/ℓ

골프 R

엔진 형식	CDL
종류	직렬 4기통 DOHC
배기량(cc)	1984
최대 출력	188kW(256ps)/6000
최대 회전력	330N·m(33.7kg·m)/24~
연비	12.4km/ℓ

선대의 폭스바겐 골프의 고성능 모델인 R32는 길이 4250mm 정도의 5도어 해치백에 3188cc, V형 6기통 엔진이 탑재된 것에 비하여 신형의 골프는 1984cc 직렬 4기통이다. 또한 푸조 307이나 206 등 최상급 모델은 2.0ℓ였지만 후속 모델인 308이나 207에서는 1.6ℓ로 바뀐 것에 주목하자.

좀 더 가까운 예를 들어보면 4대 째인 닛산 마치March나 2대 째인 스즈키의 스위프트는 배기량을 1.2ℓ 한 가지로만 설정하였다. 마치의 경우 선대까지는 1.0~1.4ℓ 등 3종류의 엔진이 있었고 스위프트도 1.2~1.5ℓ 등 3종류의 엔진이 설정되어 있었다.

판매가 잘되는 등급만으로 범위를 좁힌 설정이라고도 말할 수 있지만 배기량을 줄여도 불만이 없을 정도의 출력 특성, 다시 말해 저속 영역에서 최대의 회전력을 발생시킬 수 있게 된 점도 그 배경 중 하나라고 할 수 있다.

> **Tip** 유럽을 중심으로 엔진의 다운사이징이 진행되고 있다. 다운사이징의 중요한 목적은 연비의 향상이다.

터보차저의 부활

 **트윈 스크롤 터보** 터빈 내에 배기가 흐르는 통로가 2개로 나뉘어 있는 타입이다.

성능은 높아졌으나 적은 배기량은 그대로

터보차저가 장착된 엔진의 설계는 적은 배기량에서 보다 높은 출력을 얻는 것으로, 지금도 주류인 포트 분사식 엔진에서는 압축비를 낮출 필요가 있다. 흡입한 공기를 컴프레서에서 압축한 뒤 인터쿨러에서 냉각시킨다 해도 고온이 된 흡입 공기에 가솔린 연료를 분사하면 자칫 스파크 플러그로 착화시키기도 전에 압축과정에서 자연 발화될 가능성이 있기 때문이다. 이러한 이상 연소를 방지하기 위한 것이기도 하지만, 압축비를 낮추는 것은 연소효율이 낮아지는 것을 의미하며 배출가스의 유해성분도 늘어나게 된다.

터보차저 자동차는 2000년경부터 보다 엄격해진 배출가스 규제를 만족시키지 못하게 되어 고성능 터보 엔진을 장착한 스포츠 모델 카들은 일부 회사를 제외하고는 2002년에 거의 자취를 감추었다. 이와 같은 결과로 터보는 좋지 않다라는 이미지가 남게 되었다.

유럽의 주도로 직접분사 엔진과 함께 부활

1996년에 자연흡기 엔진으로 미쓰비시와 도요타에서 화려하게 데뷔한 **직접분사 엔진**은 연비를 중시한 희박연소 타입이었지만 특수한 촉매를 필요로 하는 등 가격의 문제로 인해 탑재 차종은 다양화되지 못했다. 이런 와중에 유럽의 메이커는 스토이키 연소의 직접분사 가솔린엔진을 개발하고 마침내는 터보를 조합하여 고성능 모델을 등장시켰다.

가장 충격적이었던 것은 2006년에 발표된 폭스바겐의 골프 GT TSI이다. 그때까지 자연흡기 방식의 2000cc, 150PS이었던 GT를 대신하여 1.4ℓ의 직접분사 엔진이면서도 슈퍼차저와 터보차저turbo charger로 된 트윈 과급에 의해 170PS을 실현했다. 더욱 발달된 TSI의 기본 모델인 트렌드라인에서는 1.2ℓ SOHC 터보가 장착되었다.

직접분사 엔진이 없었다면 터보의 부활은 불가능했을 것이다. 포트 분사와 같이 연소실로 공급되기 전에 혼합기를 형성하는 방식이 아니고 컴프레서로 압축된 공기를 연소실로 공급한 후에 그 속으로 연료가 분사되기 때문에 냉각효과와 더불어 연료의 기화가 촉진된다. 이것이 완전연소를 촉진시켜 고성능 및 배출가스의 정화 그리고 연비의 향상을 실현시켰던 것이다.

왜 이제 와서 고성능 엔진의 대명사였던 DOHC가 아니고 SOHC인 것인가? 대답은 간단하다. 고속회전 영역까지 엔진을 회전시킬 필요가 없으며, 구성 부품이 적은 쪽이 마찰저항을 낮출 수 있기 때문이다. 혼다의 피트 등 승용차에서도 소수이지만 SOHC 엔진이 부활하고 있다.

기체의 특성

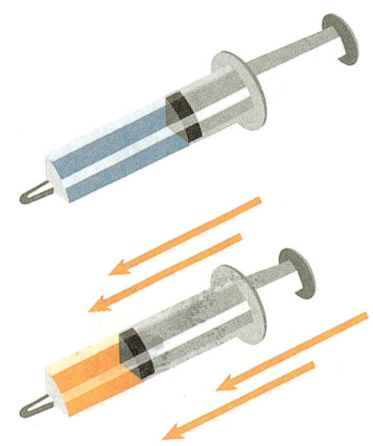

기체를 압축시키면(단열 압축) 기체의 온도가 상승하고, 기체를 팽창시키면(단열 팽창) 그 온도가 하강한다.(물리 법칙)

압축된 기체를 채워 놓은 스프레이 통에서 내부의 기체를 계속하여 방출시키면 통이 차가워진다. 이것도 물리의 법칙을 일상에서 느낄 수 있는 하나의 예이다.

직접분사 엔진은 연소실 내의 압축 공기 속으로 연료를 분사함으로써 냉각효과가 생기기 때문에 터보 엔진이라도 압축비를 낮출 필요가 없으므로 연소효율이 향상되어 포트 분사 엔진 이상으로 저속 회전력을 높일 수 있게 되었다.

예전에는 보통 4000rpm 전후에서 최대 회전력이 발생되었지만, 이와 같은 방식에서는 1500rpm에서 발생되어 5000rpm 정도까지 지속되는 엔진도 있다. 고속회전형 엔진에서 저속회전형 엔진으로 회귀하는 현상이 일어나고 있는 것이다.

일반적인 고출력 엔진

터보차저에 의해 압축된 공기는 대략 150℃까지 도달하며, 열은 인터쿨러에 의해 외부로 방출되어 60℃ 부근까지 낮아지지만 엔진룸 내부는 고온이 된다. 덧붙여 말하면 터보차저의 터빈을 회전시키는 동력원이 되는 배기가스는 900℃ 정도까지 도달하기 때문에 이 고온 가스에서 나온 열도 엔진룸 내부의 온도를 높인다.

가솔린은 약 300℃에서 자연 발화하는데 피스톤에 의해 압축된 실린더 내의 공기도 그에 가까운 온도까지 상승하고 있다. 인터쿨러로 냉각하더라도 60℃에 가까운 공기를 그대로 연소실로 보내는 것은 위험하기 때문에 종전의 터보차저가 있는 엔진에서는 피스톤에 의한 공기의 압축률을 낮추어 실린더 내의 온도 상승을 방지한다.

TSI 엔진은 컴프레서에서 압축되어 고온이 된 공기를 한계점에 이를 때까지 피스톤으로 더욱 압축한 뒤 액체 상태인 가솔린을 직접 분사한다. 가솔린은 연소실 내에서 액체로부터 기체로 곧 변화되면서 연소실 내의 온도를 저하시켜 자연 발화를 방지한다. 그리고 스파크 플러그에서 불꽃을 발생시켜 연소되는 것이다.

Tip 직접분사 터보 엔진은 아우디에서는 TFSI, 폭스바겐에서는 TSI라고 부른다.

가변 밸브의 구조

 **밸브의 양정(lift)** 밸브가 연소실 측으로 돌출한 정도를 말하며, 양정이 클수록 공기가 많이 들어간다.

가변 밸브 기구도 여러 가지

이전에 스포츠 엔진 전용이라는 인상이 강했던 것은, 1989년에 혼다가 브이텍VTEC이라는 가변 밸브 타이밍과 리프트 기구를 CR-X와 인테그라에 장착했기 때문이다. 브이텍은 고속용과 저속용의 2개의 캠이 1기통의 캠 샤프트에 배치되어 있어 엔진의 회전수에 대응하여 밸브를 누르는 캠이 교체되는 방식이다.

1개의 캠으로 고속회전형 엔진을 만들려고 하면 저속에서는 약점이 생기기 때문에 특정한 회전 영역에서 저속으로부터 고속 측으로 교체되는 기구를 장착함으로써 자연 흡기방식인 스포츠 엔진의 고속 회전화가 한층 더 촉진되었다.

현재는 가변 밸브 기구가 일반 자동차에도 탑재되기 시작하였으며, 가장 많이 보급되고 있는 것은 캠 샤프트의 위상을 변경하여 밸브가 개폐되는 타이밍을 변화시키는 타입이다. 그밖에 개폐 타이밍뿐만 아니라 밸브의 양정을 제어하는 것 등의 여러 가지 종류가 있다는 것은 기억해둘 만하다.

스로틀 밸브를 사용하지 않는 방식도 있다

BMW가 사용하는 **밸브트로닉**Valvetronic이라는 방식은 스로틀 밸브가 항상 열려 있는 상태로 캠 샤프트 주위에 액추에이터나 컨트롤 샤프트, 편심 캠 등이 있는 구조이다. 밸브트로닉은 종전의 캠 샤프트와 밸브만으로는 불가능했던 밸브의 양정을 보다 정밀하게 제어하는 것이 가능하며, 닛산의 VVELValuable Valve Event & Lift이나 도요타의 **밸브매틱**Valvematic도 같은 방식이다. 이 방식의 장점은 흡기 파이프의 내경과 같은 크기인 스로틀 밸브의 개폐를 없애서 흡입 저항을 감소시킨 점을 우선적으로 꼽을 수 있다.

닛산 VVEL

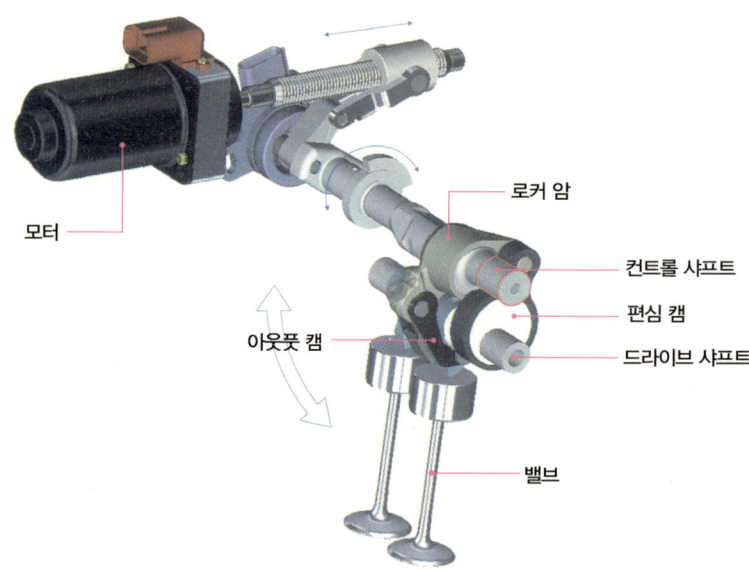

모터
아웃풋 캠
로커 암
컨트롤 샤프트
편심 캠
드라이브 샤프트
밸브

모터에 의해 발생된 회전운동을 컨트롤 샤프트에 전달하여 로커 암이 편심 캠을 회전시킨다. 편심 캠은 그 명칭과 같이 회전축이 중심과 일치하지 않고 한쪽으로 치우쳐 있는 캠이다. 이 편심 캠이 회전함에 따라 아웃풋 캠이 작동되어 밸브가 아래로 누르는 양(양정)의 변화가 발생한다. 이 시스템에 의해 밸브의 양정을 연속적으로 변화시킬 수 있게 되었다.

가변 밸브 기구가 없는 엔진에서는 엔진의 회전수와 관계없이 항상 밸브의 양정이 일정하지만, 가변 밸브 방식에서는 엔진의 회전수나 액셀러레이터 페달의 밟는 양스로틀 밸브 개도량 산출 등 여러 가지 요인에 의해 밸브의 양정이 변화한다. 엔진 회전수와 스로틀 밸브의 개도가 적을 때에는 밸브의 양정도 줄어들며, 스로틀 밸브를 모두 열었을 때에는 일정 이상으로 밸브의 양정이 커지게 된다.

흡입 통로의 저항도 없고 회전속도가 낮을 때에는 양정이 줄어들기 때문에 흡기의 유속이 빨라져 연소상태가 양호하여 연비의 절감 및 응답성의 향상으로 연결된다. 스로틀 밸브의 전개 영역에서는 밸브의 양정이 커져서 보다 강력한 출력을 얻을 수 있지만 실린더 헤드의 구조가 복잡하여 무거워지는 단점은 존재한다.

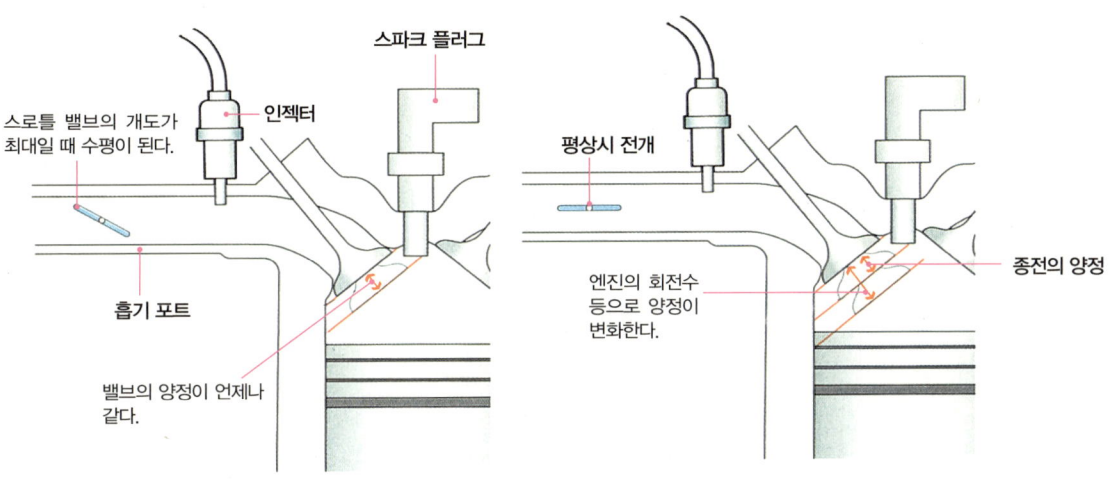

> **Tip** 특정한 회전 영역을 경계로 급격하게 파워가 커지는 가변 밸브 타이밍은 이미 과거의 기술이 되었다. 현재는 엔진의 회전 영역 전체에서 플랫 토크가 가급적 제어되는 편이다.

SOHC의 부활

 **마찰저항의 저감** 마찰저항을 감소시키는 일. 부품 단위로 저감시키고 있지만 결국에는 부품수가 적어야 한다.

일반 자동차에도 DOHC가 보급된 1990년대

현재는 SOHCSingle Over Head Camshaft에서도 4밸브가 배치되어 있는 차종이 있지만 예전에는 흡기 밸브와 배기 밸브가 각각 1개씩인 2밸브가 일반적이었다.

엔진의 고성능화를 위해서 보다 많은 공기를 흡입할 필요가 있기 때문에 밸브를 크게 만들어야 하는데 1개의 밸브만으로는 크고 무겁기 때문에 고속회전일수록 출력과 회전력이 발생되는 엔진에서는 불리하였다.

또한 1개의 캠 샤프트로 흡배기 양쪽의 밸브를 구동하는 방식에도 한계가 있기 때문에 고성능의 자동차에서는 캠 샤프트가 흡기와 배기 측에 각각 1개씩 배치되어 있는 DOHCDouble over head camshaft가 등장하였으며, 더 많은 공기를 고속회전 영역에서 흡입할 수 있도록 흡배기 밸브가 각각 2개씩 있는 4밸브로 발전하였다. 한때는 흡기 밸브가 3개 있는 5밸브까지 있었다

그러나 DOHC는 캠 샤프트가 2개 배치되어 있기 때문에 엔진 실린더 헤드 커버의 크기 등이 한계로캠 샤프트를 벨트나 체인으로 구동하기 위해 스프로킷이 2개 필요 작용했다. 보통의 자동차에서 SOHC가 주류

인 시대에 폭스바겐과 도요타가 실린더 헤드를 간단한 타입으로 개발함으로써 일반 자동차에도 점차로 DOHC가 보급되었으며, 현재는 경자동차의 엔진까지도 DOHC가 보급되고 있다.

다시 SOHC를 적용한 경우도 등장

SOHC에서도 4밸브화 하는 등 독자적인 구조를 적용한 혼다에서는 1.3ℓ급 소형자동차를 중심으로 SOHC를 장착하고 있으며, 엔진의 다운사이징 2.0→1.4ℓ으로 화제가 된 폭스바겐의 TSI 엔진은 마침내 1.2ℓ까지 줄어들었기 때문에 그에 맞추어 재검토한 것이 SOHC이다.

1.2ℓ TSI 엔진
폭스바겐의 1.2ℓ TSI 엔진은 SOHC이다. 최근의 엔진에서는 대부분 볼 수 없는 하이텐션 코드가 부활한 것이 특징이며, 오일 필터가 엔진 상부에 위치하고 있어 정비성도 양호하다.

배기량을 적게 하여 부족한 출력 부분을 터보차저 등의 과급기로 보충하고 있는 TSI 엔진에서 더욱더 연비를 향상시키기 위해 마찰저항의 저감이라는 매우 견실한 개선이 이루어지게 된 것이다. 마찰저항을 감소시키는 최고의 수단은 엔진의 부품수를 줄이는 것으로, 줄어든 만큼 부품과 부품의 사이의 접촉면이 줄어들기 때문이다. 그래서 DOHC보다 SOHC가 마찰저항이 좋아지는 것은 필연적이라고 할 수 있다.

더욱이 구조나 소재의 재검토를 통해 각 부품의 경량화까지 이루어진다면 엔진뿐만 아니라 차량의 중량도 가볍게 할 수 있으며, 연비를 향상시키기 위해서는 온고지신溫故知新의 자세가 필요하다.

캠 샤프트에 의한 밸브 구동의 경우, 밸브 리프터를 직접 작동시키는 것보다 로커 암을 통해서 하는 것이 마찰저항을 더 감소시킨다. 즉, 로커 암과 캠 샤프트가 접촉하는 부분에 롤러를 장착하는 기술을 확립한 것이 그 이유의 하나이다.

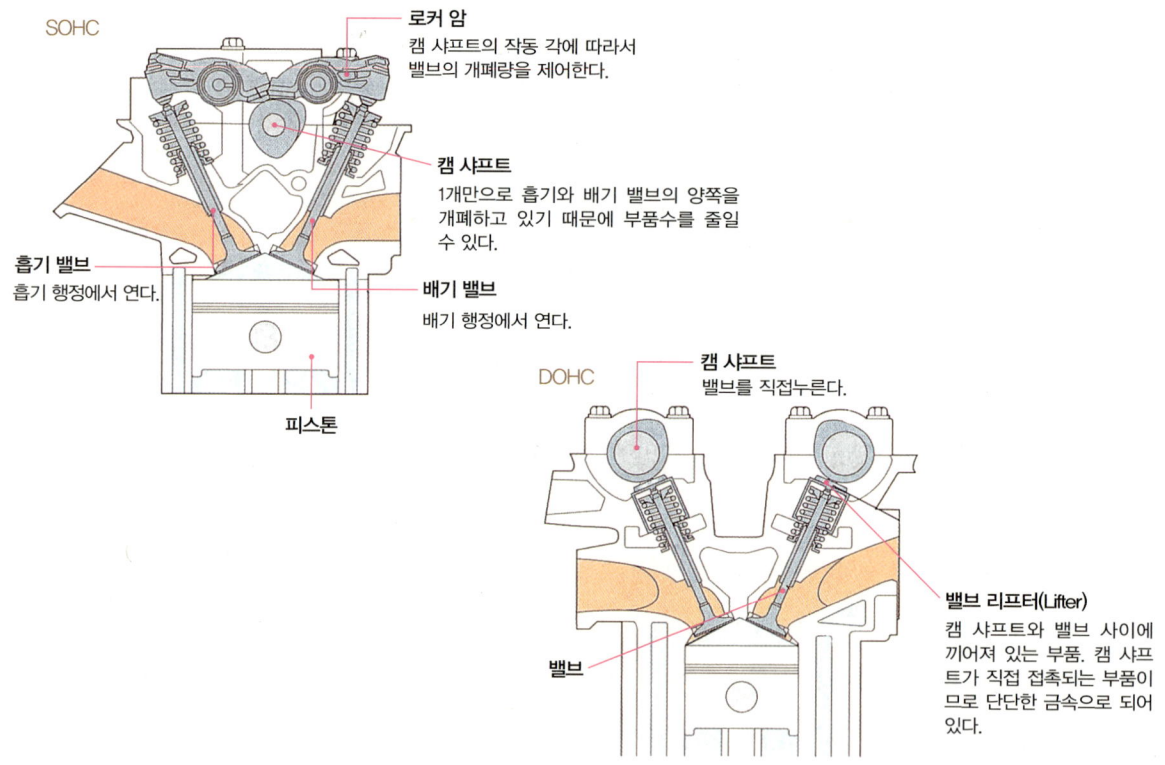

Tip 1.2ℓ TSI 엔진은 점화 시스템도 디스트리뷰터와 하이텐션 코드가 있는 예전 타입 그대로이다. 최근의 엔진에는 회전수가 낮아도 큰 회전력이 발생되도록 터보가 장착되어 있다. 높은 회전수에서만 큰 회전력이 발생되는 고속회전형 엔진은 그만큼 배기가스를 많이 배출하기 때문이다.

경량화

 **알루미늄제 부품** 차체에 사용하는 철은 고장력 강판의 사용 부위가 증가하여 경량화되고 있지만 스포츠 모델에서는 알루미늄을 사용하는 경우도 있다.

경량화가 운동 성능을 높인다

스포츠카에서 날렵한 움직임은 필수이며, 서스펜션 및 스프링 등의 설정, 엔진의 출력 증강 등 운동성능을 높이는 요소를 아우르는 것은 기본 중의 기본이다. 또한 주행성능을 높이려면 경량화가 중요하다는 것은 말할 필요도 없다. 중후한 느낌을 연출하기 위해 자동차를 무겁게 만들 수도 있지만 스포츠카에서는 불필요하다.

예전의 자동차는 구조도 간단했고 같은 배기량에서도 지금보다 100kg 이상 가벼웠다. 그러한 차이는 어디에서 오는가? 지금은 차체의 강성을 높이기 위해 보강했다거나 쾌적성을 향상시키는 각종 장비와 안전 성능을 높이는 장비 등 자동차에 장착해야 하는 부품수가 증가했기 때문에 중량도 증가되는 것은 당연하다. 그래서 보닛 등의 차체 부품을 철에서 알루미늄제로 바꾼 자동차도 있다. 더욱이 고급차에서는 카본 파이버carbon fiber ; 탄소섬유를 사용하고 있는 자동차도 있으며, 그밖에 예비 타이어를 없애고 펑크 수리제로 대체하거나 배터리를 소형화하기도 한다. 그중에는 앞문이나 루프 패널을 얇게 한 경우도 있다.

차체 앞부분
차체의 앞부분만을 탄소 섬유(carbon fiber)로 만들어 경량화한 자동차도 있다. 앞부분의 경량화는 경쾌한 선회 성능에 공헌한다.

초대 모델이 약 1000kg이었던 유노스 로드스터가 현재의 모델에서는 1100kg을 초과하고 있으며, 개중에는 중량이 200kg 이상 증가되어 있는 스포츠카도 있다. 중량의 증가를 느끼지 못하도록 방법을 강구할 수도 있지만 승차감에 있어서는 가벼운 자동차를 능가하기 어렵다. 가벼움 그 자체가 관성의 영향을 덜 받기 때문이다.

배터리
B19라고 하는 크기의 배터리. 배터리는 의외로 무거운 부품으로 엔진룸의 전방에 장착된 경우가 많다. 배터리의 소형화는 조향성의 향상에 효과가 있다.

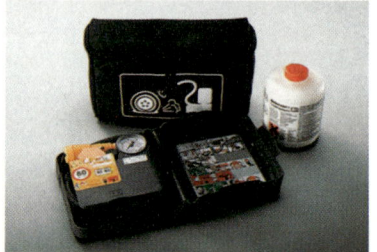

펑크 수리 키트
예비 타이어를 없애고 펑크 수리제로 대체한 것은 경량화와 트렁크의 공간 확대라는 두 가지 목적이 있다. 압축 공기를 저장한 봄베(bombe)도 마찬가지이다.

연비에도 효과적

경량화는 연비의 향상으로 연결된다. 체중이 50kg인 사람과 80kg인 사람이 1시간 동안 같이 걸었을 때에 소비한 칼로리가 큰 쪽은 80kg인 사람이다. 자동차도 가벼운 쪽이 소비하는 연료가 적은 것은 당연한 사실이다. 세계적으로 자동차는 모델의 변경 때마다 커지는 경향이 있지만 연비가 향상되는 것은 엔진의 마찰저항이 감소되거나 저속 회전력의 증대, 변속기의 기어비 재검토 등에 의한 도움을 받고 있기 때문이다.

물론 차체가 커지면서도 경량화된 자동차가 있는 것은 고장력 강판을 사용하여 이전보다 얇고 강도가 높은 소재의 사용 부위를 넓힘으로써 대처하고 있기 때문이다.

펜더에는 경량화와 가벼운 충돌시의 형상 복원성을 겸비한 FRP 소재가 사용되는 경우도 있으며, 루프에 탄소섬유를 사용한 차종은 BMW의 M3 등 고성능 모델이다. 자동차의 무게중심을 낮춰서 조향성을 향상시키는 것뿐만 아니라 철판과의 접합 부분에 대한 연구로 단단해진 서스펜션의 움직임을 분산시키는 설정도 가능하다.

보닛

알루미늄제 보닛 사용은 스포츠 모델의 경량화를 위해 자주 이용되는 방법이다.

> **Tip** 보닛을 경량화된 알루미늄으로 만든 스포츠 모델이 있다. 이에 더해 루프에도 경량의 소재를 사용한다면 중심이 낮아져서 보다 안정된 주행이 가능하다. 엔진 내부의 각 부품은 소재나 형상을 변경하는 방법으로 지금도 경량화가 진행되고 있다.

전동 파워스티어링

 **모터** 전동 파워 스티어링의 조향력(조향 핸들을 돌리는 힘)을 보조하는데 사용한다.

파워 스티어링은 유압식이 일반적이다

1990년대 초까지는 파워 스티어링이 장착되어 있지 않은 자동차가 많았지만 파워 스티어링이 필요하게 된 것은 자동차의 고성능화가 그 요인의 하나라고 할 수 있으며, 그에 동반하여 타이어의 접지력을 높이기 위해 타이어의 접지 폭이 점점 넓어졌다. 타이어의 접지 폭이 넓어진다는 것은 자동차와 노면의 접촉 면적이 증가되는 것이기 때문에 저항의 증가에 의해 더 큰 조향력이 필요하게 되었다. FR차라면 그런대로 괜찮으나 FF차는 조향과 구동이 앞 타이어에서 같이 이루어지고 엔진의 중량이 앞 타이어에 많이 가해지기 때문에 핸들의 조작이 상당히 무거워졌다.

현재는 전동식도 있지만 예전의 파워 스티어링은 유압식이었다. 그것은 엔진의 크랭크샤프트 풀리에 설치된 V 벨트에 의해 구동되는 파워 스티어링 오일펌프에서 전용의 파워 스티어링 오일을 순환시켜 조향력을 보조하는 구조이다. 파워 스티어링용 오일펌프는 엔진의 동력으로 회전하기 때문에 엔진의 출력이 약 3PS 정도 손실된다. 3PS 정도면 최고 출력의 여유가 있는 고성능 자동차에서는 그다지 큰 편은 아니지만 원래부터 최고 출력이 작은 경자동차에서는 아주 커다란 손실이 된다.

전동 파워 스티어링이 경자동차에서 보급되기 시작하였다

연비를 경쟁 상대의 자동차보다 조금이라도 더 향상시키기 위해 자동차 회사들이 격전을 벌이고 있는 가운데, 파워 스티어링 오일펌프에 의해서 손실되는 3PS는 무시할 수 없는 수치이다. 그래서 엔진의 출력에 여유가 없는 경자동차부터 우선적으로 전동 파워 스티어링이 장착되기 시작하였다.

그 구조는 랙 & 피니언 기어rack & pinion gear 주변이나 스티어링 칼럼Column ; 핸들 기둥 안쪽에 모터를 설치하고 제어 컴퓨터에서 명령을 내려 모터에 어시스트 전류를 공급하는 것으로 되어 있다. 그 어시스트 전류의 크기는 주행 속도나 스티어링의 조향 상황 같은 다수의 정보를 근거로 적절히 이루어진다.

초기의 전동 파워 스티어링은 조향 감각이 유압과 다르다는 위화감이 있었지만 현재는 그러한 문제가 거의 해소되었으며, 엔진에 의해 구동되는 오일펌프가 없어졌기 때문에 엔진의 출력 손실이 낮아져 연비의 향상에도 큰 역할을 담당하고 있다. 하이브리드 카나 전기 자동차에는 필수 방식이기도 하다.

유압식 파워 스티어링보다 제어의 변경이 용이해져서 ESCElectronic Stability Control=VDC ; 차량자세 안정 제어에 스티어링 조향력의 보조자동 카운터 스티어를 추가하는 것이나 로크 투 로크Lock to lock 회전수의 변경도 어렵지 않게 되었다.

156 자동차 진화의 비밀을 알고 싶다

전동식
운전자가 스티어링 칼럼에 설치된 핸들을 돌리면 그 회전운동은 스티어링 조인트를 경유하여 토크 센서로 전달된다. 토크 센서에 의해 검출된 핸들의 회전각도나 차속 센서에 의해 검출된 자동차 속도 등의 정보를 컴퓨터가 처리하여 모터를 회전시킨다.
모터의 회전은 파워 스티어링 기어 박스에서 가로 방향의 움직임으로 변환되어 타이 로드(tie rod ; 연결봉)를 좌우로 움직인다.

유압식
엔진의 동력을 이용하여 오일펌프가 작동되어 유압을 발생하며, 유압은 유압 호스를 통하여 스티어링 기어 & 링키지(linkage)로 공급된다. 링키지 속에는 타이로드에 접속된 유압 실린더가 있으며, 공급된 유압은 실린더가 좌우로 움직이는 것을 보조한다.

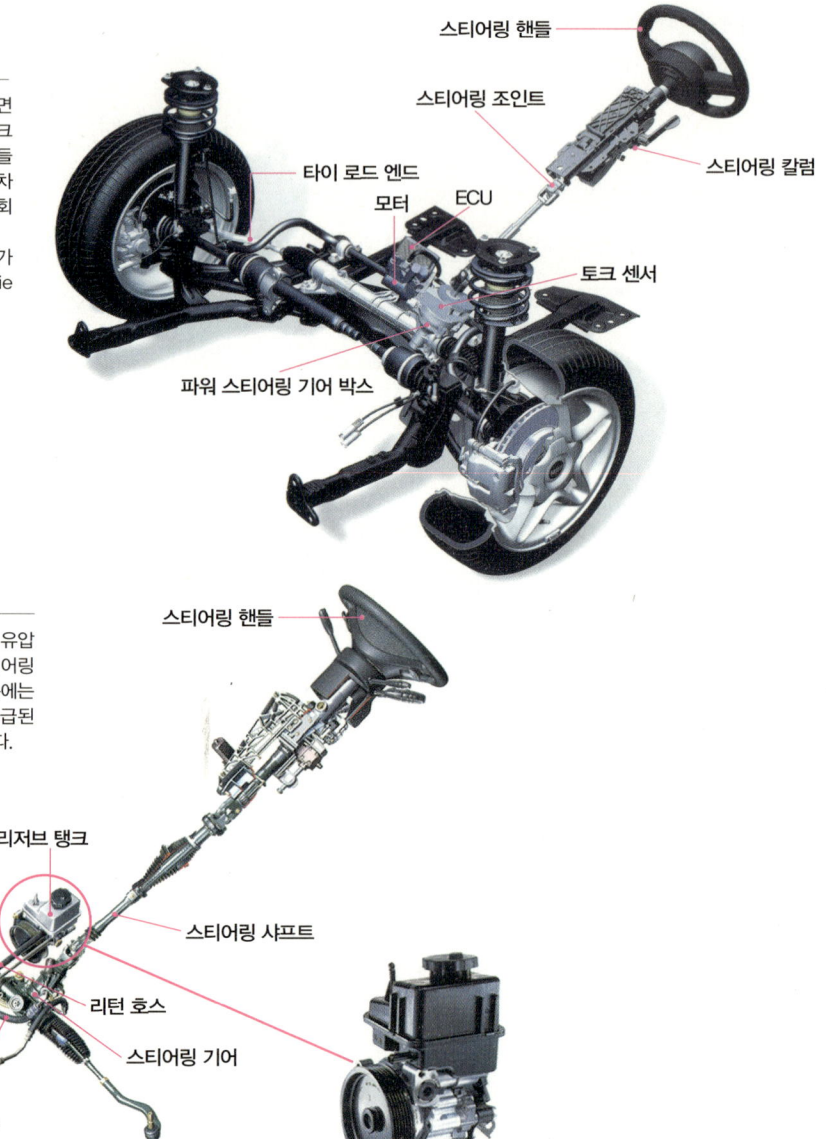

Tip 회사에 따라서는 파워 스티어링의 오일펌프만 전동식으로 하는 전동 펌프 유압식 파워 스티어링도 있다. 전동 파워 스티어링 모터는 조향이 필요할 때 이외에는 구동되지 않는다.

에코 타이어

 **타이어 라벨링 제도** 2010년부터 시작되었으며 타이어의 구름저항 성능과 웨트 그립 성능을 등급으로 표시하는 에코 타이어 제도이다.

타이어의 특징은 겉으로만 보아도 알 수 있다

자동차의 연비를 향상시키려면 엔진의 마찰저항을 감소시키거나 차체를 가볍게 만들어야 하며, 더더욱 연비의 저감을 추구하려면 노면에 접지되는 타이어도 개량하여야 한다. 일정한 코스에서 주행시간을 경쟁하는 경주용 자동차라면 초고속에서도 차체의 자세가 흐트러지지 않도록 서스펜션을 설정하는 것이 상식이다.

타이어도 그 서스펜션의 성능을 유지하기 위해 노면의 접지력이 높은 것을 장착하며, 일반도로의 주행을 즐기는 스포츠카에도 접지력이 높은 타이어를 장착하여 판매하고 있다.

이러한 경주용 또는 스포츠카용 타이어와, 하이브리드 카나 경형 자동차 등 연비를 중시하는 자동차는 타이어의 트레드tread면을 보면 즉시 그 차이를 알 수 있을 정도로 서로 다르다. 좋은 날씨에 사용하는 경주용 타이어를 제외한 모든 타이어의 트레드에는 눈과 얼음 등이 발생하는 여러 기후에 대응하기 위해서 홈pattern이 새겨져 있다.

다시 말해 홈으로 갈라진 하나하나의 패턴 블록이 클수록 접지성능이 높은 타이어라고 생각해도 좋다. 이러한 타이어는 스포츠카

스포츠 타이어
접지력을 얻기 위해서 접지 면적을 가능한 한 넓게 설계하였다. 물을 배출할 홈은 최소한으로 필요하다.

나 출력이 높은 승용자동차에 사용된다. 에코 타이어라고 불리는 것과 정숙성, 쾌적성이 중시되는 타이어는 홈으로 갈라져 있는 블록 하나하나가 스포츠 타이어보다 작고 타이어의 고무 특성Compound도 스포츠 타이어와 비교하면 단단한 편이다.

에코 타이어는 구름저항이 낮다

접지력이 높은 타이어와 연비 절약형 타이어를 동시에 비탈길 위에서 굴렸을 때 연비 절약형 타이어가 더 멀리까지 굴러가며, 긴 거리를 굴러가는 것은 구름저항이 낮다는 것을 나타낸다. 극단적으로 말하면 자동차에 장착한 상태에서는 연비 절약형 타이어가 엔진 브레이크의 효과가 좋지 못한 느낌이 있다.

2010년부터 각 타이어 회사에서는 에코 타이어에 한하여 타이어의 라벨링labeling ; 표시 방법 제도에 의한 평가 결과의 표시인 실seal을 부착하도록 하였으며, 구름저항은 AAA~C까지의 5단계로, 웨트 그립wet grip ; 젖은 노면에서의 마찰력 성능은 a~d의 4단계로 평가하고 있다. 에코 타이어란 구름저항은 A 이상, 웨트 그립 성능은 a~d의 범위를 만족한 것을 말한다.

연비가 좋은 경형자동차와 하이브리드 카의 수요 증가로 에코 타이어에도 관심이 집중되고 있으며, 여기에서 기억해 두어야 할 것은 구름저항의 평가가 높아질수록 타이어의 그립 성능은 저하되는 경향이 있다는 것이다. 일반적으로 승차감과 조향 안정성은 양립하기 어렵다고 한다. 그것은 당연한 것이지만 그렇다고 해서 제품에 문제가

에코(ECO) 타이어
마찰저항을 가능한 한 감소시키기 위하여 홈이 교차하고 있다. 그 만큼 접지력은 감소되지만 타이어가 관성으로 주행할 수 있는 거리가 증가되어 연비가 향상된다.

있다는 것은 아니다. 요점은 어떤 성능을 중시할 것인지를 구별하여 구입하여야 한다는 것이다.

타이어의 라벨링 제도

좌측 그림의 라벨이 있는 타이어는 최대한의 저연비를 겨냥한 것은 아니다. 적당한 정도의 성능을 겨냥한 타이어라는 것을 그림에서 읽어낼 수 있다.

> **Tip** 구름 저항이 낮은 정도와 웨트 그립 성능은 서로 상반되는 경향이 있다. 스포츠 지향성이 강한 타이어는 웨트 그립 성능이 약한 경향이 있다.

마일드 하이브리드

 **하이브리드** 엔진에 전기모터가 조합된 2종류의 파워유닛을 갖춘 자동차를 말한다.

도요타에도 마일드 하이브리드가 있었다

1997년에 양산된 하이브리드 카로서 초대 프리우스를 출시한 도요타는 계속하여 미니밴 에스티마 하이브리드를 출시하였으며, 2001년에는 일반 자동차보다 2백만 원 정도 더 비싼 크라운 **마일드 하이브리드**가 추가되었다.

이 자동차는 불과 3kW인 소형 모터를 사용하여 아이들링 스톱되어 있는 엔진을 재시동하고 가속 초기의 어시스트를 하는 정도로 매우 간단한 방식이었지만 순수한 가솔린 엔진의 크라운보다 연비가 14% 정도나 향상되었다. 도로의 정체로 출발과 정지를 반복하는 도시의 교통 상황에서는 상당히 효과적인 방식이었다.

도요타의 크라운 마일드 하이브리드

12V 배터리로 구동하는 시동 장치와는 별도로 36V 배터리로 구동하는 모터와 제너레이터를 설치하였다. 이것은 간단한 하이브리드 시스템이다. 하이브리드의 작동은 한정되어 있지만 그래도 연비는 향상된다.

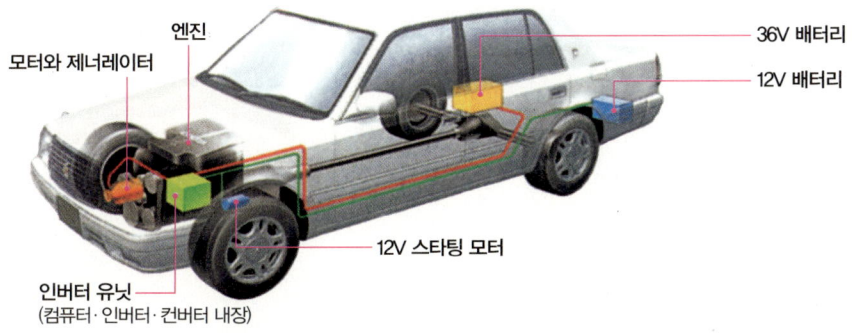

회사나 국가에 따라 생각도 가지각색

그러나 도요타 크라운의 마일드 하이브리드는 초대를 마지막으로 그 모습이 사라졌고 그 이후에 도요타는 **복합**직렬·**병렬식**을 모든 하이브리드 카에 적용하였으며, 혼다는 쿠페 스타일의 첫 모델 인사이트에서 엔진의 클러치 부분에 얇은 모터를 조합한 **병렬 방식**을 적용하였다. 기존의 엔진을 탑재한 자동차보다 개량도 쉽고 시스템 자체가 소형이라서 간단한 것이 특징이었다. 일본에는 이 방식을 마일드 하이브리드라고 부르는 회사도 있다.

유럽 자동차에서는 병렬 방식의 하이브리드가 주종을 이룬다. 마치 터보차저가 장착되어 있는 것과 같이 가속을 돕고 감속 시에는 방출하던 에너지를 전기 에너지로 변환회생하여 모터 구동용 배터리에 충전한다. 정체시의 연비 향상은 적지만 자동차가 정체 없이 주행하고 있는 상황에서는 연비를 크게 향상시킬 수 있다. 또 유럽 차에서도 BMW 액티브 하이브리드 X6 같은 본격적인 하이브리드가 나오고 있다.

독일의 스마트 회사는 아이들링 스톱 기능을 mhd micro hybrid drive라고 부르고 있다. 그러나 유럽의 자동차 대부분에서 마이크로 하이브리드는 브레이크에서 방출하는 에너지를 전기에너지로 변환하여 배터리에서 충전하는 것을 의미한다. 이것이 브레이크 에너지 회생 시스템으로 불리면서 보급되기 시작하였으며, 회사나 국가에 따라 구조의 호칭이 서로 다른 것이 현실이다.

BMW의 액티브 하이브리드 X6

BMW의 액티브 하이브리드 X6은 변속기 부분에 전기모터가 장착되어 있으며, 이 모터와 조합된 변속기는 출발·저속 주행용과 고속 주행용의 2모드로서 상황에 따라 최적의 구동 회전력을 발생시킨다. 이것을 7단 2모드 액티브 트랜스미션이라고 부른다. 전기모터만으로도 최대 60km/h로 주행할 수 있는 성능을 가지고 있다.

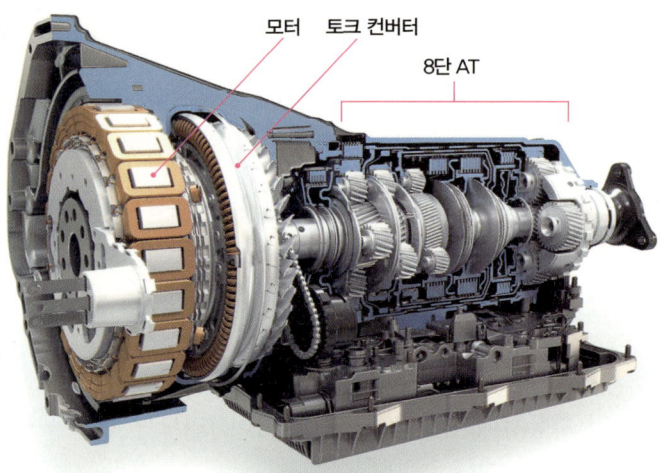

BMW 하이브리드 트랜스미션
이것은 BMW 액티브 하이브리드에 탑재된 전기모터가 장착되어 있는 변속기이다. 모터 앞에 변속기가 장착되어 있으며, 엔진의 동력을 모터에 의해 보조 받은 뒤 토크 컨버터에 전달된다. 이 모터는 경량이면서도 소형으로 만들어져 그 중량도 대략 23kg이다.

> **Tip** 아이들링 스톱 시스템을 장착한 자동차에는 전용의 배터리가 탑재되어 있다. 전용 배터리는 같은 급보다 큰 편이라 내부 저항이 낮기 때문에 교환 시에는 주의가 필요하다.

선택식 주행 모드

 **엔진의 출력 특성** 전자제어식 스로틀의 보급으로 스로틀 밸브의 개도에 따른 특성을 자유자재로 변경하기가 쉬워졌다.

전자제어식 스로틀의 보급으로 가능해졌다

종전에는 액셀러레이터 페달과 스로틀 밸브가 와이어로 접속된 방식이 일반적이었으며, 이것은 액셀러레이터 페달을 밟으면 와이어가 당겨져 그 만큼만 스로틀 밸브가 열리는 방식이다.

그러나 최근의 자동차에서는 **전자제어식 스로틀**을 적용하는 경우가 많아졌으며, 액셀러레이터 페달을 밟는 양이 전기 신호로 변환되어 전선에 의해 전달된다. 이렇게 전달된 전기 신호는 스로틀 밸브에 부착되어 있는 모터에 보내져 스로틀 밸브가 열리게 된다. 이러한 방식을 드라이브 바이 와이어Drive by wire라고 한다.

종전에 액셀러레이터 케이블이 있는 방식에서는 스로틀 밸브의 개도와 액셀러레이터 페달을 밟는 양의 관계를 변경시킬 수 없었지만 전자제어 스로틀은 제어 맵map만 고쳐서 이용한다면 몇 번이라도 변경할 수 있다. 이러한 상황에서 등장한 것이 스바루의 SI-드라이브subaru intelligent drive와 같은 선택식 드라이브 모드이다. 보통은 연비를 향상시키기 위해서 운전자가 액셀러레이터의 밟는 양을 조정할 수밖에 없지만 이 시스템에서는 연비 향상 모드로 설정해두면 자동차가 스로틀 밸브를 늦게 열도록 스스로 제어해준다.

그때그때의 기분에 맞도록 변경이 가능하다

아무리 고성능의 자동차를 가지고 있다고 해도 항상 스포티하게 주행하고 싶은 것만은 아니며, 평상시에는 연비를 조금이라도 향상시키고 싶다는 생각을 할 수도 있다.

예를 들어 스바루 레거시의 SI-드라이브는 센터 콘솔의 변속레버 뒤에 배치된 다이얼로 변경하는 방식이다. Iintelligent/Ssports/S#sports sharp의 3모드가 선택 가능하며, 엔진의 시동을 걸면 자연히 I 모드가 되며, I→S→S#으로 갈수록 액셀러레이터 페달의 반응이 빨라지도록 설정되어 있다.

스바루의 SI-드라이브

스바루의 드라이브 모드 선택 시스템(Si-drive)의 다이얼(위쪽)과 스로틀 밸브 개도의 제어 특성(아래쪽) 레거시나 임프레자뿐만 아니라 SUV인 포레스터나 미니밴인 엑시가에도 장착되어 있다.

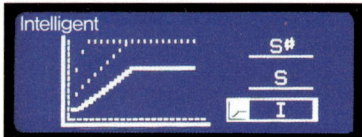 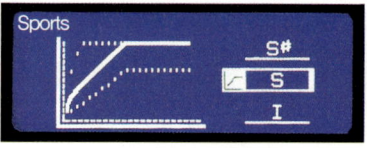 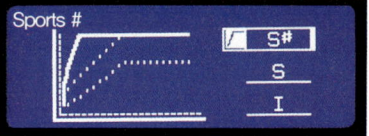

I 모드는 스로틀 밸브의 열림이 원만한 설정으로 액셀러레이터 페달을 아주 깊게 밟지 않는 한 엔진은 고속으로 회전하지 않도록 설정되어 있으며, 이 모드를 선택한다면 운전자가 스스로 스로틀 밸브의 개도를 조정하는 것 이상으로 연비를 향상시킬 수 있다.

이러한 시스템은 도요타의 프리우스나 혼다의 CR-Z 등의 하이브리드 카에도 장착되어 있으며, 프리우스에서는 ECO 모드, CR-Z에서는 ECON 모드를 선택해두면 자동차가 알아서 스스로 연비를 향상시키는 것이 가능하다. 한편 추월할 때에는 스포츠 모드를 선택하는 쪽이 스로틀 밸브가 빨리 열려서 가속 시간을 단축하므로 결과적으로 연비가 더 향상된다.

이러한 선택식 주행 모드 스위치가 있는 자동차의 경우 각 모드에서 스로틀 밸브의 개도로부터 변속비까지 변화되는 설정은 차종에 따라 다르기 때문에 각 모드의 제어를 충분히 이해한 후 사용하면 자동차를 능숙하게 탈 수 있는 새로운 즐거움을 얻을 수도 있다.

혼다의 CR-Z

하이브리드 카에서도 혼다 CR-Z는 Normal/Sport/Econ(절약 연비모드)의 3모드 드라이브 시스템을 장착하였다. 이로 인해 스로틀 밸브뿐만 아니라 모터 어시스트에서 CVT(무단변속기)의 변속제어까지 변화한다.

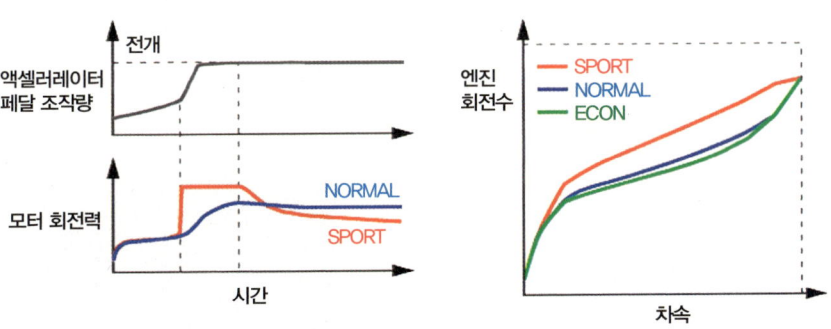

> **Tip** 스바루는 SI-드라이브라고 하는 선택식 주행모드 시스템을 수동식 자동차에도 장착하고 있다. 도요타 프리우스의 3모드는 Eco 모드, Power 모드 그리고 EV 모드이다.

에코 드라이브 서포트 기능

 **에코 드라이브** 연비가 향상되도록 액셀러레이터 페달을 밟는 방법 등에 주의하면서 운전하는 것

하이브리드 카를 중심으로 보급

아무리 연비가 좋은 자동차를 구입하더라도 운전자가 신경 쓰지 않으면 일정 이상의 연비 향상은 기대하기 어렵다. 대다수의 사람들은 급발진을 방지하기 위해서는 액셀러레이터 페달을 천천히 밟아야 한다는 정도 밖에 모를 것이다. 이때에 마음 든든한 내 편이 되어 주는 것이 카 내비게이션이나 계기판의 화면 등에서 보여 주는 **에코 드라이브**ECO drive**의 채점 기능**이다.

이것은 도요타의 프리우스, 혼다의 인사이트, CR-Z 등의 하이브리드 카를 중심으로 장착된 카 내비게이션의 화면을 사용하는 타입이다. 예를 들면 혼다의 에코 어시스트에서는 연비 수치에 맞추어서 나뭇잎 수가 증감할 뿐만 아니라 1~5분마다 연비 이력을 보여주며, 더욱이 조언이나 채점까지도 해준다. 이러한 정보들을 기초로 하여 자신의 운전 조작을 재검토 해볼 수 있다.

또한 혼다에서는 에코 그랑프리라는 프로그램을 통해 연비의 향상을 게임 감각으로 즐길 수 있도록 하고 있으며, 회사의 홈페이지 내에서 닉네임을 등록하여 e급 라이선스를 취득한 후 참가하는 방식이다. 차종에 따라 기본적인 개인 순위나 전국 각 지방에서의 개인 순위를 볼 수 있도록 되어 있다. 연비 향상을 위해서 성질을 참

혼다의 CR-Z

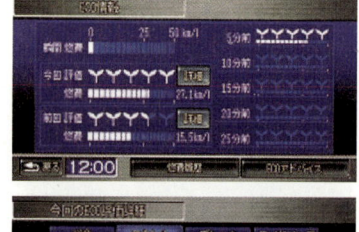
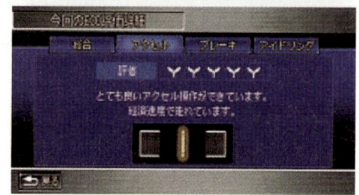

혼다 CR-Z의 에코 드라이브 채점 이력(위쪽)과 연비 향상의 조언 화면(아래쪽)

도요타 프리우스

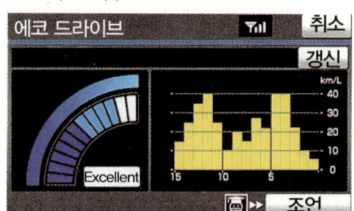

도요타 프리우스의 연비 이력과 평가가 동시에 표시된 화면. 조언(advice) 부분에 손을 대면 운전 조작 등 연비를 개선시킬 수 있는 힌트를 보여 준다.

아까며 노력해야 한다는 이미지가 강했지만, 이제부터는 게임하듯이 다른 사람과 경쟁을 하면서 연비를 향상시킬 수 있게 된 것이다.

ECO모드 등, 그 밖의 타입도 있다

아이들링 스톱이라는 방식도 있으며 정지 신호에서 브레이크를 밟아 자동차를 정지시키면 엔진이 자동으로 꺼지는 기능으로 브레이크 페달에서 발을 떼면 엔진이 자동적으로 재시동 된다. 장착된 자동차 중에는 아이들링 스톱을 한 적산 시간이나 그에 따라서 절약된 연료의 양과 아이들링한 시간이 미터에 표시되는 자동차도 있다.

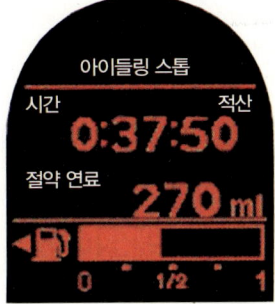

닛산 마치

아이들링 스톱이 장착된 차의 예. 엔진이 정지한 시간과 절약된 연료량을 한눈에 알 수 있다.

에코 모드 스위치가 장착된 경우도 있는데 이것은 엔진과 변속기가 협조 제어하는 것으로 자동차의 발진이나 가속 시에 연비가 향상되도록 자동으로 제어해 준다. 조작은 간단하여 운전석 미터 주변에 있는 스위치를 누르기만 하면 미터 패널 속의 [Eco]라고 하는 문자가 점등되어 그 모드가 작동중이라는 것을 알려 준다.

이전에도 아이들링 스톱이 장착된 자동차가 있었지만 재시동의 타이밍이 느리기 때문에 신호가 바뀌기 전에 미리 브레이크 페달을 놓아야 하는 등 운전 요령이 필요했다. 이것을 개선한 것이 마쓰다의 i-stop이다. 재시동을 확실하고 신속하게 이루어지도록 하기 위해 배터리를 2개 탑재하여 아이들링 스톱 장치의 신뢰성을 높였다.

종전의 ECO 모드

ECO모드 스위치. 이것을 누르기만 하면 엔진과 변속기에 의해 연비가 향상되도록 제어해 준다. 단, 어느 정도의 연료가 절약되고 있는지는 알 수 없으며, 운전자의 인지도도 낮은 편이었다.

> **Tip** 에코 드라이브의 방법 중 하나로 액셀러레이터 페달을 천천히 밟는 것도 있지만 교통 흐름에 지장을 초래해서는 안 된다. 혼다가 개최하고 있는 에코 그랑프리의 홈페이지는 혼다자동차의 운전자가 아니더라도 관람이 가능하다. 전국의 애호가들이 에코 드라이브를 경쟁하고 있는 모습을 보면 저절로 미소가 지어진다.

에코 페달

 **페달 반발력** 액셀러레이터 페달을 밟을 때의 반발력을 말한다. 쉽게 말하면 페달의 무거운 정도이다.

세계 최초의 방식

에코 페달이란 액셀러레이터 페달의 반발력을 이용하여 주행 상황에 따라 연비의 향상에 최적인 액셀러레이터 페달의 조작량을 알려주는 것을 말한다. 카 내비게이션의 화면이나 미터 패널에 표시하여 연비의 좋고 나쁨을 알려주는 방식은 많은 자동차에 적용되고 있지만 액셀러레이터 페달의 반발력으로 운전자가 인식할 수 있는 방식은 세계 최초이다.

에코 드라이브 표시기와 액셀러레이터 페달을 밟는 양과의 관계

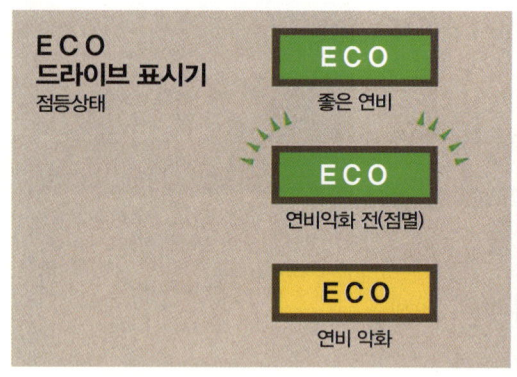

연비가 나빠지는 시점부터 액셀러레이터 페달을 밟는 느낌이 변하여 페달이 무겁게 느껴진다.

이러한 에코 페달이 현재 장착된 자동차는 닛산의 푸가이며, 시스템은 미터 패널 내의 에코 인디케이터indicator와 액셀러레이터 페달의 조작감이 연동되는 구조이다. 액셀러레이터 페달과 연동되도록 한 이유는 조작 방법이 연비에 큰 영향을 주기 때문이다.

엔진에는 연비가 좋은 영역이 있기 때문에 그 영역을 사용할 수 있는지의 여부가 에코 드라이브의 포인트로서, 자료를 통해 엔진의 특성을 알고 있어도 전문 테스트 운전자가 아닌 이상 연비가 좋은 영역을 계속하여 이용하는 것은 어렵다. 특히 일반도로에서는 자동차가 항상 일정한 페이스로 주행하지 않기 때문이다.

실제의 작동은 이렇다. 예를 들어 일반 도로를 50km/h 정도로 주행하고 있을 때의 엔진 회전수가 1400rpm, 그 때의 액셀러레이터 페달의 조작량이 10%이며, 그 영역이 최적이라고 하자. 그때는 에코 드라이브 표시기ECO drive indicator가 녹색으로 점등되지만 그보다 액셀러레이터 페달을 깊게 밟을 때에는 오렌지색으로 변화되는 동시에 액셀러레이터 페달의 감각이 무거워진다. 이렇게 함으로써 운전자에게 연비가 악화되고 있다는 것을 알려주는 것이다.

에코 드라이브 표시기는 10여 년 전부터

1990년대에 연비를 향상시키기 위한 기술로서 희박 연소Lean burn 엔진을 탑재한 자동차가 출시되었으며, 미터 패널에 [ECO]라는 녹색 표시가 나타나기 시작한 것도 이 시절이었다. 현재는 많은 차종에 에코 드라이브 표시장치가 기본으로 장착되어 있으며, 다중정보 표시창multi information display에 평균 연비가 표시되고, 지침으로 표시되는 순간연비계가 장착된 차종도 있다.

예를 들어 고속도로를 100km/h로 주행하고 있을 때 Eco 표시는 점등되지만 액셀러레이터 페달을 더 깊게 밟으면 소등이 되는데 넛

170 자동차 진화의 비밀을 알고 싶다

산 푸가의 에코 페달은 이것에 액셀러레이터 페달의 조작 감각을 추가한 것이다. 현재는 에코 모드 스위치나 드라이브 모드 선택 스위치 등에서 스로틀 밸브가 열리기 어렵게 하거나 그것들을 제어하는 컴퓨터의 기능을 이용하여 연비를 향상시키기 위한 시도도 계속되고 있다.

Eco 페달 장착에 의한 효과

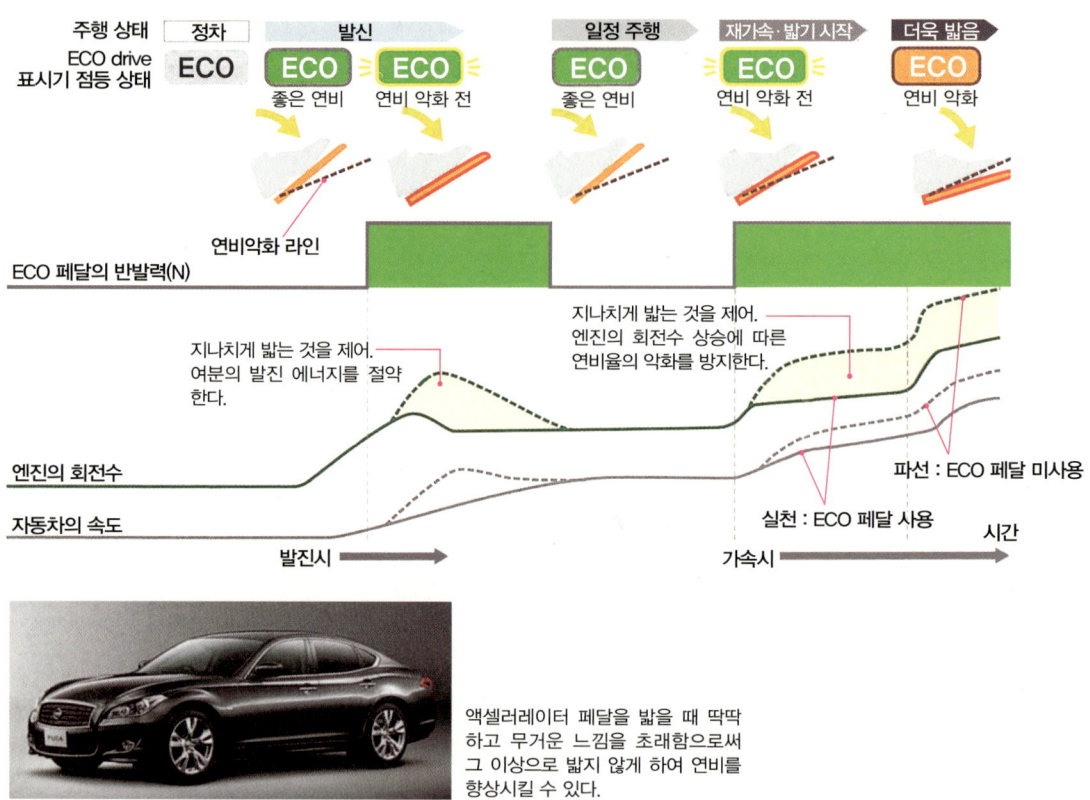

액셀러레이터 페달을 밟을 때 딱딱하고 무거운 느낌을 초래함으로써 그 이상으로 밟지 않게 하여 연비를 향상시킬 수 있다.

> **Tip** 연비는 가솔린이나 경유 1ℓ로 몇 km를 주행할 수 있는지를 뜻한다. 많이 주행할수록 연비가 좋은 것이다. 연비의 악화를 방지하려면 액셀러레이터 페달을 밟는 방법뿐만 아니라 정기적인 정비도 필요하다.

밀러 사이클 엔진

 **팽창비** 연소실 체적과 실린더 체적의 비율을 말하며, 보통 엔진에서는 압축비와 동일하다.

목적은 열효율을 높이는 것

왕복운동 엔진은 피스톤의 왕복운동으로 흡기·압축·연소폭발·배기가 이루어지지만, 연소에 의해 발생된 폭발력이 모두 엔진의 동력으로 사용되는 것은 아니다. 피스톤의 왕복운동 등에서 엔진 부품의 구동에 의한 손실이나 연소 시 발생하는 고온의 냉각, 연소한 에너지의 배기 등 여러 가지 손실이 발생하기 때문이다.

최근 엔진의 열효율은 30% 정도이며, 나머지 70%는 손실되는 것으로 엔진의 열효율을 향상시키기 위해서는 압축비를 높이는 것이 가장 효과적이다. 그러나 지나치게 높이면 압축행정에서 스파크 플러그의 점화보다 빨리 연소되는 현상이 발생되어 최악의 경우에는 엔진이 손상되며, **노킹**Knocking이나 **조기 점화**Pre-ignition, **데토네이션**Detonation이라고 불리는 이상 현상이 발생한다.

이러한 것들을 방지하여 압축비보다 팽창비를 높이는 것이 **밀러 사이클**Miller Cycle 또는 **앳킨슨 사이클**Atkinson Cycle이라고 불리는 엔진이다.

압축비보다 팽창비가 크다

그 구조는 흡기 밸브가 열려 있는 시간을 증가시키는 흡기 밸브는 압축 행정 도중에도 열려 있다 것으로 실제 압축비를 낮추어 연소 폭발 행정에서 피스톤이 하강할 때의 팽창비가 커지도록 하고 있다. 이와 같은 방법으로 열효율의 저하를 줄일 수 있으며, 노킹 등의 문제를 해결할 수 있다. 현재는 도요타의 하이브리드카인 프리우스 1.8ℓ 및 SAI, 에스티마 하이브리드 2.4ℓ 그리고 마쓰다의 데미오 1.3ℓ 1.3C-V 등급만 엔진이 밀러 사이클로 되어 있다.

데미오는 표준 자동차인 1.3ℓ 엔진에도 동시에 라인업하고 있어 엔진의 출력이 거의 저하되지 않는 대신 압축비가 10~11로 향상되었다. 10-15모드 연비는 표준인 1.3ℓ 엔진이 21km/ℓ인 것에 비하여 밀러 사이클의 사양은 23km/ℓ로 높은 열효율이 입증되고 있다.

ZJ-VEM형 엔진의 커트 모델
마쓰다의 데미오 1.3C-V에 탑재된 ZJ-VEM형 엔진의 절단 모델과 외형이다. 그레이드(Grade)를 표시하는 엠블렘 이외에는 밀러 사이클이라는 것을 전혀 알 수가 없다.

사실은 초대 프리우스가 출시되기 4년 전인 1993년에 양산 자동차로서는 최초로 밀러 사이클 엔진을 탑재한 자동차가 있었다. 그것은 바로 유노스의 플래그십Flagship세단으로서 출시된 유노스 800이었다. 그 후에 마쓰다의 밀레니아로 개명되어 2003년까지 생산이 계속되었다. 그리고 2011년 마쓰다는 이제까지 가솔린 엔진에서는 없었던 14.0이라는 고압축비를 사용한 직접분사 엔진 스카이 액티브로 드디어 30km/ℓ의 연비를 실현하였다.

밀러 사이클 엔진의 작동 이미지

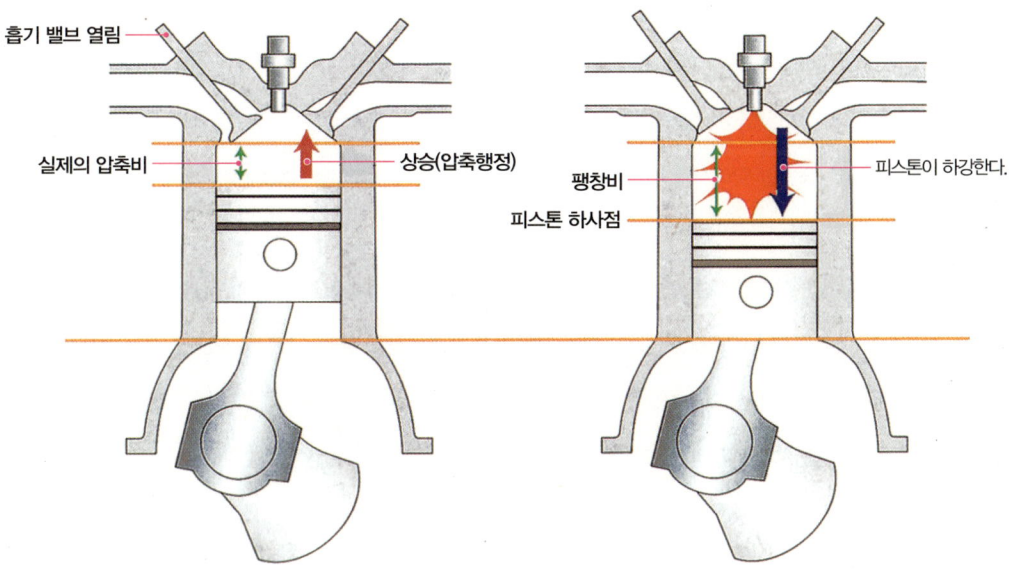

피스톤이 상승하는 압축 행정 도중까지 흡기 밸브를 열어(늦게 닫힘) 압축비를 낮추고 연소(폭발) 행정에서 피스톤이 하강하는 팽창비가 커진다. 보통 엔진에서는 압축비와 팽창비가 같다.

> **Tip** 유노스 800의 밀러 사이클 엔진에서는 리숄므 컴프레서(Lysholm compressor)라는 슈퍼차저가 장착되었다. 닛산자동차는 유럽에 수출할 목적으로 마치에 장착할 1.2ℓ 직접분사 슈퍼차저 엔진을 개발하였다. 이 엔진도 밀러 사이클이다.

지나치게 커진 요즘의 자동차

사이즈 확대에 대한 제동은 없는 것일까?

자동차회사 입장에서 자동차의 크기를 확대하는 것은 글로벌화의 대응책, 충돌 안전성 향상 등의 여러 면에서 대부분 유리하게 작용한다. 자동차 폭의 확대는 방향을 바꾸는 조향 안정성을 높이는 것에도 안성맞춤이며, 타이어의 트레드를 넓힐 수 있어 이전보다 폭이 더 넓은 타이어를 장착해도 앞 타이어의 조향 각도를 크게 할 수 있기 때문이다.

그러나 운전자 입장에서 본다면 어떨까? 예를 들어 유럽의 중형자동차(C-segment)들과 경쟁하기 위하여 1.5ℓ급 소형 해치백의 모델을 변경하여 크기를 확대하였을 경우, 당연한 말이지만 자동차의 폭이 1800mm 가까이 확대되는 것이다. 이 경우에 곤란한 것은 소형자동차가 간신히 들어갔던 차고를 소유하고 있는 운전자일 것이다.

지방에 근무하는 사람들은 그나마 주차할 장소가 그리 협소하지 않아 좋을지도 모르지만(실제로는 도로 폭이 좁아서 곤란한 경우도 있다) 시내에 거주하는 사람으로서는 협소한 차고를 소유하고 있는 경우 새롭게 주차장을 빌려야 할지도 모른다. 이러한 사정은 아랑곳없이 지금도 모델의 변경 때마다 자동차의 크기는 계속해서 확대되고 있다. 측면 충돌시 안정성이 좋아서……라고 회사는 말할지도 모르지만 그보다 자동차의 폭이 좁은 경자동차에서도 충돌 안전성은 확보되어 있을 것이다.

최근에는 운전자가 새롭게 자동차를 구입할 때 다운사이징을 하는 경우도 적지 않다. 사용하는 용도가 바뀐 사람도 있겠지만 이제까지 계속 같은 자동차로 교체 구입했던 사람들도 모델의 변경에 의해 크기가 확대되었기 때문에 어쩔 수 없이 차고의 크기에 알맞은 작은 차종으로 바꿔 구입하는 경우도 있다.

회사 측은 크기가 커져도 최소 회전반경 등의 처리는 이제까지와 변함이 없다, 라고 말하지만 세계 각국에서 판매되는 자동차의 가격을 낮추기 위해서 차체의 규격을 동일하게 공통화하려는 것은 아닐까? 이런저런 사정이 있겠지만 모델의 변경 때마다 크기를 확대하는 것은 이제 그만해 주었으면 좋겠다.

쉬어가기

5장

끊임없이 진화하는 새시장치??

서스펜션 형식 / CVT Continuously Variable Transmission / 듀얼 클러치·트랜스미션 / MT Manual Transmission와 AT Automatic Transmission / 4WD 4륜구동 S-AWC / 4륜 스티어링 시스템 / 에어 서스펜션 / 더블 피스톤 쇽업소버 / 모노 블록 브레이크 캘리퍼

서스펜션 형식

 **공간의 절약** 자동차의 실내 공간을 넓히기 위해서는 서스펜션에서의 공간 절약도 필요하다.

앞쪽은 독립현가식의 스트럿Strut 방식이 압도적으로 많다

서스펜션에는 여러 가지 형식이 있으나 오늘날 승용자동차에 주로 장착되는 것은 **독립현가식** 서스펜션으로 좌우의 서스펜션이 독립적으로 작동하기 때문에 울퉁불퉁한 노면에서도 차체를 수평으로 유지할 수 있도록 한다.

독립현가식이 아닌 것으로는 **리지드**Rigid ; 일체식 현가식이라 하며, 좌우 타이어가 한 개의 차축에 연결된 구조로서 주로 소형 FF차의 뒤 타이어에 많이 사용되고 있다. 충격을 흡수하는 쇼크업소버나 스프링을 각각의 타이어 위에 장착한 것으로 한쪽 방향의 서스펜션이 움푹 파인 곳에 빠져서 늘어나면 다른 한쪽은 부득이 수축될 수밖에 없다. 차체가 수평으로 유지되지 못하고 승차감도 그다지 좋지 않다는 단점이 있지만 요즘같이 깨끗하게 포장된 도로 위에서라면 단점도 경감될 수 있을 것이다.

시판되는 자동차에서는 스포츠카가 아닌 이상 실내나 트렁크의 공간을 넓고 평평하게 만들고 싶은 것이 대다수의 생각이다. 자동차의 높이나 폭을 크게 하면 유리하지만 사용상의 편리성을 생각한다면 확대만 할 수는 없기 때문에 서스펜션은 가능한 한 공간을 적게 차지하도록 설계되어야 한다. 그래서 경형자동차에서부터 중대형 승용자동차, 미니밴까지 앞 서스펜션에 폭넓게 사용되고 있는 형식이 **스트럿**맥퍼슨 스트럿**방식**이며, 충격을 흡수하는 쇽업소버와 스프링 유닛 그리고 아래 측에 L형 암으로만 구성된 간단한 구조로 공간을 많이 차지하지 않기 때문이다.

대부분의 시판되는 자동차의 앞쪽에 장착된 스트럿식.

뒤쪽에 장착된 멀티 링크식. 미니밴이나 경형자동차의 뒤쪽은 실내 공간을 확대하기 위해 가능한 한 자동차 바닥 밑에 장착되도록 설계되어 있다.

고급 자동차나 스포츠카에서는

이러한 자동차들은 크기가 비교적 커서 실내 공간을 넓힐 때 미니밴과 같이 제약을 받지 않는다. 사용상의 편리성보다도 고급스러운 승차감이나 양질의 조향성이 중시되는 것이 대부분이며, 서스펜션도 복잡한 형식이 적용되는 것이 일반적이다.

앞뒤 모두 **더블 위시본**double wishbone**식** 혹은 **멀티 링크**Multi link**식**을 장착한 자동차도 많으며, 둘 다 차체에서 차축 방향으로 뻗어 있는 서스펜션 암이 상하에 배치되어 있어 상하로 움직일 때도 타이어가 노면에 대해서 항상 수직에 가까운 상태로 접지할 수 있다는 것이 장점이다.

더블 위시본식은 상하의 암이 기본적으로 A형이므로 그만큼 공간이 더 필요하게 되며, 시판되는 자동차에서는 암의 형상이 가지각색이기 때문에 더블 위시본식과 멀티 링크식의 식별이 어려운 경우가 있다. 멀티 링크의 서스펜션도 미니밴 등의 뒤쪽에 장착하는 경우에는 실내로 돌출되지 않도록 하는 것이 최우선시 되기 때문에 구조가 간단하다. 충격을 흡수하는 숔업소버는 수직에 가까운 것이 이상적이지만 상당히 비스듬히 장착된 경우도 있다.

스포츠 모델

앞　　　　　　　　　　뒤

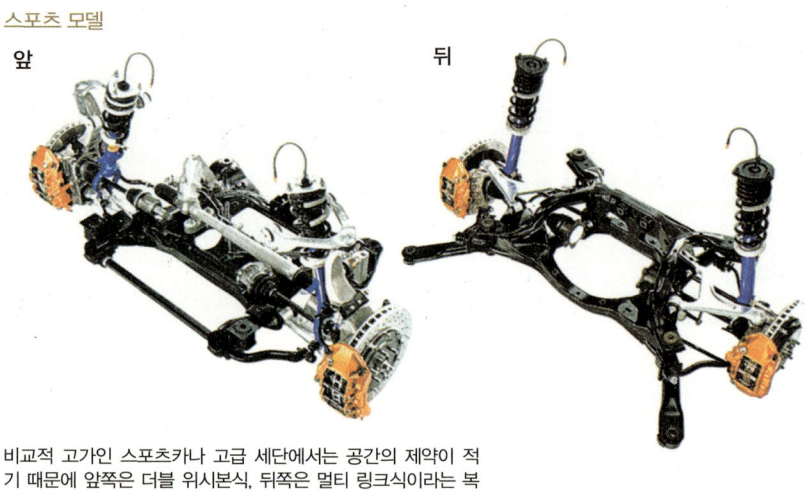

비교적 고가인 스포츠카나 고급 세단에서는 공간의 제약이 적기 때문에 앞쪽은 더블 위시본식, 뒤쪽은 멀티 링크식이라는 복잡한 형식을 적용하는 경우도 많이 볼 수 있다.

> **Tip** F1같이 포뮬러 카(Formula car)라고 불리는 자동차 이외에도 경주에 사용되는 자동차에서는 더블 위시본식의 기본적인 스타일을 적용하고 있다. 충격을 흡수하는 숔업소버나 스프링은 가능한 한 차축에서 가까운 위치에 수직의 상태로 장착하는 것이 이상적이다.

CVT(Continuously Variable Transmission)

 **무단변속기** 종전 AT의 1~8단과 같이 기어가 나누어져 있지 않고 그 사이의 기어비를 연속적으로 사용한다.

변속의 충격이 전혀 없는 신세대 장치

CVT도 액셀러레이터 페달만 밟으면 쉽게 주행할 수 있다는 점에서는 AT_{Automatic transmission}와 같지만 구조는 전혀 다르다. 그 구조는 변경이 가능한 2개의 풀리 사이에 벨트또는 체인를 걸고 각각의 풀리 사이의 폭을 변경시킴으로써 원주 길이의 비를 만들어 변속하는 것이다.

이렇게 함으로써 지금까지의 1~6단6단 AT의 경우과 같이 발진에서 고속 주행에 대응하는 기어비 사이를 무단계로 변속하며, 변속 레버를 D 위치에 두는 것만으로 속도나 스로틀 밸브의 개도 등 여러 가지의 정보를 기초로 하여 항상 주행 상황에 알맞은 최적의 기어비를 선택한다.

종전의 AT와 MT_{manual transmission}에서는 엔진의 토크가 약할 때 언덕 등을 오르게 되면 가속이 되지 않는 구간이 있었다. 예를 들어 3단에서는 엔진 회전수가 너무 상승하지만 4단에서는 엔진의 회전수가 너무 내려가는 경우를 생각해 볼 때 기어비가 무단계로 변하는 CVT에서는 그 3단과 4단 사이의 기어비도 사용할 수 있으므로 가속이 원활하게 이루어지고 변속의 충격도 없다.

부변속기 부착

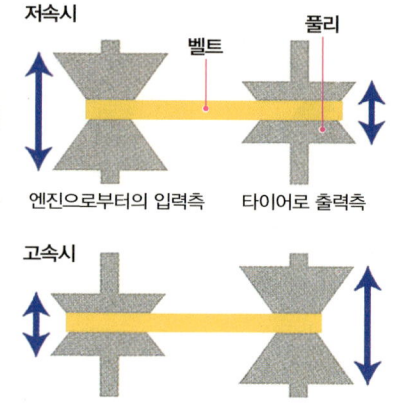

닛산 마치에 적용된 부변속기가 부착된 CVT. 변속비를 예전보다 크게 하면서 풀리의 배치를 옆으로 하거나 CVT 오일에 잠기지 않도록 교반 저항을 없애는 등, 연비의 향상을 위하여 다양한 개량이 이루어졌다.

좋은 점만 있는 것은 아니다

 단차가 없는 가속이 가능하다는 장점을 가지고 있는 CVT이지만 초기의 타입에서 현저한 결함으로 지적된 것은 가속상태에서 자동차의 속도보다 엔진의 회전수만 앞서 상승한다는 점이었다. 일반적인 AT라면 기어가 배분되어 있기 때문에 액셀러레이터 페달을 계속해서 밟아도 최고 회전수까지 상승하면 그 윗단의 기어로 변속하기 위해 엔진의 회전수는 내려간다.

 그러나 CVT는 액셀러레이터 페달의 작동 양에 맞추어 최적의 회전수를 사용하는 대신에 액셀러레이터 페달을 밟고 있는 한 그 상태에 맞춘 엔진의 회전수를 유지하면서 자동차의 속도를 높여 가고 있는 것이기 때문에 엔진의 '윙윙'거리는 소리가 항상 계속되는 느낌이 든다.

각 자동차 회사에서는 방음 성능의 향상, 변속비 제어 등의 여러 가지 개량을 통해서 이제는 원활한 가속과 동시에 AT는 물론이고 MT 이상의 카탈로그 연비를 실현하게 되었다. AT를 대신하여 운전이 쉬운 변속기로 주목을 받아서 적용하는 차종도 증가되고 있지만 강력한 토크가 벨트에 가해지면 벨트가 미끄러지기 때문에 수용할 수 있는 토크가 아직 제한되어 있어 2.0ℓ 이상의 고성능 터보 엔진에는 적용할 수 없다.

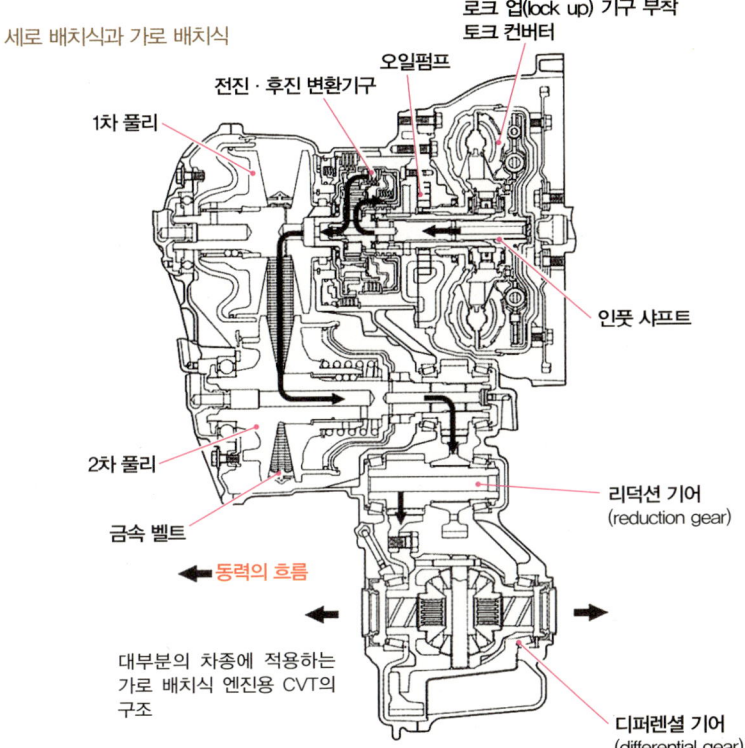

세로 배치식과 가로 배치식

대부분의 차종에 적용하는 가로 배치식 엔진용 CVT의 구조

스바루 차에 적용된 세로 배치식 엔진용 CVT의 구조와 체인을 적용한 변속기 내부.

Tip 최신형 CVT에는 부변속기를 설치하여 변속비의 폭이 넓어졌다. CVT를 장착한 초기의 스바루는 토크 컨버터가 아니라 클러치 방식이다.

듀얼 클러치·트랜스미션

 **듀얼 클러치** 초기의 타입은 MT와 같은 순수한 싱글 클러치였지만 신세대인 2페달 MT(세미 AT)는 클러치가 2개로 되어 있다.

AT와는 다른 이지 드라이브 트랜스미션

국내의 승용자동차에는 운전의 편의성 때문에 AT가 압도적으로 많지만 유럽에서는 대형 세단의 AT를 제외하고는 연비 면에서 실용적인 MT차가 주류를 이루고 있다. 그러나 운전의 편의성에 대한 바람이 적은 것은 아니다. 그래서 개발된 것이 MT의 기구는 그대로 두고 클러치만 자동화한 트랜스미션으로 이지 드라이브 트랜스미션이라고 한다.

AT에서는 평소에 D레인지에 놓고 편안하게 주행을 하다가 운전을 즐기고 싶을 때에는 MT모드를 사용하는 것이다. D레인지라고 하여도 AT와 같이 토크 컨버터는 사용되지 않으며, MT모드에서도 클러치의 조작을 없애서 MT와 같이 다이렉트Direct한 변속 조작이 가능하다.

이지 드라이브 트랜스미션은 도요타의 MR-S라는 오픈 스포츠카에 적용되었는데 AT와 같은 D레인지와 클러치 페달이 없는 순수한 MT를 사용했다. 자동으로 변속이 되지 않기 때문에 AT에만 익숙한 사람은 크게 당황했을 것이다.

DSG의 등장으로 듀얼 클러치화가 가속되다

종전에는 컴퓨터에서 클러치를 제어하여 시프트 업shift up이 부자연스럽게 이루어지는 자동차가 있기 때문에 개발된 것이 **듀얼 클러치식** 트랜스미션으로 폭스바겐의 **DSG**Direct Shift Gearbox가 그 불을 지폈다고 해도 과언이 아니다.

세로 배치식과 가로 배치식

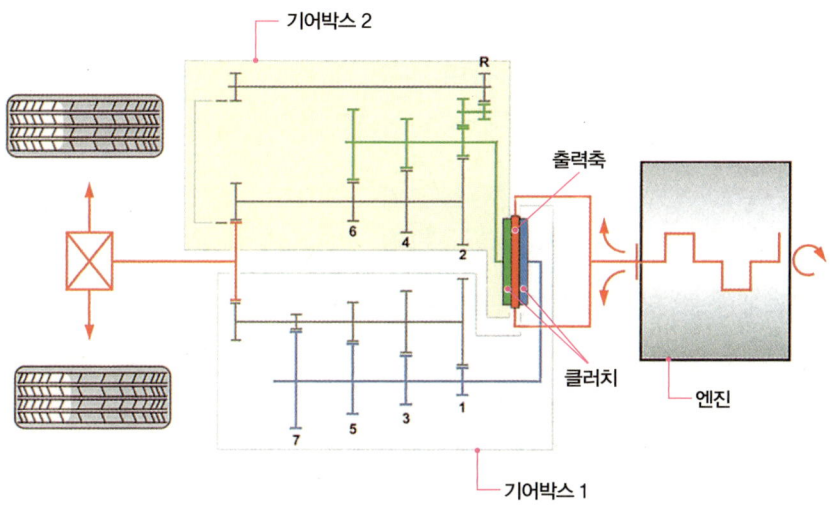

7단 DSG 시스템의 개념도이다. 엔진에서 발생한 동력은 출력축에 전달된다. 1, 3, 5, 7단 기어는 기어박스 1에 2, 4, 6단과 후진 기어는 기어박스 2에 수용된다. 기어박스 1에 전달된 동력은 파란색 선, 기어박스 2에 전달된 동력은 녹색 선으로 표시하였다. 예를 들어 1단 기어를 사용하여 가속하고 있을 때 기어박스 2의 2단 기어는 녹색으로 표시된 클러치를 출력축에 가까이 접속시켜 동기작용을 한다. 그리고 운전자가 2단을 선택하였을 때 순간적으로 출력축과 접속한다. 동시에 기어박스 1에서는 3단 기어로 변경되어 같은 모양으로 동기작용을 하면서 변속된다.

구조로는 MT의 기어 배열을 그대로 두고 홀수 단 기어 및 후진용과 짝수 단 기어용 등 2계통의 클러치가 배치되었다. 예를 들면 2단에서 3단으로 변속한다고 가정하였을 때 운전자가 조향핸들 뒤에 있는 시프트 레버또는 변속 레버를 조작하면 2단에 연결되어 있던 클러치는 분리됨과 동시에 3단의 홀수 기어용 클러치에 접속된다. 그 변속

시간이 0.1초 단위로 이루어지기 때문에 순수한 MT에서 클러치를 뗀 후 2단에서 중립으로 다시 3단으로 들어가서 클러치를 연결하는 이 조작은 라이더 급 운전자라도 앞서지 못할 정도로 아주 빠르다.

이러한 주행감은 자동차나 메이커에 따라서 종전의 AT와 비슷한 것에서부터 경주용 자동차와 같은 스포츠감이 넘치는 것까지 매우 다양하다.

또한 AT가 아니면 운전할 수 없는 사람이 증가함으로써 어쩔 수 없이 AT차를 구입하여야 할 경우에 듀얼 클러치 트랜스미션은 차량의 선택에 있어서 구세주가 될 수 있을 것이다.

7단 DCT
사진은 BMW의 M3 7단 DCT(Dual Clutch Transmission)의 구조를 옆에서 본 것이다. 클러치는 외측 링만 남아 있는 부분과 그 내측에 2세트로 되어 있다.

> **Tip** MR-S란 도요타가 1999년에 MR2의 후속 모델로서 출시한 경량 오픈 스포츠카이다. 듀얼 클러치 트랜스미션(DCT)은 아우디의 S-트로닉이나 포르쉐의 PDK 등 메이커에 따라서 명칭이 가지각색이다.

MT(Manual Transmission)와 AT(Automatic Transmission)

Key word **수동과 자동** MT는 운전자가 스스로 기어를 선택하는 수동식이고 AT는 액셀러레이터 페달을 밟는 상태에 따라 자동적으로 변속이 이루어지는 자동식이다.

스포츠 모델에만 남아있는 MT

예전에는 어느 자동차에나 MT가 있었지만 AT의 한정 면허가 생긴 것을 계기로 스포츠카에도 AT의 장착이 증가되었으며, 지금은 MT 모델을 아무리 찾으려 해도 쉽게 눈에 띄지 않을 정도로 그 수요가 감소하고 있다.

MT의 구조는 2개의 샤프트에 1단에서 최대 6단과 후진 기어가 배치되어 변속 레버와 샤프트 그리고 와이어로 접속되어 있다.

운전자가 선택한 기어에 들어가도록 그때까지 들어가 있던 기어로부터 다음 기어로 싱크로나이저가 이동하여 그 조작을 도와준다. 이와 같은 변속을 조작할 때마다 클러치를 밟거나 떼는(절단 또는 접속 조작이 쉽지 않은 것이, 운전자들이 MT를 꺼려하며 멀리하는 이유였다. 그러나 스포츠카 등의 운전을 즐기는 사람은 자동차를 조종하는 기쁨을 맛볼 수 있고 스스로 엔진 회전수를 직접 컨트롤 할 수 있는 것도 매력이다.

— MT
Z34형・닛산 페어레이디 Z의 6단 MT이다. 힐 앤드 토(Heel & Toe)라는 운전 테크닉, 즉 액셀러레이터 페달을 밟아 공회전수를 높이는 기능을 자동으로 하는 싱크로 레브 컨트롤(Synchro Rev control)도 갖추었다.

액셀러레이터 페달을 밟기만 하면 주행할 수 있는 것이 AT이다

AT 한정 면허가 생기기 전 MT차의 운전을 배우려고 클러치 조작을 필사적으로 익히려 했던 사람도 분명 있을 것이다. 그러나 AT차는 엔진 시동 후 선택 레버를 D레인에 놓고 액셀러레이터 페달을 밟기만 하면 주행할 수 있기 때문에 자동차를 이동 수단으로만 사용하는 사람에게 이처럼 쉽고 편한 방법은 없을 것이다.

AT
도요타 8단 AT의 커트 모델이다. 왼쪽부터 로크 업 클러치, 토크 컨버터, 클러치, 유성기어, 클러치, 원웨이 클러치, 유성기어 세트 2개, 클러치라는 복잡한 구조로 구성되어 있다.

구조에서 MT와 가장 다른 점은 엔진으로부터 프로펠러 샤프트까지 연결된 샤프트가 한 개 씩이라는 것FR차의 세로 배치식의 경우이며, 같은 세로 배치식이라도 4WD와 FF차의 경우는 디퍼렌셜 및 트랜스퍼 샤프트가 별도로 있다.

또한 그 구조는 매우 복잡하며, 클러치 대신에 엔진의 동력을 증폭시키는 토크 컨버터엔진 측에 로크 업 클러치가 있다나 유성기어 2~3조와 각 기어 수에 맞춰진 클러치, 아래쪽에 미로처럼 복잡한 회로로 된 밸브 보디가 있는 구조이다.

이중에 핵심은 유성기어 세트이며, 원통 내측의 링 기어 중앙에는 선 기어가 있고 그 사이에 3~4개의 유성기어가 있는 구조이다. 이것들이 공전과 자전을 함으로써 감속과 가속이 이루어지며 밸브 보디로 제어한다. 즉, 운전자의 액셀러레이터 페달 조작 양이나 주행 속도에 알맞은 기어가 자동적으로 선택되는 구조이며 4~6단이 대부분이지만 2008년경부터 8단이 적용된 차종도 시판되고 있다.

> **Tip** 스포츠카 중에는 시프트다운 시에 엔진의 회전수를 맞추는 블립핑(blipping) 기구를 장착한 자동차도 있다. AT의 윤활유인 ATF(Automatic Transmission Fluid)는 자동차 메이커에 따라서 교환 기간이 지정되어 있으므로 이에 맞추어 정기적으로 교환하여야 한다.

188 자동차 진화의 비밀을 알고 싶다

4WD(4륜구동) S-AWC

 **S-AWC** 'Super All Wheel Control'의 약어이다. 차량의 안정성 제어나 차동 기어를 통합 제어하는 시스템을 말한다.

4WD를 온로드용으로 변화시켰다

S-AWC라는 차량의 운동을 통합 제어하는 시스템을 적용하고 있는 자동차는 미쓰비시의 랜서 에볼루션 X이다. 그 원조는 1989년에 등장한 닛산의 스카이라인 GT-R인데 아테사 E-TSAdvanced Total Traction Engineering System for All Electronic Torque Split라는 앞뒤 토크 분배형 4WD를 장착하였으며, 그 후 1992년에 랜서 에볼루션 I가 출시되어 지금의 X에 이른다.

S-AWC
ACD와 AYC 디퍼렌셜, ASC(ESC) 및 ABS를 사용하여 앞뒤 타이어에 분배된 토크와 좌우 타이어에 분배된 토크를 컴퓨터가 제어하는 시스템이다.

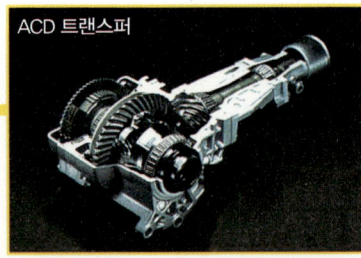

ACD 트랜스퍼

앞 타이어 및 뒤 타이어의 차동제한을 전자제어로 하여 4개의 타이어에 적절한 구동력을 분배하는 장치

AYC 디퍼렌셜

좌우 뒤 타이어의 토크 차이를 전자제어에 의해 최적으로 분배하는 장치

이 자동차로 인해 4WD는 오프로드비포장도로전용이라는 통념이 깨졌고 새로운 시대의 막이 열리게 되었다. 계기가 된 것은 1986년에 판매된 **포르쉐 959**의 구동력 분배 자동제어 4WD 시스템이었으며, 포르쉐 959는 경주에 참가하기 위해 기획된 한정 생산 모델이었다.

꿈의 시스템이 일상으로

4WD의 발전을 촉진시킨 것은 시판되는 자동차에 랠리 경주의 기술을 피드백 한 결과로서, 주로 포장도로에서 경주하는 세계랠리선수권WRC에서 시판되는 모델을 기초로 그룹A현재의 WR카를 카테고리로 정하여 경주하도록 하였다. 이것이 포장도로On road에서 스포츠카를 포함한 4WD의 조종 성능을 비약적으로 향상시킨 계기가 되었다고 해도 과언이 아니다.

1990년대 WRC에 참가했던 미쓰비시와 스바루는 그 모체가 되는 자동차의 개발을 반복하고 있었으며, 이것이 아직까지도 라이벌 관계로 남아 있는 스바루의 임프레자 WRX와 미쓰비시의 랜서 에볼루션 시리즈이다. 최신 시스템은 **DCCD**Driver's Center Controlled Differential를 장착하여 앞 타이어에 41% : 뒤 타이어에 59%의 토크 분배를 가지는 스바루의 전자제어 **AWD**All Wheel Drive이다. DCCD의 로크잠금 채널을 운전자가 임의로 변경할 수 있어 조향성이 바뀌는 구조이다.

미쓰비시에서는 **S-AWC**가 적용되었으며, 변속기 뒷부분에 있는 **ACD**Active Center Differential gear 트랜스퍼Transfer가 앞뒤 타이어 사이의 차동을 제한하여 트랙션traction을 강화하였으며, 뒤쪽의 좌우 타이어 중앙에 있는 AYCActive Yaw Control 디퍼렌셜이 선회 성능과 트랙션을 높인다. 더욱이 ASCActive Stability Control가 브레이크의 힘과 엔진의 출력제어로 차량이 가로 방향으로 미끄러지는 현상을 안정시킨다. 또한 이 제어는 포장도로 면타맥 ; Tarmac, 비포장도로 면자갈 ; Gravel, 눈길의 3모드를 운전자가 스위치로 선택할 수 있다. 이러한 앞뒤 가변 토크 분배식 4WD는 스포츠 모델뿐만 아니라 SUV 등에도 보급되고 있다.

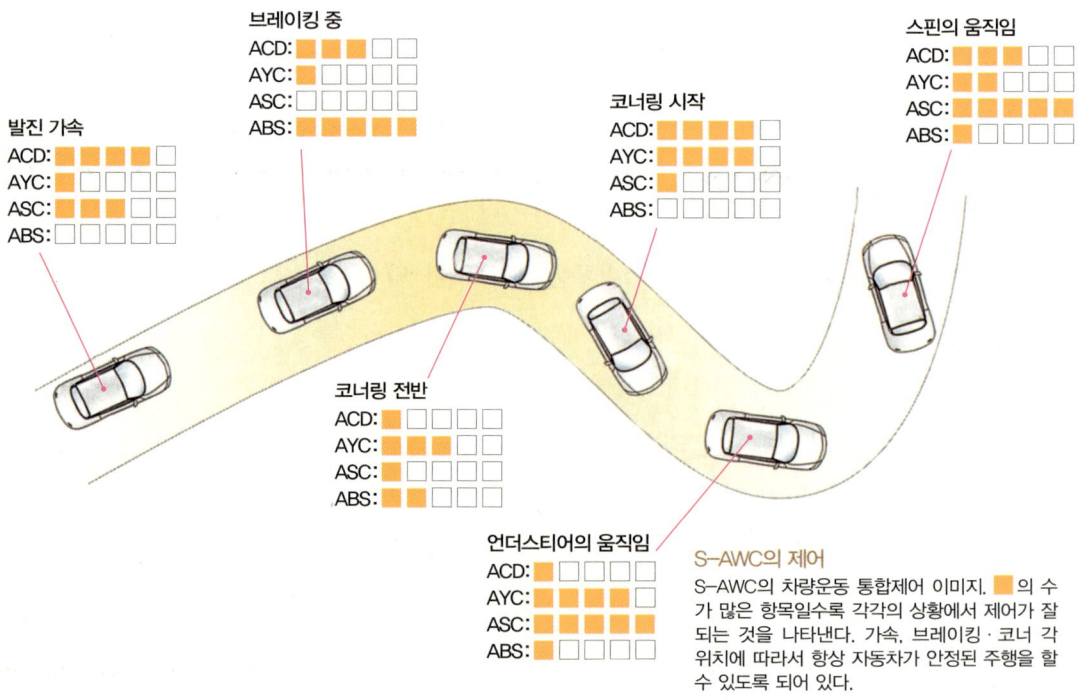

S-AWC의 제어
S-AWC의 차량운동 통합제어 이미지. ■의 수가 많은 항목일수록 각각의 상황에서 제어가 잘 되는 것을 나타낸다. 가속, 브레이킹·코너 각 위치에 따라서 항상 자동차가 안정된 주행을 할 수 있도록 되어 있다.

> **Tip** 4WD는 미끄러지기 쉬운 노면에서도 확실하게 발진할 수 있지만 차량의 중량이 2WD에 비해 무겁기 때문에 브레이크 능력을 과신해서는 안 된다. 4WD의 구동력도 타이어의 영향을 크게 받는다. 가격보다는 안심할 수 있는 타이어를 선택하자.

5장 끊임없이 진화하는 섀시장치?? **191**

4륜 스티어링 시스템

 **4WAS** 뒤 타이어가 주행속도에 따라 앞 타이어와 반대 또는 앞 타이어와 같은 방향으로 조향이 되는 시스템

과거에는 4WS

1980년대 후반에서 1990년대에 걸쳐서 **4WS**Four wheel steering가 혼다의 프렐류드 등 일부에 장착되어 화제가 되었으며, 좁은 길에서 저속으로 선회할 때 뒤 타이어가 앞 타이어의 반대방향으로 꺾여서 선회 능력을 향상시킬 수 있다는 것이 주목받을 만한 포인트였다.

그러나 4WS는 확실히 좁은 길이나 세로 열로 주차할 때 편리하긴 하지만 일반적인 스티어링 시스템을 가지고 있는 자동차에 비교하면 조작의 느낌이 명확히 다른 방식이기 때문에 대다수의 운전자가 잘 다루지 못해 결국 모습을 감추게 되었다.

운전 부하 경감
통합된 액티브 스티어링(Integrated active steering)은 코너가 심한 산길 등에서 작은 조향량으로도 확실한 선회를 할 수 있기 때문에 운전에 의한 피로를 덜어 준다.

또한 이것과는 반대로 닛산의 HICAS처럼 고속 주행에서 코너링 등의 안정성을 높이는 목적으로 뒤 타이어를 앞 타이어와 같은 방향으로 0.5~1°만 조향하는 타입도 있었고 이 타입이 **4WAS**4WD Active Steer로 발전하여 현재에 이르게 되었다.

BMW에서 역위상이 부활

최근의 4WS, 예를 들면 닛산의 4륜 액티브 스티어 등에서는 중·고속의 영역에서 안정성을 높이는 것과 조향의 회전량을 가변하는 것에 중점을 둔다. 앞 타이어의 조향에 맞게 눈으로는 알 수 없을 정도로 뒤 타이어도 앞 타이어와 같은 방향으로 조향시킴으로써 차량의 안정성과 민첩성이 양립된다.

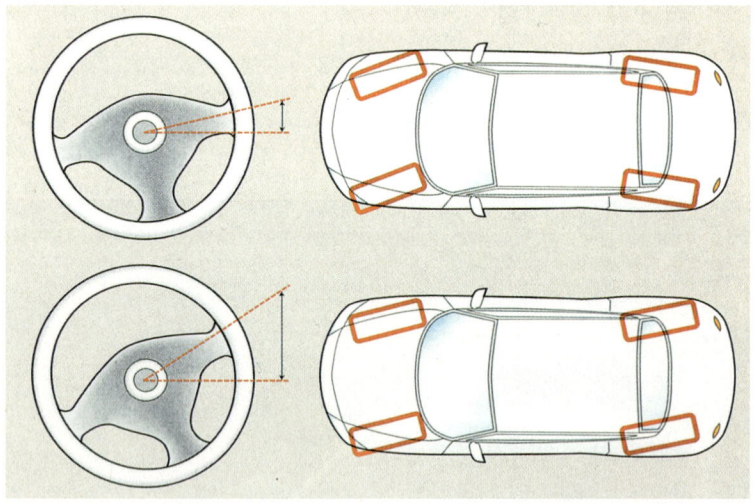

작동 이미지
통합된 액티브 스티어링의 제어 이미지. 60km/h 이하로 주행하는 장면(윗 그림)에서는 뒤 타이어가 앞 타이어의 역방향으로 조향되는 것과 동시에 기어비는 커지고 조향 각은 작아진다. 60km/h 이상(아래 그림)에서는 뒤 타이어가 앞 타이어와 같은 방향으로 조향되어 민첩성보다는 안정성을 높인다.

저속으로 주행할 때의 제어는 기어비 가변 조향이라는 기능에 의해서 보충된다. 시내에서 저속 주행으로 조향을 크게 해야 하는 장소에서는 작은 조향 각으로도 앞 타이어의 방향을 보다 많이 조향되도록 하고 기어비를 뚜렷하게 한다. 속도가 높아지면 선회량에 비해서 앞 타이어의 조향 각도를 작게 한다. 운전자가 자동차의 움직임이 급격한 변화 없이 자연스러운 느낌을 가지도록 작동되는 것이다.

앞 타이어의 반대 방향으로 뒤 타이어를 조향시키는 역위상 제어도 BMW 등에서 부활하고 있으며, 5시리즈 이상의 등급에 장착된 IAS_{Integrated active steering}가 역위상 제어로 60km/h 미만에서는 뒤 타이어가 앞 타이어의 반대 방향으로 조향하여 최소 회전반경을 작게 한다. 60km/h 이상에서는 뒤 타이어와 앞 타이어가 같은 방향으로 조향하여 주행 안정성을 높이는 구조이다. 산비탈의 코너가 심한 지역 등에서 역위상의 효과를 체감할 수 있지만 그 느낌은 자동차의 회전성이 높아졌구나, 라고 인식할 정도로 자연스럽다.

3시리즈 등에서는 액티브 스티어라고 하는 기어비 가변 조향 시스템은 앞 타이어에만 적용되고 있으며, 저속으로 주행 시에는 조향 핸들의 로크 투 로크<sub>lock to lock ; 좌우로 앞 타이어의 조향각이 최대로 될 때까지의 조향 핸들의 회전수가 2회전 이하로 된다. 자동차 속도가 빨라질수록 조향 핸들의 회전량이 증가되어_{표준적인 차량은 3회전} 차량의 움직임이 안정된다.

> **Tip** 혼다 S2000 V에서는 로크 투 로크가 1.4 회전으로 빠른 회전율을 실현시켰다. 4WS는 뒤 타이어를 역위상 시킴으로써 내륜차가 적어지게 되어 좁은 도로에서의 선회가 용이하다.

에어 서스펜션

 **에어 서스펜션** 스프링의 역할을 에어 실린더(Air Cylinder)가 대신하는 현가장치이다.

승용자동차에서는 고급 차종에 적용

에어 서스펜션이란 서스펜션의 구성 부품의 하나인 스프링이 에어 실린더로 교체되어 있는 것으로 적용 차종은 적지만 승차감을 매우 중요시하는 고급 자동차를 중심으로 장착되고 있다. 푹신푹신한 느낌이 들 정도로 유연한 설정이 많아 시가지를 천천히 흐르듯이 주행하는 방법에 적합하지만 산길 등의 비포장도로 주행에서 사용하기에는 적당하지 않다. 그러나 수년 전부터 에어 서스펜션은 크게 개선되어 들뜬 느낌이 없어지면서 조향성이 탁월하게 발전하고 있다.

도요타의 크라운 마제스타

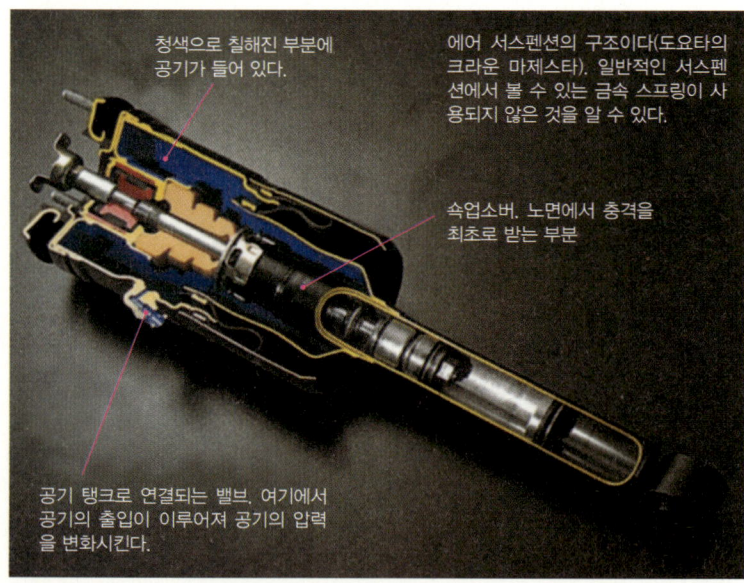

청색으로 칠해진 부분에 공기가 들어 있다.

에어 서스펜션의 구조이다(도요타의 크라운 마제스타). 일반적인 서스펜션에서 볼 수 있는 금속 스프링이 사용되지 않은 것을 알 수 있다.

쇽업소버. 노면에서 충격을 최초로 받는 부분

공기 탱크로 연결되는 밸브. 여기에서 공기의 출입이 이루어져 공기의 압력을 변화시킨다.

에어 서스펜션 자동차에는 자동차의 높이를 조정하는 스위치가 장착되어 있어서 실내에서 자동차의 높이를 조정할 수 있다.

장점은 공기를 압축할 때에 일어나는 비선형의 특성으로 서스펜션의 수축량이 증가함에 따라 반발력이 강해지는 점으로 금속제의 스프링에서도 스트로크stroke의 초기에서 움직이는 부분의 선경코일 모양으로 감겨진 금속봉의 직경을 가늘게 함으로써 비슷한 특성을 갖도록 하는 것도 가능하지만 에어 스프링의 정도로 진동을 흡수하는 능력은 없다. 다시 말해서 승차감과 조향성을 높이기에는 이보다 좋은 것이 없다.

더욱이 공기 압력을 조정하여 자동차의 높낮이를 간단히 변경할 수 있으며, 에어 서스펜션이 장착된 것으로는 현대의 에쿠스나 제네시스, 기아의 K9, 수입 자동차에서는 도요타의 크라운 마제스타나 랜드 크루저, 렉서스 LS 및 RX, 랜드로버의 레인지로버나 아우디의 Q7 등의 고급 세단이나 SUV 차량 등이 있다.

오일과 가스를 사용한 타입

에어 서스펜션 이외에 금속 스프링을 사용하지 않는 서스펜션으로 알려져 있는 것은 프랑스의 시트로엥이 장착한 **하이드로뉴매틱** Hydropneumatic 서스펜션이며, 에어 서스펜션에서 공기가 들어있는 실린더 부분은 쇽업소버shock absorber 위에 배치된다. 그 둥근 형태의 스피어Sphere라고 불리는 탱크 속에는 질소 가스와 오일이 칸막이로 밀봉되어 있으며, 질소 가스는 기체이므로 공기와 같이 비선형의 특성이 된다.

마치 구름 위에 있는 것 같은 승차감은 배의 승선감과도 비유되며, 시트로엥을 좋아하는 팬들 사이에서는 호평을 받고 있다. 그렇다고 해서 푹신푹신하기만 한 승차감만이 아닌 조향 안정성까지도 놓치지 않은 것이 유럽 자동차인 것이다. 최신형 시트로엥 C6의 하이드로액티브 III 플러스는 1초에 400회, 16단계의 댐핑damping 제어를 하는 전자제어 댐핑 기능이 첨가되어 보다 자연스러울 뿐만 아니라 조향 안정성도 높이고 있다.

시트로엥 C6
하이드로액티브 III 플러스가 장착된 시트로엥의 C6이다. 이 서스펜션이 없으면 시트로엥이 아니다, 라고 말하는 팬들도 많다. 마치 구름을 탄 것 같은 승차감이 느껴지지만 조향성도 양호하다.

> **Tip** 자동차의 높이를 간단히 조정할 수 있다는 점이 에어나 유압식 서스펜션의 장점이기도 하다. 하천 부지의 자갈길 등을 달릴 때 자동차를 높여서 주행할 수 있다. 시트로엥의 하이드로뉴매틱 서스펜션은 파워 스티어링도 동일한 오일로 제어하고 있다.

더블 피스톤 쇽업소버

 **쇽업소버** 댐퍼(Damper)라고도 불리는 서스펜션의 구성 부품이다. 스프링과 세트로 충격을 흡수하여 승차감을 좋게 한다.

승차감뿐만 아니라 조향 안정성도 좌우한다

쇽업소버는 스프링과 세트로별도로 배치된 자동차도 있다 되어 있으며, 위쪽은 차체에 고정되고 아래쪽은 서스펜션의 로어 암 부위에 고정되어 있다. 최근에는 자동차의 카탈로그에 기재되어 있지 않지만 자동차에서는 여전히 필수품인 것이다.

포장도로는 편평해 보이지만 사실은 미세한 요철凹凸이 있기 때문에 쇽업소버가 없다면 이러한 요철 부분의 충격이 자동차를 탑승한 사람에게 직접 가해진다. 그러나 쇽업소버만 설치되어 있다면 자동차의 중량을 견딜 수 없게 되어 자동차의 높이가 비정상적으로 낮아질 것이다. 그래서 장착된 것이 스프링이다.

스프링은 노면의 요철에 의해서 발생되는 진동으로 늘어나거나 줄어들게 되며, 이러한 신축의 동작은 한 번 일어나면 좀처럼 멎지 않기 때문에 이것을 신속하게 억제하는 것이 쇽업소버 내의 오일과 피스톤의 역할이다.

쇽업소버 위에 있는 로드는 내부에서 피스톤과 연결되어 있으며, 피스톤에는 오리피스작은 구멍가 있어 오일이 오리피스를 통과할 때 스프링의 움직임을 억제함과 동시에 자동차의 움직임에도 안정감을 준다. 이러한 억제 역량을 표시한 것이 쇽업소버의 감쇠력이며, 장착되는 각 자동차의 특징에 맞추어 늘어나는 측과 줄어드는 측에 별도로 감쇠력이 설정되어 있다.

쇽업소버의 종류에는 위쪽에 언급한 로드의 직경이 작은 정립식과 로드의 직경이 굵은 도립식이 있으며, 쇽업소버의 케이스가 한 겹인 모노 튜브식과 두 겹인 트윈 튜브식이 있다. 대부분의 자동차에 장착된 것은 트윈 튜브식이다.

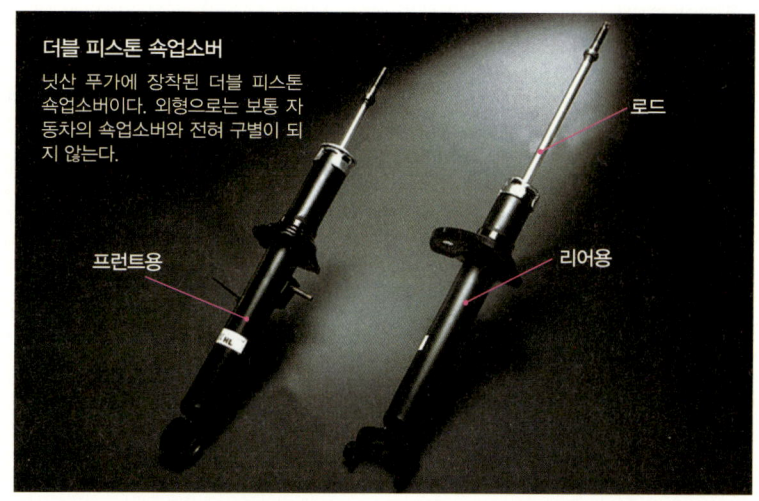
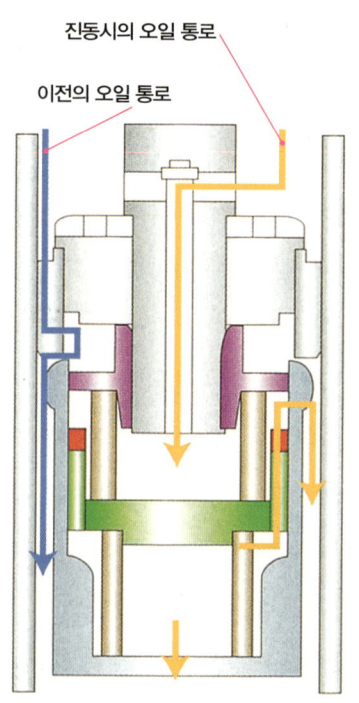

고급 자동차의 승차감을 향상시키기 위한 연구

닛산의 푸가는 쇽업소버의 피스톤에 있는 1종류의 밸브오일 통로에서, 피스톤을 한 개 더 설치하여 밸브를 2종류로 증가시킨 구조로 되어 있으며, 이것을 더블 피스톤 쇽업소버Double piston shock absorber 라고 한다. 피스톤의 밸브를 증가시키면 오일이 오리피스를 통과하기

쇼워감쇠력이 낮다 움직임이 유연해지는 경향이 있기 때문에 그만큼 차량의 상하 움직임을 안정시키기 어려운 경향도 있다.

더블 피스톤 쇽업소버는 한 개의 커다란 밸브로는 억제하기 어려운 진동을 밸브 한 개를 더 추가시킴으로써 저감시키는 것이 목적이었으며, 그 결과 커다랗고 편평한 타이어를 장착하더라도 안정되고 쾌적한 승차감을 얻을 수 있었던 것이다.

그리고 더블 피스톤 쇽업소버에 리바운드 스프링을 추가하여 장착함으로써 쇽업소버의 감쇠력을 높이지 않고 조향성이 향상되었다. 이 스프링은 코너링을 할 때 안쪽 타이어의 쇽업소버가 늘어나는 것을 적절히 억제하여 차량이 기울어지는 속도나 기울기의 각도를 낮춘다.

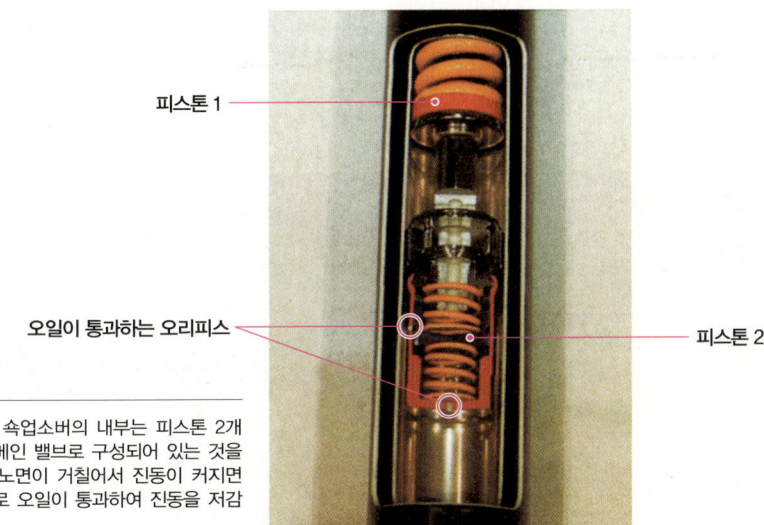

내부 구조
더블 피스톤 쇽업소버의 내부는 피스톤 2개와 2계통의 메인 밸브로 구성되어 있는 것을 알 수 있다. 노면이 거칠어서 진동이 커지면 추가된 밸브로 오일이 통과하여 진동을 저감시킨다.

> **Tip** 코너에서 차량의 기울기를 억제시킬 목적으로 쇽업소버나 스프링뿐만 아니라 좌우 서스펜션을 연결하는 금속 봉이나 스태빌라이저(stabilizer)도 사용된다. 스태빌라이저는 비틀림에 반발하는 구조로 선회할 때 차량의 기울기(roll)를 억제한다.

모노 블록 브레이크 캘리퍼

 **모노 블록** 대향 피스톤 타입의 브레이크 캘리퍼. 몸체가 일체형 구조로 되어 있는 타입이다.

예전에는 2분할 타입

대향 4피스톤의 **브레이크 캘리퍼**는 고성능의 스포츠카 등에서 성능을 과시하는 부품 중의 하나이다. 구조는 **브레이크 로터**또는 디스크의 앞면휠 측과 뒷면서스펜션 측으로 분할되어 있는 **캘리퍼 보디**의 각각에 **브레이크 패드**를 브레이크 로터에 밀어붙이는 **캘리퍼 피스톤**이 2개씩 배치되는 방식으로, 브레이크 로터의 앞면과 뒷면에서 4개의 피스톤으로 동시에 브레이크 패드의 마찰재를 브레이크 로터 쪽으로 밀어붙여 제동력을 발생시킨다.

2분할 타입
2분할 타입이므로 캘리퍼에 이음 부분이 있고 두 조각이 조합된 구조라는 것을 알 수 있다.

2분할 타입

일반적으로 대부분의 자동차에 장착된 브레이크 캘리퍼는 **플로팅 타입**Floating type으로 브레이크 패드를 고정하는 마운팅 서포트mounting support 부분과 피스톤이 조합된 브레이크 캘리퍼 어셈블리brake caliper assembly 부분으로 총 2분할의 구조이다.

서스펜션 측에서 피스톤 1개 또는 2개로 브레이크 패드를 브레이크 로터 쪽으로 밀어붙이는 구조는 아무래도 제동력 측면에서 대향 4피스톤보다 약하기 쉽다. 그러나 가혹한 조건에서 사용하는 상황 또는 장시간에 걸친 사용에서는 대향 4피스톤의 제동력도 저하된다.

2분할 타입의 단점

시판되는 차량에 장착된 대향 4피스톤의 브레이크 캘리퍼는 앞에서 언급한 것처럼 수년 전까지만 해도 브레이크 로터의 앞면과 뒷면의 2분할 구조로 되어 있고 양쪽의 캘리퍼 끝부분에서 긴 볼트로 캘리퍼 보디를 고정하는 구조이다.

디스크 브레이크는 방열성이 양호하지만 산길이나 비탈길 등 브레이크를 혹사시키는 상황에서 로터의 온도는 400℃까지 상승하기 때문에 브레이크 캘리퍼의 온도도 마찬가지로 상승하게 되어 고온과 저온을 반복하게 되면 볼트가 늘어나 캘리퍼 보디 사이가 벌어진다.

항상 가혹한 브레이크를 반복하는 경주로circuit에서는 볼트가 늘어나면 브레이크를 밟기 시작해서 브레이크가 작동하기 시작할 때까지의 시간이 지연될 수 있다. 이 캘리퍼 보디의 틈새는 경량화를 위해 알루미늄 소재를 사용한 것일수록 생기기 쉽다고 한다. 그래서 개발된 것이 캘리퍼 보디를 일체형 구조로 만든 **모노 블록 타입**이다.

닛산의 최신형 GT-R이나 스바루의 임프레자 WRX STI의 한정 모델에 적용한 대향 6피스톤 캘리퍼가 모노 블록으로 되어 있다. 대향 피스톤 방식의 브레이크 캘리퍼에서 분할식인 경우와 모노 블록의 경우는 브레이크의 밟는 감각에서도 상당한 차이가 나고 내구성에 관해서는 말할 필요도 없다.

모노 블록

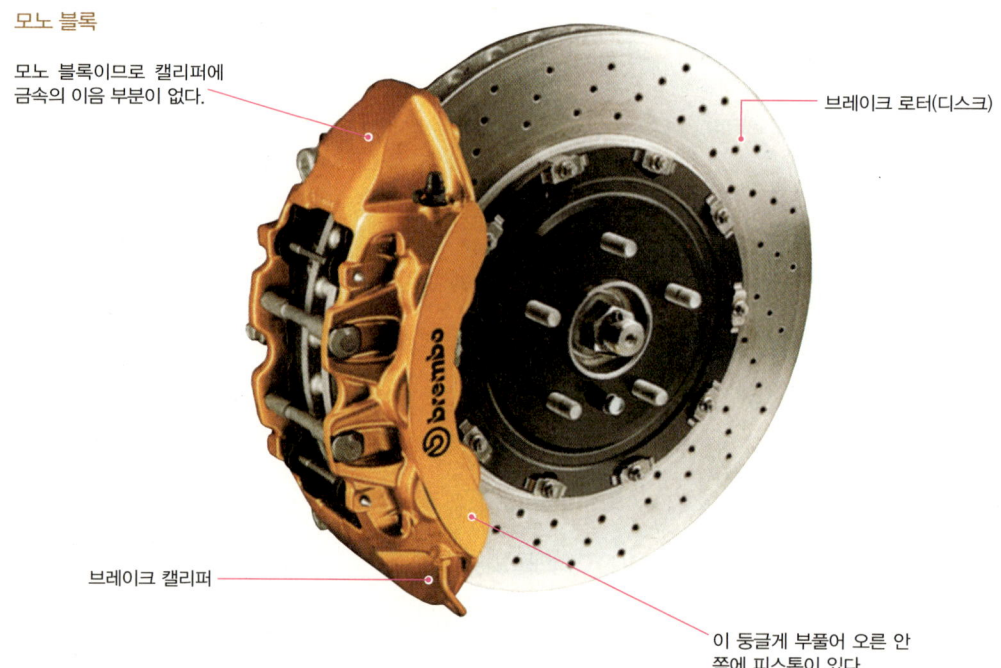

모노 블록이므로 캘리퍼에 금속의 이음 부분이 없다.

브레이크 로터(디스크)

브레이크 캘리퍼

이 둥글게 부풀어 오른 안쪽에 피스톤이 있다.

> **Tip** 브레이크 패드의 교환은 대향 피스톤식이 플로팅 캘리퍼(Floating caliper)보다 비교적 간단하다. 플로팅 캘리퍼에서 대향 피스톤형으로 개조가 가능하지만 차량의 성능과 밸런스를 생각해 볼 필요가 있다.

CVT가 연비에서 MT를 능가하는 시대가 왔다

MT는 스포츠카 마니아 전용으로……

양산 자동차에서 세계 처음으로 CVT(Continuously variable transmission; 무단변속기)를 장착한 자동차는 1987년 스바루의 저스티였는데, 이 자동차는 닛산의 마치나 도요타의 비츠 급에 해당하는 크기였다. CVT는 무단변속이 세일즈 포인트인데 이음매가 없는 가속과 변속시의 충격이 없는 것이 최대 특징이었다.

당시의 CVT는 AT와 같이 토크 컨버터를 사용하지 않았고 전자 클러치였기 때문에 오르막길에서 발진할 때에는 왼쪽 발로 브레이크 페달을 밟지 않거나 주차 브레이크를 사용하지 않으면 조금 뒤로 밀리는 결점이 있었다. AT와 같은 2페달 이지 드라이브라고 해도 비탈길 발진시 등에서는 MT차와 마찬가지로 신경을 써야 하는 점 때문에 운전자들에게는 호평을 받지 못했다.

그런데 90년대 중반에 들어서자 다른 회사에서도 이것을 점차 장착하기 시작하였다. 그 목적은 연비와 운전의 용이도를 모두 만족시키는데 있었다. 기어를 여러 단 장착한 토크 컨버터식 AT는 주행 속도에 따라서 엔진의 회전력이 약한 곳에 이르면 가속이 완만하게 이루어지는 영역이 생긴다. 이것에 비해서 무단변속인 CVT는 항상 스로틀 밸브의 개도와 주행 속도에 최적화된 엔진의 회전을 사용할 수 있다. 엔진의 부하가 줄어드는 크루징(cruising) 시에는 엔진의 회전수를 보다 낮출 수 있어 연비가 좋기 때문이다.

그러나 과제도 있다. 크루징할 때는 엔진의 회전수가 낮아지지만 액셀러레이터 페달을 깊게 밟아 가속하기 시작하면 엔진의 회전수가 높은 영역이 계속 유지되며, 주행 속도가 증가하는 것에 따라서 엔진의 회전수가 상승되어 있더라도 시프트 업 되면 엔진의 회전수가 낮아지는 AT와는 이 점에서 결정적인 차이가 있다.

엔진의 회전수만 먼저 상승하고 그 후에 주행 속도가 높아지는 특성은 AT 사용자에게는 바람직하지 않은 부분이라고 말할 수 있다. 자동차 회사는 엔진의 회전수가 높아질 때 소음을 억제하거나 CVT 제어를 변경하는 등 여러 가지 노력을 기울이고 있으며, 매년 CVT가 장착되는 차종이 계속 증가하고 있다. 지금은 AT에서 달성하지 못했던 MT를 능가하는 연비를 실현하는 데까지 성장하였다. 그럴 리가 없다고 생각할지 모르지만 MT와 CVT 차량을 동시에 주행하여 비교해 보면 연비는 물론 가속 성능에서도 MT차가 CVT를 앞서기는 어렵다. 이제부터 부변속기를 장착한 CVT가 증가하면 변속비의 폭이 더 넓어져서 CVT의 연비는 더욱 향상될 것이다. 남은 과제는 큰 회전력을 이겨내는 타입을 개발하는 것이다.

쉬어가기

MEMO

6장

안전을 생각하는 첨단 시스템??

액티브 세이프티 / ESC Electronic Stability Control란? / ABS Anti lock Brake System란? / EBD Electronic Brake-force Distribution란? / 브레이크 어시스트 / 비상시 브레이크 신호 / 패시브 세이프티 / 에어백 / 진화하는 에어백 / 보행자 장애 경감 보디 / 목 충격 완화 시트 / 충돌 피해 경감 시스템 (1) / 충돌 피해 경감 시스템 (2) / 충돌 피해 경감 시스템 (3) / AT 오발진 억제 제어 / 진화한 LSD Limited Slip Differential / HDC와 HSA / 멀티 터레인 셀렉트 / 크롤 컨트롤 crawl control

액티브 세이프티

 **예방 안전** 안전성을 높이는 장치를 사용하여 사고를 미연에 방지하는 것을 말한다. 액티브 세이프티(Active Safety)라고도 한다.

사고는 미연에 방지하는 것이 가장 중요

열차 시간표에 따라 엄밀한 운전 관리로 레일 위를 달리는 철도에서조차 사고는 발생된다. 하물며 운전자가 그때그때 필요에 따라 자신만의 스타일로 주행하는 자동차는 사고가 발생할 가능성이 상당히 높다.

사고를 줄이기 위해서는 우선 각각의 운전자가 상황에 맞추어 명확한 조작과 속도로 자동차를 주행하는 것이 최소의 조건이 되지만 운전자의 성격은 십인십색이다. 예를 들면 골목길에서 주요 도로로 나올 때 다른 자동차와의 관계를 생각하며 운전하는 것에는 여러 가지 방법이 있으며 특히 신호등이 없는 상황에서는 그 차이가 더욱 커진다.

한쪽의 운전자가 이정도면 적합하다고 생각하며 운전하여도 상대 측은 위험하다고 느끼는 경우도 있으며, 지금까지 운전을 해 오면서 몇 번 정도는 '아차'하는 순간이 있었을 것이다. 그 순간 운전 조작이 적절하지 못하면 사고로 연결된다.

현대의 자동차에는 사고를 미연에 방지하기 위한 장비가 많이 장착되어 있다. 안전장비로서는 그다지 인식되어 있지 않지만 스티어링이나 브레이크, 액셀러레이터 페달도 적합한 조작을 가하면 사고를 미연에 방지할 수 있는 장비가 되는 것이다.

ABS에서 ESC까지 20여년에 걸쳐서 발전

국내 자동차에 **ABS**Anti-lock Brake System가 처음 장착된 것은 1989년 대우의 임페리얼이며, 독일의 메르세데스 벤츠는 1978년 'S 클래스'에 이미 장착하고 있었다. 높은 속도에서 급브레이크를 밟으면 타이어의 회전은 먼저 정지되지만 차체는 관성에 의해 정지되지 않기 때문에 타이어에 로크 현상이 발생되는 것이다.

이 상태에서는 아무리 조향 핸들을 조작하여도 자동차가 제멋대로 움직인다. 즉 조향 핸들을 조작하여도 타이어가 미끄러지기 때문

ESC가 탑재된 닛산 GT-R
ESC는 자동차가 옆으로 미끄러지는 것을 방지하는 충실한 안전장치로서 한계에 도달한 주행도 하기 쉽게 도와준다. 안전 장비에만 한정된 것이 아니라 자동차의 조작에 사용되는 핸들이나 액셀러레이터 페달, 그리고 브레이크 페달로도 사고를 미연에 방지하는 것이 가능하다.

에 자동차의 진행 방향을 바꿀 수가 없게 되는 것이다. 타이어가 회전하고 있을 때에만 본래의 능력을 발휘하기 때문에 급브레이크 시에 타이어의 로크를 해제시켜 주는 것이 ABS로 1초 사이에 여러 번 로크와 해제를 반복한다. ABS가 작동되는 때에는 브레이크 페달을 밟은 발에 진동이 전달되어 온다.

대부분의 고성능 자동차에는 TCSTraction Control System가 장착되어 있다. TCS는 발진시 등에서 타이어가 필요 이상으로 고속회전하며 미끄러지는 상태가 검출되면 타이어에 전달되는 동력을 제한하는 장치로 자동차가 미끄러지는 것을 방지한다.

현재는 ABS나 TCS를 포함하여 코너링 등에서의 라인 추적Line trace성까지 통합 제어하는 ESCElectronic Stability Control로 발전하였다. 미끄럼 사고가 많은 비나 눈이 오는 날의 고속도로 등에서 그 능력을 발휘하고 있다.

유럽의 자동차에는 경형자동차까지도 ESC가 보급되어 있으며, 국내에서도 중대형 자동차를 중심으로 ESC의 장착률이 가파르게 상승하고 있다. 또한 2012년 이후에 모델의 변경 등으로 새롭게 생산될 신모델 승용차부터는 법으로 ESC를 표준 장착하도록 정해져 있기도 하다.

ESC의 작동
오버 스티어의 경우

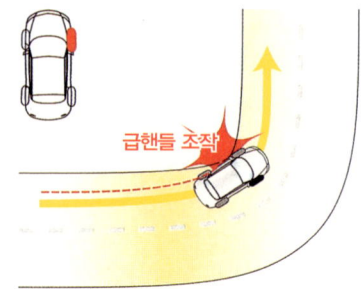

오버 스티어(over steer)란 운전자가 생각한 것보다 훨씬 더 많이 커브를 선회한 것을 가리킨다. 이 현상이 발생되면 커브의 내측 가드레일 등에 접촉하게 되고 최악의 경우 그 반작용으로 반대 차선까지 자동차가 튀어 나간다.
이것을 방지하기 위해 각종 센서가 오버 스티어를 감지하면 커브 외측 앞 타이어의 브레이크가 자동적으로 작동되어 자동차의 방향이 수정된다.

언더 스티어의 경우

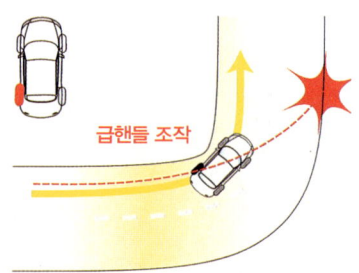

언더 스티어(under steer)란 운전자가 생각한 것보다 훨씬 더 적게 커브를 선회한 것이다. 이 현상이 발생되면 자동차는 반대 차선으로까지 튀어 나간다.
이것을 방지하기 위해 각종 센서가 언더 스티어를 감지하면 커브 내측 뒤 타이어의 브레이크가 자동적으로 작동되어 자동차의 방향이 수정된다.

> **Tip** 자동차의 [달리다·돌리다·정지하다]라는 기능을 적합하게 조작하는 것이 액티브 세이프티의 제일 큰 목표이다. ABS가 작동될 수 있도록 브레이크를 빠르고 힘차게 밟을 수 없는 여성 및 노약자를 위해 만든 브레이크 어시스트(Brake Assist)라는 시스템도 있다.

ESC(Electronic Stability Control)란?

Key word — **미끄러짐 방지 기구** 눈길이나 악천후 때에는 코너를 선회할 때 생각보다 낮은 속도에서도 자동차가 미끄러진다. 이러한 경우에 자동차의 미끄러짐을 억제하여 주는 것을 국내에서는 차량자세 제어장치라고 한다.

코너에서 차체 움직임의 흐트러짐을 억제

ABS Anti-lock Brake System 로부터 시작한 자동차의 액티브 세이프티 장치는 최근에 자동차에서 발생될 수 있는 불안전한 차체의 움직임을 억제하여 통합 제어하는 시스템으로 발전하였다.

ABS는 타이어의 로크 방지 기능이 있어서 펌핑 브레이크 pumping brake ; 자동차의 타이어가 로크되지 않도록 브레이크 페달을 약간 풀어 타이어가 회전할 수 있도록 밟고 떼기를 반복하여 조작하는 것라고 하는 조작을 할 필요성이 줄어들게 되었다. 그 다음에 고성능 모델을 중심으로 장착된 TCS Traction control system 는 미끄러지기 쉬운 노면에서 발진을 보조하는 장치로서 정착되었다. 이러한 장치들을 더욱 연구하여 발전시킨 것이 ESC Electronic Stability Control **미끄럼 방지기구**이다.

자동차는 코너에 이르면 조향 핸들을 돌리지만 이때 조향 핸들의 조작량에 비해서 생각한 만큼 자동차가 가고자 하는 방향으로 바뀌지 않을 경우도 있다. 이것이 **언더 스티어**라는 현상이며, 반대로 조향 핸들을 돌린 것 이상으로 자동차의 방향이 더 심하게 바뀌는실제로는 뒤 타이어가 미끄러지고 있다 현상을 **오버 스티어**라고 한다. 어느 쪽

현상이 발생되더라도 운전자는 대부분 패닉 상태에 빠질 것이다.
　자동차의 세팅은 쉽지 않아서 아무리 조정하여도 언더나 오버 스티어링의 특성이 있기 때문에 대부분의 자동차는 약한 언더 스티어의 경향을 갖도록 조절된다.

　오버 스티어의 특성을 갖게 하면 운전자는 커브를 선회하는 중간에 반대로 핸들을 돌려야 하기 때문에 프로 운전자라면 몰라도 일반 운전자에게는 어려운 조작이다. 언더 스티어는 핸들을 조금 더 많이 돌리면 되기 때문에 조작이 비교적 간단하다.

ESC의 구조

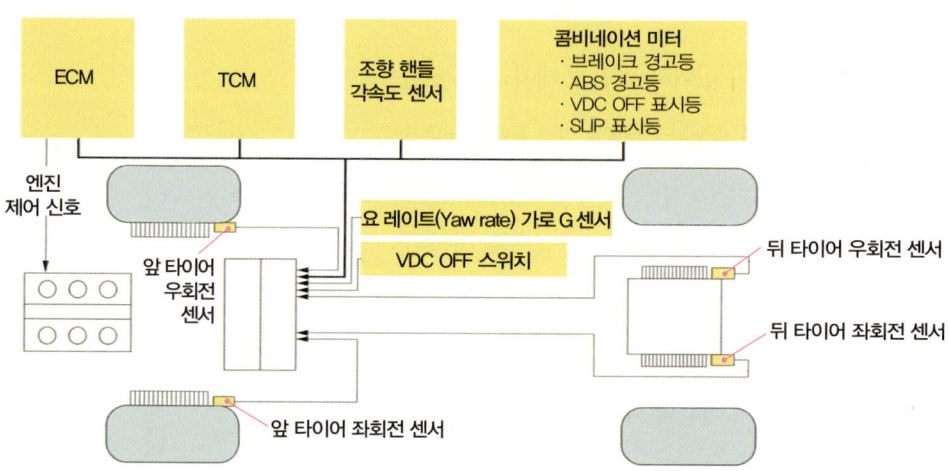

각종 센서를 통합 제어

　제어는 타이어 4개의 회전수를 검출하는 ABS용 센서TCM와 코너링 할 때 자동차에 걸리는 가로방향의 G 센서, 조향 핸들 각속도 센서 등을 사용하여 자동차의 주행 상태를 검출하는 것이다. 또 엔진을 제어하는 ECMEngine Control Module에도 명령을 내려 엔진의 출력을 조정한다.

프로 운전자라면 언더 스티어나 오버 스티어가 되었을 때의 대처 방법을 알고 있지만 ESC는 그러한 대처 방법을 모르는 일반 운전자에게 강력한 보조 기능을 한다.

최근에는 조향 핸들조작의 보조 기능이 충실하게 되어 있어서 오버 스티어가 되었을 때에도 조향 핸들을 코너와 반대로 돌려주는 카운터 스티어counter steer를 하는 것으로까지 발전되고 있으며, 드리프트drift 같은 요란한 카운터 스티어가 아니라 조향 핸들의 반발력에 가만히 따르기만 하면 오버 스티어가 수습될 정도로 발전된 것이다.

주행 속도가 높은 유럽의 자동차의 경우 2800만 원 정도의 경형 자동차에도 ESC가 표준으로 장착되어 있지만 국내 자동차의 경우 같은 등급의 자동차에 ESC는 장착되어 있지 않다.

ESC 장착 차

언더 스티어 제어
모멘트(moment)를 발생시켜 언더 스티어의 경향을 경감한다.

ESC 비장착 차

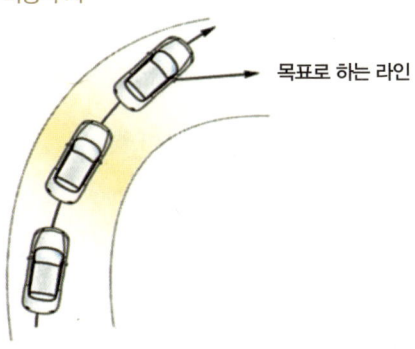

목표로 하는 라인

ESC 호칭 일람

Hyundai	VDC(Vehicle Dynamics Control)
Kia	VDC(Vehicle Dynamics Control)
Ssangyong	ESP(Electronic Stabilization Program)
Renault Samsung	ESP(Electronic Stabilization Program)
Chevrolet	ESP(Electronic Stabilization Program)
AUDI	ESP(Electronic Stabilization Program)
Suzuki	ESP(Electronic Stability Program)
Subaru	VDC(Vehicle Dynamics Control)
Daihatsu	DVS(Daihatsu Vehicle Stability control system)
Daimler Chrysler	ESP(Electronic Stability Program)
Toyota	VSC(Vehicle Stability Control)
Nissan	VDC(Vehicle Dynamics Control)
BMW	DSC(Dynamic Stability Control)
Ford	ESP(Electronic Stability Program)
Volks Wagen	ESP(Electronic Stabilization Program)
Honda	VSA(Vehicle Stability Assist)
Mazda	DSC(Dynamic Stability Control)
Mitsubishi	ASC(Active Stability Control)

> **Tip** 자동차의 높이를 간단히 조정할 수 있다는 점이 에어나 유압식 서스펜션의 장점이기도 하다. 하천 부지의 자갈길 등을 달릴 때 자동차를 높여서 주행할 수 있다. 시트로엥의 하이드로뉴매틱 서스펜션은 파워 스티어링도 동일한 오일로 제어하고 있다.

ABS(Anti lock Brake System)란?

 **브레이크 로크** 강력한 브레이크로 타이어의 회전만 정지시키는 현상이다. ABS의 표준 장착이 당연시되는 현대에서는 체험해 보기는 어렵다.

ABS가 없다면 어떻게 될까

ABS가 보급된 것이 20여 년이 지났으며, 노면에 검게 남아있는 타이어의 스키드 마크는 ABS가 표준으로 장착된 지금의 자동차에서는 거의 만들어지지 않을 것이다. 타이어의 이 스키드 마크는 브레이크가 잠긴 결과라고 말할 수 있지만 더 정확히 말하면 브레이크 시에 타이어가 로크 된 흔적인 것이다.

브레이크 페달을 밟는 힘이 강하면 자동차가 정지되는 것보다 먼저 타이어가 로크 상태가 되는 경우가 자주 있었으며, 브레이크의 역할에 대해 물어보면 브레이크는 자동차를 정지시키는 것이라고 인식하는 사람들이 흔히 있다. 이러한 인식으로는 ABS가 없었던 시대에서 자동차를 멈추게 할 수 없었을 것이다.

ABS 시스템

1. 휠 속도 센서
2. 휠 속도 검출용 자기 인코더
3. 브레이크 램프 스위치
4. G · 요 레이트 센서
5. 조향 핸들 각속도 센서
6. 마스터 실린더 압력 센서
7. 휠 실린더 압력 센서
8. 유압(Hydraulic) 장치
9. ABS 경보 램프
10. ABS 경보 디스플레이
11. 브레이크 경보 램프
12. 브레이크 경보 디스플레이
13. 자기 진단 커넥터(Diagnosis connector)
14. ASC 컨트롤 유닛

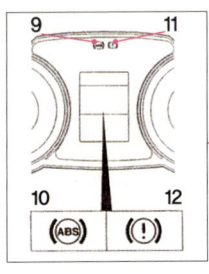

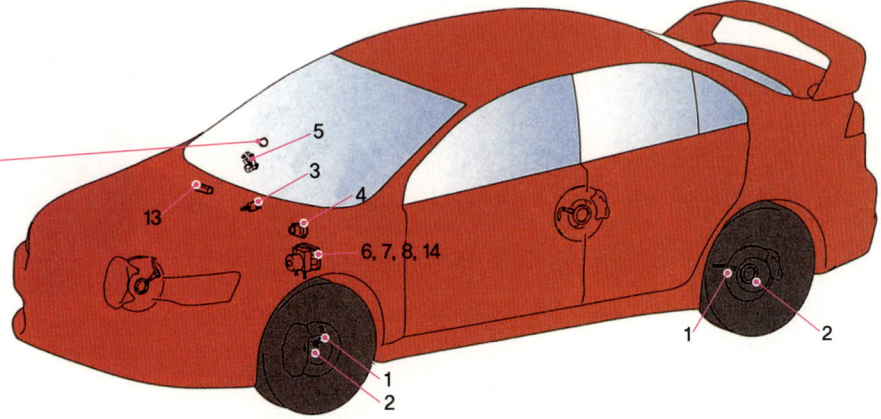

ABS 시스템의 도해이다. 각 타이어 부분에 장착된 휠 속도 센서가 타이어의 로크를 검출한다.

브레이크는 타이어의 회전을 정지시키는 것이라고 생각해야 하며, 일반 운전자에게 있어서 타이어의 로크 현상은 40km/h 정도부터 급브레이크 시에 가장 잘 발생된다.

로크 상태에서는 조향 핸들을 돌려도 자동차를 제어할 수 없다. 즉, 타이어가 회전하고 있을 때에만 그 기능을 발휘할 수 있기 때문에 이때 필요한 것이 **펌핑 브레이크**pumping brake이다. 강하게 밟던 힘을 조금 느슨하게 풀어주는 것만으로 타이어가 회전하고 조향 핸들을 조작하는 방향대로 자동차가 움직여 주기 때문에 장애물을 피할 수 있게 된다.

ABS는 자동 펌핑

눈앞에 충돌하면 안 되는 장해물이 있다면 누구든지 급브레이크를 밟을 것이다. 그러나 타이어가 로크 상태가 된다면 자동차가 정지되지 않으므로 대부분의 운전자는 패닉 상태가 된다. 그러한 상태에서 브레이크 페달의 밟는 힘을 조정하는 것은 힘든 일이다.

ABS는 그러한 상황에서 브레이크 패드나 브레이크 슈에 가해진 브레이크 오일의 압력을 느슨하게 하거나 높이는 제어를 운전자 대신 자동으로 조절해 주는 장치로서 브레이크 페달을 강하게 밟은 상태에서도 조향 핸들의 조작에 의한 장애물의 회피도 가능하다. ABS는 서킷경주용 환상 도로 같은 극한 주행 시에도 사용할 수 있는 장치로 인정받고 있다.

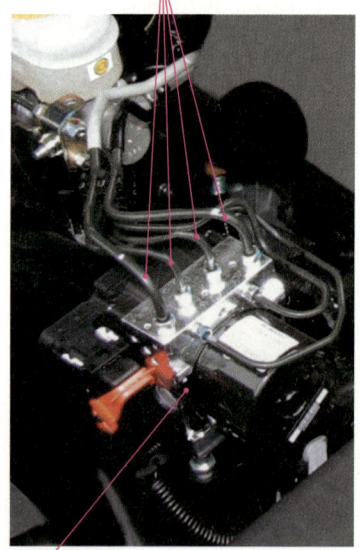

ABS 장치

브레이크 파이프
즉, 브레이크를 작동시키는 오일을 브레이크 캘리퍼까지 보내는 파이프. ABS 장치는 타이어의 로크를 감지한 후 보내야 할 오일의 양을 단속적으로 변화시켜 타이어의 로크를 방지한다.

ABS 장치
유압 장치(Hydraulic unit)라고도 불린다. 브레이크를 작동시키는 오일은 이곳에 저장된다.

더욱이 최근의 ABS는 휠 속도 센서와 연동되고 있어 20~25km/h 정도에서는 차단되도록 하는 제어가 추가되었다. 이 정도의 속도에서는 ABS가 없는 쪽이 정지거리가 더 짧아질 수 있기 때문이다. 예전에는 ABS가 작동하기 시작하면 브레이크 페달에 마치 브레이크가 고장 난 것과 같은 강력한 진동과 소리가 전달되었지만 최근에는 조금씩 울리는 진동과 함께 '드윽 드윽'하는 소리가 바닥에서 들려올 정도이다.

ABS의 작동

ABS가 있다면 장애물을 회피하기 위해서 브레이크 페달을 힘껏 밟은 상태로 조향 핸들의 조작이 가능하다. ABS가 없다면 브레이크 페달의 밟는 힘을 느슨하게 하여 조향 핸들을 조작하여야 한다.

ABS가 작동되면 발바닥에서 가벼운 진동이 전해져 온다.

> **Tip** 브레이크 페달의 밟는 힘을 도와주는 기능이 없었던 시대에서는 제동 거리에 체중 및 근력이 크게 작용했다. 눈길 등에서 25km/h 정도부터 감속 시에는 ABS가 있어도 펌핑(pumping)을 하는 것이 좋다.

EBD(Electronic Brake-force Distribution)란?

Key word — **제동력 분배** 브레이크는 앞 타이어뿐만 아니라 뒤 타이어에도 설치되어 있다. 기본은 앞 타이어를 중시하는 것이지만 주행 상황 등에 따라 제동력의 분배를 변화시켜 안정성을 향상시킨다.

브레이크의 제동력은 앞 타이어에 분배가 크다

자동차 검사증에는 앞 차축과 뒤 차축의 중량이 별도로 기재되어 있으며, 이것은 자동차의 전체 길이를 정중앙에서부터 앞쪽과 뒤쪽으로 나누어 중량을 기재했다고 생각해도 좋다.

최근의 자동차에서 주류인 FF는 엔진과 변속기, 디퍼렌셜 기어 등 동력계통의 구성품이 자동차의 앞부분에 집중되어 있기 때문에 **중량 비율**로 말하면 앞 차축 65%:뒤 차축 35% 정도가 된다. 따라서 앞과 뒤 브레이크의 제동력 분배도 이에 맞추어 설정되었다.

FR의 경우는 앞뒤의 중량 비율을 50%:50%에 가깝게 할 수 있다. 7~8인승의 미니밴이나 왜건의 경우에는 1인 승차와 만원 승차 또는 풀full 적재 시를 비교하였을 때 앞뒤의 중량 밸런스가 크게 변하게 된다. 당연히 브레이크에 걸리는 부담도 변하기 때문에 어떤 사용 상황에서도 항상 안정된 브레이크 성능이 발휘될 수 없다면 제품으로서의 완성도가 떨어진다. 그래서 개발된 것이 EBD전자제어 브레이크 제동력 분배장치이다.

구조는 어떻게 되어 있을까

EBD가 개발되기 전에는 프로포셔닝 밸브Proportioning valve라는 시스템이 사용되었다. 급브레이크 시, 내리막길 감속 상황에서는 자동차의 앞쪽이 내려가는 노즈 다이브nose dive; 수직 강하 현상이 발생된다. 이때 뒤 타이어의 브레이크에 가해지는 유압을 낮추어 뒤 타이어의 로크를 방지함으로써 자동차의 안정성을 높이는 제어부품이다.

EBD는 이러한 제어를 더욱 고도화한 것으로 특히 미니밴은 승차한 사람 수에 따라서 앞뒤의 중량 분배가 크게 변화된다. 뒤 타이어 쪽이 무거워졌을 때는 1~2인이 승차한 때와 동일한 뒤 타이어의 제동력으로는 부족하기 때문에 뒤 타이어에 브레이크 제동력의 분배를 높여 앞 타이어와의 균형을 향상시킨다.

EBD의 작동이미지

EBD를 탑재하지 않은 자동차

가벼운 중량 적재
제동력 / 하중 / 작다
하중에 맞는 제동력 분배

무거운 중량 적재
제동력 / 하중 / 작다 / 크다
뒤 타이어의 제동력을 충분히 사용할 수 없다.

EBD를 탑재한 자동차

가벼운 중량 적재
제동력 / 하중 / 작다
하중에 맞는 제동력 분배

무거운 중량 적재
제동력 / 하중 / 크다 / 크다
뒤 타이어에 제동력을 충분히 사용할 수 있다.

뒤 타이어의 브레이크 제동력을 향상시키는 것으로 인해 자동차의 자세도 변화되며, 앞 타이어에만 브레이크의 제동력이 강하면 자동차에 노즈 다이브 현상이 발생되지만 뒤 타이어와의 밸런스를 얻음으로써 앞뒤가 함께 밑으로 가라앉는 느낌이 되어 자세가 안정될 수 있다. 특히 유럽의 자동차는 이러한 경향이 강하다.

또 브레이크 페달을 밟으면 자동차의 하중은 앞쪽으로 쏠리기후진시는 반대 때문에 앞 타이어에는 강력한 제동력이 요구되며, 앞부분을 중시하여 브레이크의 제동력이 설정되어 있는 것은 브레이크 패드의 마모량만 봐도 알 수 있다. 보통 뒤쪽의 브레이크 패드는 앞쪽의 브레이크 패드를 3회 교환할 때 1회 정도로 교환한다.

분배 제어에 의한 브레이크 성능 향상
적재 하중에 따른 이상적인 분배 제어에 의해 뒤 타이어의 브레이크 성능이 향상된다.

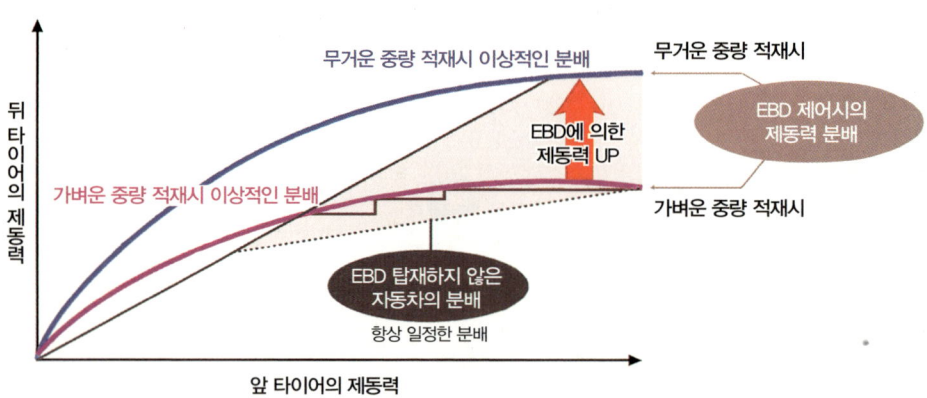

Tip 앞 타이어에 비해서 뒤 타이어의 브레이크 부품(로터 등)이 작은 것은 오토바이도 마찬가지이다. 스포츠카의 주행용 브레이크 패드 중에는 뒤 타이어의 브레이크가 잘 작동되도록 하기 위해서 의도적으로 강하게 하여 자동차의 자세를 변화시키기 쉽도록 한 것이 있다.

브레이크 어시스트

 **급브레이크** 장애물과의 충돌을 회피하기 위해 보통 때보다 강한 힘으로 브레이크 페달을 밟는 것을 말한다.

기본이 되는 것은 배력장치

현재의 자동차 브레이크 시스템에는 브레이크 페달을 밟은 힘을 증가시켜 주는 배력장치가 장착되어 있으며, 배력장치는 조향 핸들의 조작력을 경감시켜 주는 파워 스티어링과 같은 것으로 배력장치가 없다면 브레이크 페달을 밟는 느낌은 마치 돌을 밟는 것 같은 느낌일 것이다. 시판되는 자동차를 기본으로 하여 만들지 않는 한 경주용 자동차에 배력장치는 장착되지 않는다.

진공 배력장치의 구조

브레이크 페달을 밟는 힘으로 부스터 피스톤을 밀면 발생된 부압에 의해 진공 배력을 증대시킨다. 그래서 많은 사람들이 브레이크의 최대 능력을 쉽게 사용할 수 있게 되었다.

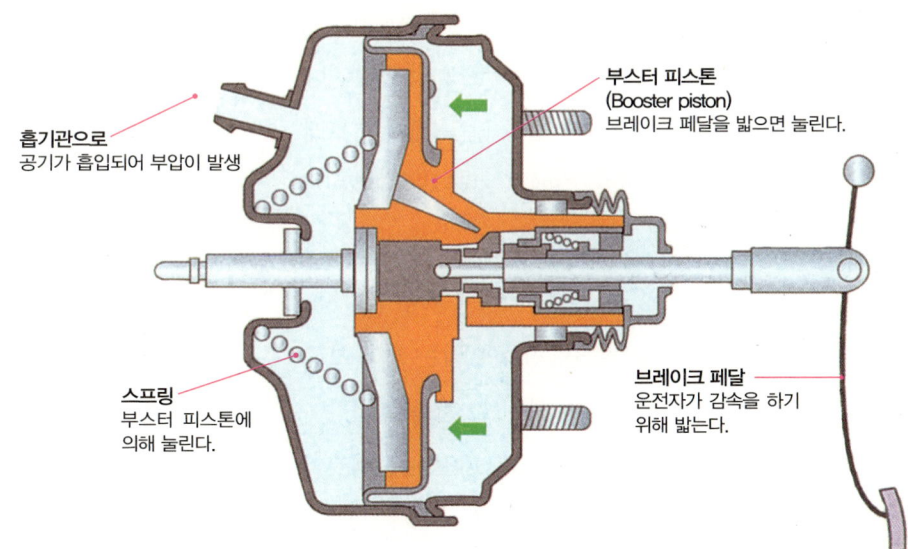

만일 시판되는 자동차에 브레이크의 배력장치가 없다면 일반 운전자에게는 커다란 문제가 된다. 경주용 자동차 운전자처럼 몸을 단련시킨 사람이 많지 않기 때문에 급브레이크를 밟아도 자동차의 설계대로의 제동력을 발휘시키는 것은 어렵기 때문이다.

누구든지 쉽게 브레이크 페달을 밟을 수 있도록 하기 위하여 개발된 배력장치에는 진공식 외에도 ABS 등의 유압을 이용하는 유압식이 있지만 대부분의 자동차에서는 진공식이 많이 사용되고 있다.

브레이크를 보다 잘 사용하기 위해서는

배력장치가 있어도 여성이나 고령 운전자 중에서는 갑작스런 상황에서 급브레이크를 힘차게 밟을 수 없는 사람이 많다. 충분히 힘을 실어 세게 밟으면 ABS가 작동하여 이상적인 제동력이 발휘되지만, 그 영역까지 세게 밟는 것이 어려운 사람도 있다.

많은 일반 운전자에게 급브레이크를 밟도록 시켜 보면 처음에 밟기 시작하는 힘이 약하고 그 후에도 전문 운전자의 2/3 정도에 지나지 않으며, 힘이 있는 사람이라도 몸 상태가 좋지 않을 때에는 브레이크 페달을 밟는 힘이 약한 경우도 있다. 그래서 자동차 회사가 개발한 것이 브레이크 어시스트이다.

브레이크 페달의 밟는 속도 등을 검출하여 평소에 밟는 보통 브레이크인지 아니면 긴급한 상황에서 밟는 급브레이크인지를 검지하여 제어하는 구조로서 브레이크 페달을 밟는 속도가 평소보다 빠르면 센서가 판단하여 ABS가 작동될 때까지 강력한 제동력을 발생시킴으로써 급브레이크를 밟는 힘이 부족한 운전자를 도와준다.

  1990년대 후반 처음으로 장착되었을 때에는 브레이크 페달을 그럭저럭 밟을 수 있는 사람에게는 오히려 ABS의 작동이 너무 빠른 감이 있어 불평 사항도 있었지만 현재는 그 시스템의 존재조차도 모를 정도로 개선되었으며, 지금은 컴퓨터에 의한 제어가 발전함으로써 이 기능은 운전자가 느끼지 못할 정도로 개선되었다.

브레이크 어시스트

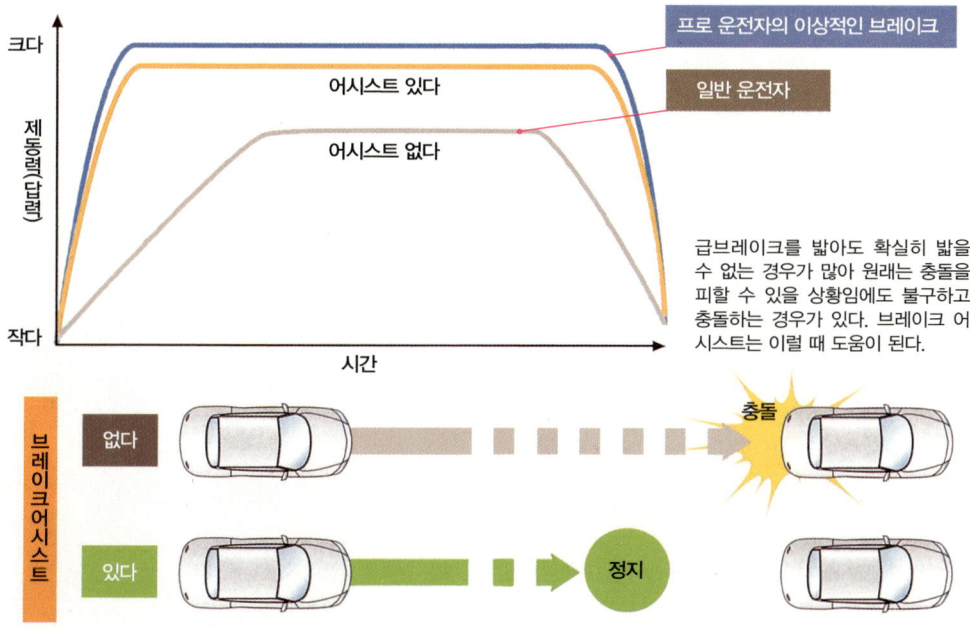

Tip 배력장치가 없었던 시대에는 제동력이 운전자의 체중에 비례하였다. 시동이 걸려 있지 않은 상태에서 브레이크 페달을 밟아 보면 어시스트가 없는 상태를 체험할 수 있는 자동차도 있다. 비상시에는 브레이크 페달을 힘껏 밟아 눌러야 한다. 그런데 좌석의 위치가 올바르지 않으면 그렇게 할 수 없는 경우도 있다.

222 자동차 진화의 비밀을 알고 싶다

비상시 브레이크 신호

 **추돌 방지** 차선의 유지나 자동 브레이크 시스템도 있지만 정지하려는 의사를 표시하는 것은 제동등(brake lamp)이다. 이것이 눈에 확 띄게 함으로써 추돌 방지에 도움이 된다.

브레이크 램프의 역할

브레이크 램프의 점등은 자동차를 정지시키겠다는 의사표시로서 교차로의 신호와 함께 자기 자동차의 감속 혹은 정지 여부를 판단하게 하는 요소가 된다. 신호등이 있는 교차로에서 맨 앞에 정지할 때는 문제가 없지만 대부분의 경우에는 선행하는 자동차가 있기 마련이다. 신호등이 없는 고속도로나 자동차 전용도로는 적어도 60km 이상의 제한속도가 있으며, 이러한 도로에서는 주행속도가 빠르고 신호등이 없기 때문에 정체의 정보가 없는 한 앞차가 정지 혹은 감속하리라고는 그다지 생각하지 않고 운전을 하게 된다.

그러나 사고라는 것은 돌연 발생하기 때문에, 자동차 간 거리를 확보하면서 운전하려던 것이 한순간 전방에서 눈을 떼게 되고 앞차의 앞차가 사고를 일으켜 급브레이크를 밟는 바람에 덩달아 사고를 당했던 경험을 가지고 있는 사람도 있을 것이다.

그러나 이러한 때에도 통상적인 브레이크는 보통 때와 같이 점등만 되기 때문에 이것이 급브레이크(긴급브레이크)를 표시하는 점등이 맞는지의 여부를 뒤따르는 자동차로서는 알 수가 없다. 다시 말해,

비상 브레이크 신호

폭스바겐의 폴로에 적용된 비상 브레이크 신호이다. 점등하면 사진과 같은 모습이 된다. 브레이크 램프 외에 노란색 비상등도 자동적으로 점등된다. 사진으로는 분별하기 어렵지만 실제로 점멸하고 있는 장면이다. 폴로의 경우 60km/h 이상으로 주행하다가 강하게 브레이크 페달을 밟으면 자동차에 탑재되어 있는 컴퓨터가 긴급 브레이크라고 판단하여 브레이크 램프와 비상등을 점멸시킨다.

뒤따르던 자동차는 앞차가 정지를 하려고 급브레이크를 밟고 있다는 것을 알 수가 없는 것이다. 기껏해야 감속하는 브레이크라고 생각하게 되어 앞차와 추돌하게 되는 것이다.

긴급 브레이크라는 것을 뒤차에게 알려주는 것이 목적

급브레이크가 작동하는 소리만으로도 긴급 브레이크인지의 여부를 알 수 있는 경우도 있지만 자동차에서 긴급 상황을 나타낼 목적으로 장착된 것은 비상 브레이크 신호이다. 국내의 그랜저 HG에 급제동 경보시스템ESS ; Emergency Stop Signal이 장착되어 있다.

이것은 유럽의 자동차에서 먼저 적용하기 시작하였고 비상 브레이크의 사용 방법은 센서로 차의 속도나 브레이크 페달을 밟는 상태 등을 검지하고 컴퓨터가 긴급 브레이크라고 판단하면 브레이크 램프가 점멸하며, 정지에 가까워진 시점에서는 비상등Hazard lamp도 점멸하는 방식이지만 브레이크 램프가 점멸하거나 비상등이 짧은 간격으로 점멸하는 등 메이커에 따라서 다른 방식도 적용되고 있다.

작동 이미지
비상 브레이크 신호가 작동되는 이미지이다. ABS가 작동할 정도로 급브레이크가 걸리면 비상등이 점멸한다.(미쓰비시의 RVR)

또 이러한 방식 이외에 브레이크 램프에 LED발광다이오드 램프를 부착시킴으로써 보다 눈에 잘 띄게 하여 깜빡하고 브레이크 신호를

보지 못하여 추돌하는 사고를 미연에 방지하는 시스템을 갖춘 자동차도 증가하고 있다. 이것은 밝기가 높은 LED를 재빨리 점등시켜 뒤따르는 자동차가 알아채기 쉽다는 장점을 가지고 있다.

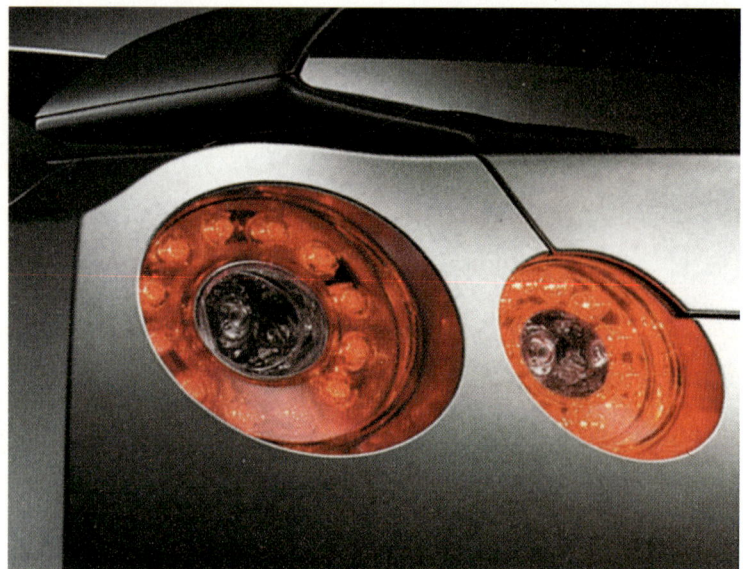

고휘도 후미등(tail lamp)
브레이크 등이나 후미등에도 LED를 적용하는 자동차가 점점 더 증가되고 있다. 사진은 닛산의 GT-R인데 소비 전력이 낮은 것이 특징으로 연비를 중시하는 자동차나 전기 자동차에 적용되고 있다.

> **Tip** LED는 발광 속도가 빠르지만 빛은 지향(지정한 방향)성이 강하고 조사 범위가 좁다. 조사 범위가 좁은 LED의 단점은 반사경(Reflector)의 구조를 변경하거나 LED의 수를 증가시켜 커버한다. LED는 소비 전력이 낮아 에너지 절약 차원에서도 도입이 증가되고 있다. 또한 백열등처럼 필라멘트가 타서 끊어지는 현상이 발생되지 않아 장기간 동안 성능을 유지할 수 있다.

패시브 세이프티

 **피해 경감** 패시브 세이프티는 수동적 안전성이라고도 불린다. 사고가 일어났을 때 승객의 피해를 경감시키는 장치를 말한다.

어떻게 승객을 보호할 것인지의 여부가 핵심 포인트

교통법규나 표식에 따른다 하여도 자동차는 결국 운전자의 의지에 의해 주행하게 된다. 예를 들면 에어컨이나 오디오의 조작 등을 운전 중에 하지 말아야 하지만 이것에 정신이 팔려 앞차의 정지를 뒤늦게 알아차리는 경우도 있을 것이다. 한순간 깜빡하면 추돌사고로 이어질 수 있다. 이러한 경우 앞차와의 속도차가 클수록 피해는 더욱 커지게 된다. "알아차리고 브레이크를 밟았을 때에는 이미 늦어버렸다."라고 말하는 가해자의 변명을 뉴스에서 들은 적이 있을 것이다.

여기서 브레이크 페달을 밟고 있는 충돌 전의 단계를 **액티브 세이프티**Active Safety라고 하며 사고로부터 승객의 상해를 가급적 경감시킬 목적으로 장착하는 것을 **패시브 세이프티**Passive Safety라고 말한다.

대표적인 예는 에어백 및 충돌 안전 보디

충돌 사고가 났을 때 어떻게 자동차에 승차한 사람을 보호할 수 있을 것인가, 라는 관점에서 연구한 결과 가운데 눈에 확연히 보이는 장치로는 **에어백**이 대표적이며, 조향 핸들 중앙 부위에 [AIR BAG]이라고 나타나 있는 것으로 그 존재를 알 수 있다.

에어백이 작동되기 전에 안전벨트를 죄어 승객을 당겨주는 **프리텐셔너**Pre-tensioner**기능**이나 충돌 후 에어백이 완전히 팽창한 후 승객이 어느 정도 앞쪽으로 기울어질 수 있도록 단단히 죄여져 있던 안전벨트를 약간 느슨하게 해 주는 **로드 리미터**Load-limiter도 있다. 승객을 좌석에 단단히 고정하여 묶어 두면 관성의 법칙에 의해 몸이 앞으로 쏠릴 때 안전벨트가 상반신을 강하게 압박하게 되어 자칫 다치게 될 수도 있기 때문이다.

또한 전면 충돌의 경우 보닛이 충격을 흡수하면서 변형되는 **충돌 안전 보디**가 있다. 이것은 보닛이 찌부러지면서 에너지를 쉽게 흡수하여 캐빈cabin ; 승객이 타고 있는 실내 부분이 변형되지 않도록 각 부분의 강도가 적절하게 설계되어 있는 것을 말한다.

에어백

충돌 테스트 장면이다. 패시브 세이프티 장치는 만일의 사고 시에 어떻게 승객의 상해를 경감시킬 수 있을까, 라는 관점에서 연구된 것이다. 차체의 구조뿐만 아니라 에어백, 좌석 등에 적용되는 것들이 대표적인 것이다.

충돌 안전에 관해서는 공생이 가능한Compatibility 디자인도 적용되어 있다. 예를 들어 대형 세단과 소형자동차가 충돌 사고를 일으킨 상황에서 경자동차만 찌부러져서 대형 세단의 승객만 구조되는 것이 아니라 양쪽 모두 다 최소한의 피해로 끝내기 위해 설계상의 여유가 있는 대형 자동차가 충격을 흡수해 주도록 리스크 분산 설계가 선택되고 있다.

사고는 차량 사이에서만 발생되는 것은 아니며, 보행자와 충돌하는 경우도 빈번하다. 이것이 보행자 보호라는 사고방식이다. 최근 자동차는 보닛 후드와 엔진 최상부 사이의 틈새를 크게 하거나 보닛의 경첩Hinge을 변형되기 쉽게 설계하여 보행자가 보닛에 들이받힐 때의 상해를 경감시키는 것까지 고려되고 있다.

대형 세단의 공생 구조
자신의 자동차보다 높이가 낮은 소형자동차와의 충돌 시에 큰 자동차의 차체가 작은 자동차 위로 올라타 찌부러트리지 않도록 자동차의 앞 라인(Front frame)을 낮은 위치로 배치하는 방식으로 설계되고 있다.

> **Tip** 보행자의 보호를 위해 이제는 스포츠카에서도 보닛을 낮추기 어렵게 되었다. 패시브 세이프티 장치의 혜택을 받기 위해서는 운전자뿐만 아니라 자동차에 탑승한 승객도 올바른 자세로 탑승하는 것이 중요하다.

에어백

 **Key word** **SRS** 에어백을 말하며 'Supplemental Restraint System'(보조 구속 장치)의 약어이다.

승객 보호 장치의 한 역할을 담당

운전석 에어백은 조향 핸들 중앙에 있는 패드 속에 봉입되어 있다가 충돌 시에 풍선처럼 부풀려져서 승객의 안면이나 흉부가 조향 핸들과 부딪치지 않도록 하는 장치이다. 구조는 조향 핸들 중앙의 패드 안쪽에 작게 접어진 에어백 본체와 인플레이터Inflater라는 에어백을 팽창시키는 장치로 조합되어 있다.

인플레이터 내부에는 전기 점화장치, 점화제, 가스 발생장치 등으로 구성되며, 전면이나 측면 충돌 시에 설정값 이상의 충격이 감지되면 인플레이터 내의 전기 점화장치에 의해 점화제가 연소되어 발생하는 열에 의해서 가스발생제가 연소되어 가스가 발생되는데 에어백을 0.01초라는 짧은 시간에 번개와 같은 속도로 팽창시킨다. 충격을 감지하는 센서 유닛은 충돌의 충격에 대한 영향을 잘 받지 않는 차체의 뒤쪽에 주로 설치되어 있다.

에어백은 안전벨트의 보조 장치일 뿐

조향 핸들의 중앙에서 튀어나와 풍선처럼 부풀어져 사고 시의 충격으로부터 운전자를 보호해 주는 것이 에어백이다. 그러나 에어백이 있다고 하여 안전벨트를 매지 않는 것은 본말전도本末顚倒이며,

안전벨트에도 프리텐셔너 같이 사고 시에 안전벨트를 당겨 주어 승객이 앞으로 튀어나가지 않도록 하는 또 다른 안전 기능이 있다.

만일 안전벨트를 착용하지 않으면 몸이 충돌의 충격으로 인해 전방으로 튕겨나가게 된다. 이 경우 에어백의 팽창력을 얼굴이나 몸에 직접 받게 되면 에어백이 반대로 흉기가 되어 상해를 오히려 가중시킨다.

운전석 에어백의 구조

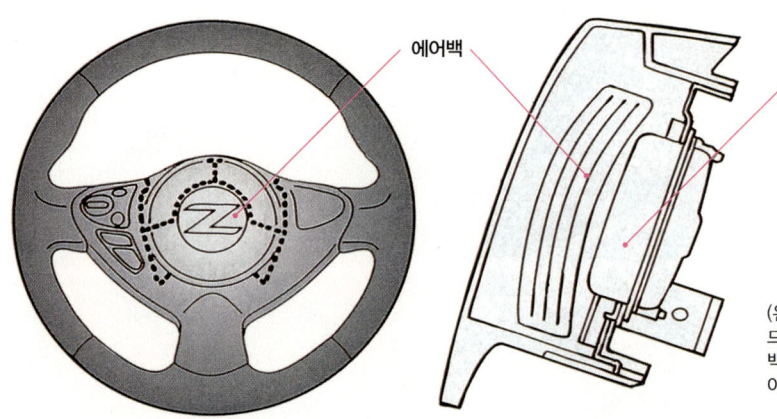

(왼쪽) 운전석 에어백은 조향 핸들 중앙의 패드가 파손되면서 튀어나온다. (오른쪽) 에어백은 이와 같이 접혀서 수납되어 있으며 그 아래쪽에 인플레이터가 있다.

키워드에서 서술한 바와 같이 에어백이 보조 구속 장치라는 것을 이해하고 안전벨트와 함께 사용해야 안전성이 높아진다는 것을 명심해야 한다. 몸을 차체에 단단히 붙잡아 두지 않으면 자동차가 장애물에 충돌할 경우 주행 시의 속도에 의한 관성 때문에 몸이 앞으로 튕겨져 나가게 된다.

안전벨트를 올바르게 매는 방법은 의외로 잘 알려져 있지 않다. 어깨에 걸리는 벨트는 쇄골에 걸리도록 하고 가로 방향의 벨트는 허리뼈 위치에 매도록 해야 한다. 어깨에 걸리는 벨트는 필러Pillar; 차체와 지붕을 연결하는 기둥에 높낮이를 조정하는 레버가 있으니 체구가 작은 사람은 특히 목에 걸리지 않도록 조절할 필요가 있다.

　어깨로부터 쇄골에 걸려야 할 벨트가 목에 걸려 있으면 자칫 사고 시에 이것이 마치 날카로운 칼처럼 목을 절단하는 흉기로 돌변할 수 있으며, 허리에 걸리는 벨트도 역시 마찬가지이다. 과거에는 안전벨트로 인해 배에 열상을 입은 사고도 있었다.

에어백이 모두 다 작동된 상태의 이미지

운전석과 동승석, 좌석 옆, 측면의 창을 모두 둘러싸는 커튼 타입이 현재 모든 자동차에 표준으로 장착되고 있다. 자동차에 따라 운전석 계기판 아래쪽이나 뒷좌석 중앙에서 무릎 보호 에어백이 나오는 타입도 있다.

Tip 안전벨트의 어깨 부위에 클립(clip)을 끼워서 느슨하게 하는 운전자도 있지만 이것은 안전상 바람직하지 않다. 안전벨트를 착용했을 때의 착용감은 습관의 문제이며 익숙해지면 오히려 착용감이 없을 때 더 불안감을 느끼게 된다. 에어백의 존재 여부에 따라서 조향 핸들의 조향감이 크게 달라진다. 스포츠카를 좋아하는 사람은 없는 쪽을 선호하겠지만 아예 빼버리는 것은 권하고 싶지 않다.

진화하는 에어백

 **Key word** **가변 용량** 에어백은 충돌 시 0.1초 정도의 짧은 시간에 빠르게 팽창되며, 예전보다 팽창 방법이 부드러워졌다.

에어백이 상해의 원인으로

에어백은 자동차 충돌사고 시에 승객의 상해를 최소화할 목적으로 장착되며, 운전석을 시작으로 동승석, 사이드, 커튼 에어백 등 그 종류는 매년 증가하고 있다. 그런데 이렇게 승객을 보호할 목적으로 장착된 에어백에 의해 안면에 상해를 입는 사례도 발생하고 있어 충돌 후 에어백이 가급적 빠르게 작동하는 것만을 중시했던 것이 원인으로 해석된다.

그래서 개발된 것이 에어백의 용량팽창량을 연속적으로 변화시키는 타입으로 그 특징을 알기 위해 혼다의 자동차를 예로 들어 보자.

키워드는 신속·지속·저충격

혼다의 운전석용 I-SRS 에어백을 보면 팽창된 상태의 정면과 후면에 이전의 에어백에는 없었던 소용돌이 모양의 봉縫제품이 있다는 것을 알 수 있다. 이 소용돌이의 봉제품은 적은 가스 용량으로 승객을 보호하는 보호막을 단시간에 형성하기 위한 포인트이다.

이제까지의 에어백은 순간적으로 팽창시키는 것만을 중요시하였기 때문에 팽창하는 과정을 보면 최초에 승객의 안면을 향하여 앞뒤로 긴 형태가 된다. 이것은 결국 좁은 면적을 가지고 있는 물체가 고속으로 안면을 때리게 되는 것이나 마찬가지가 되어 승객에게 상해를 입힐 가능성이 높아지는 요인이 되는 것이다.

에어백의 종류

이전의 에어백 시스템   연속 용량 변화형

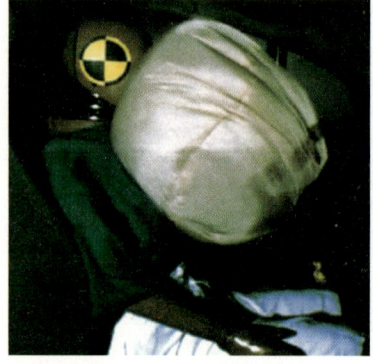
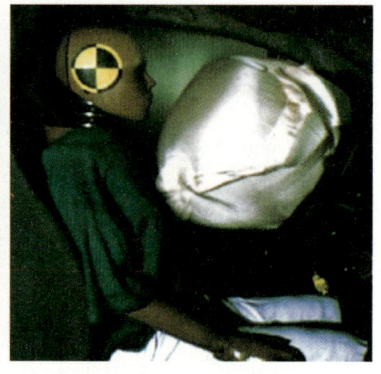

이전의 에어백 시스템과 연속 용량 변화형에서 i-SRS 에어백이 팽창할 때 튀어나온 양을 비교한 것이다. 이전의 에어백에서는 안면 열상 등이 발생할 수도 있다는 것을 알 수 있다.

그러나 I-SRS 에어백의 소용돌이 봉제품은 가스의 흐름을 제어하고 에어백이 훨씬 더 납작하게 팽창되도록 함으로써 보호 성능 지속 시간의 연장에도 기여하고 있다. 인플레이터에 의해 발생한 가스가 소용돌이 봉제품의 실을 안쪽에서 끊어 가면서 에어백을 팽창시키기 때문에 내압이 지나치게 상승되는 것을 방지한다. 에어백의 가스가 최후까지 배출되지 않도록 설계된 구조도 특징 중 하나이다.

그 결과 이제까지의 에어백에서는 운전자의 보호막이 형성되지 않았던 0.02초 이하에서 완전한 팽창 상태가 되어 0.05초 부근까지 보호 성능이 발휘될 수 있도록 하였다. 이전의 에어백은 보호막이 형성되기까지 0.03초가 걸렸다는 것을 고려한다면 팽창의 속도도 3분의 2 정도로 더 빨라졌다. 보호 성능이 발휘되는 시간도 이전의 에어백은 불과 0.01초 정도 밖에 되지 않았었다.

에어백의 설치 개수나 장소뿐만 아니라 그 팽창 시스템도 확실히 발전하고 있으며, 에어백을 단지 팽창시키는 것만이 아니라 승객을 위해 보다 부드럽게 접촉될 수 있도록 발전시키는 것이 이러한 종류의 장비가 이제부터 풀어나가야 할 과제인 것이다.

에어백 팽창시의 내압 변화
이 그림은 에어백의 팽창 시간을 비교한 것이다. 연속 용량 변화 타입인 i-SRS 에어백이 훨씬 더 신속하게 팽창하여 시간이 지속되고 있다는 것을 알 수 있다.

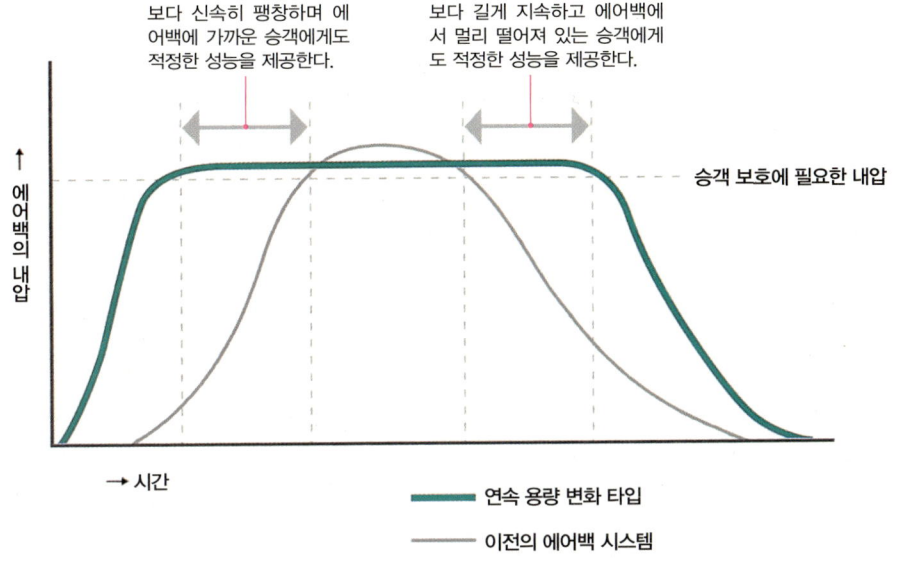

보다 신속히 팽창하며 에어백에 가까운 승객에게도 적정한 성능을 제공한다.

보다 길게 지속하고 에어백에서 멀리 떨어져 있는 승객에게도 적정한 성능을 제공한다.

승객 보호에 필요한 내압

↑ 에어백의 내압
→ 시간

— 연속 용량 변화 타입
— 이전의 에어백 시스템

> **Tip** 혼다는 1998년에 2단식 인플레이터 타입 에어백을 세계 최초로 개발하였다. 동승석은 운전석 이상으로 승객의 자세가 일정하지 않기 때문에 에어백의 용량이 크게 설정되어 있다.

보행자 장애 경감 보디

 **보행자 머리 보호 기준** 국토해양부가 2008년부터 자동차안전기준에 관한 규칙으로 새롭게 도입한 항목이다.

보행자 대상 사고의 상해 경감이 목적

교통사고 사망자 수가 감소되는 경향인 반면에 보행자 대상 자동차 사고는 많은 편이다. 보행자 대상 자동차 사고 중에 반 이상을 차지하는 것은 보행자가 머리 부분을 다쳐서 사망한 것이라는 데이터가 있다. 2008년에 이러한 현실을 감안하여 국토해양부가 보닛에 대한 머리 보호 기준을 도입하였으며, 그때까지 주로 자동차 간의 충돌 안전성 향상에 힘을 쏟고 있었던 자동차 회사로서는 새로운 과제가 추가된 것이다.

보행자 장애 경감 보디 구조

보닛 경첩 부분 충격 흡수 구조
보닛에 설치되어 있는 경첩 부분을 변형되기 쉬운 구조로 하여 충돌 시 충격을 흡수한다.

앞 유리창 지지 부분 충격 흡수 구조
앞 유리창 아래쪽 지지 부분을 변형되기 쉬운 구조로 하여 충돌 시 충격을 흡수한다.

충격 흡수 보닛
엔진과 보닛 사이에 공간을 확보하여 충돌 시 충격을 흡수한다.

충격 흡수 범퍼
범퍼 빔(Beam)을 변형되기 쉬운 구조로 하여 충돌 시 충격을 흡수한다.

충격 흡수 펜더
펜더 설치 부분을 변형되기 쉬운 구조로 하여 충돌 시 충격을 흡수한다.

보행자와 자동차가 충돌했을 때 보행자는 자동차로 튀어 올라 보닛이나 앞 유리창에 머리부터 충돌하게 된다. 이 경우의 보행자 상해를 경감시키기 위한 연구가 자동차 측의 접촉 부위를 중심으로 이루어지고 있다.

간단히 말하면 보디를 부드럽게 만드는 느낌

자동차의 전면 부위와 보닛 주위를 보면 겉보기에는 이제까지와 별반 다르게 보이지 않지만 자세히 보면 보닛의 후드와 그 밑에 탑재한 엔진의 사이가 이전보다 넓어졌다는 것을 알 수 있다. 2008년 이후에 구입한 자동차라면 보닛을 열어서 살펴보자.

엔진의 탑재 위치가 예전보다 조금 아래로 내려가 있다는 느낌이 들지만 사실은 보닛이 높아져 있는 것이다. 보닛과 밑에 있는 엔진 사이의 공간을 넓게 만들어 보닛이 찌부러지는 비율을 증가시킴으로써 충격을 쉽게 흡수할 수 있도록 한 것이며, 앞 범퍼의 내부에는 발포 수지 등의 충격 흡수재가 들어가 있고 보닛의 경첩도 충격 흡수 구조로 되어 있다. 또한 와이퍼는 강한 충격을 받았을 때 떨어지도록 되어 있고 그 설치 부분인 카울Cowl도 강한 충격을 받으면 쉽게 변형되는 구조이다.

엔진과 보닛 사이의 틈을 넓히는 것에 문제가 되는 것은 스포츠계의 자동차이며, 보닛이 낮은 것이 포인트 스타일이기 때문에 디자인 면에서 차체를 낮아 보이게 하는 연구가 필요해졌다. 그러한 스포티한 이미지를 가지기 원하는 자동차에는 **펌프 업 엔진 후드**Pump up engine hood로 대응하는 방법도 있다. 벤츠 E 클래스나 닛산 푸가, 페어레이디 Z 등이 이 방식을 적용하고 있다.

이것은 보행자와의 충돌 시에 보닛의 뒷부분이 솟아오르게 하는 것으로 앞 범퍼에 설치된 센서가 후드 뒷부분의 팝업POP UP이 필요하다고 판단하면 화약식의 액추에이터가 작동하여 보닛 뒷부분이 솟아오르게 된다.

에어백이 모두 다 작동된 상태의 이미지

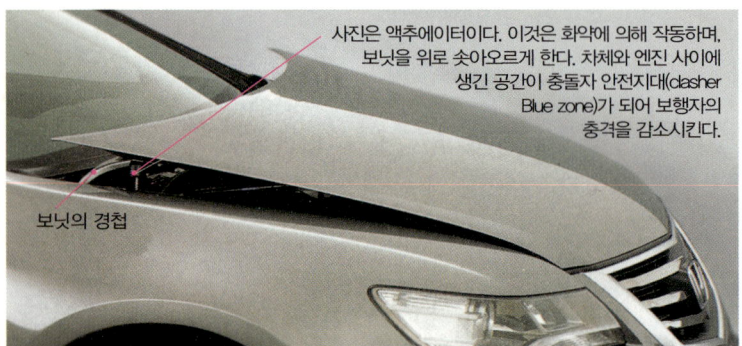

사진은 액추에이터이다. 이것은 화약에 의해 작동하며, 보닛을 위로 솟아오르게 한다. 차체와 엔진 사이에 생긴 공간이 충돌자 안전지대(clasher Blue zone)가 되어 보행자의 충격을 감소시킨다.

보닛의 경첩

팝업 엔진 후드는 보닛의 뒷부분이 화약이 폭발한 힘으로 솟아오르는 것이다. 사진은 보닛이 솟아오른 상태(왼쪽 사진)와 충돌 실험 장면(오른쪽 사진)이다.

Tip 안전벨트의 어깨 부위에 클립(clip)을 끼워서 느슨하게 하는 운전자도 있지만 이것은 안전상 바람직하지 않다. 안전벨트를 착용했을 때의 착용감은 습관의 문제이며 익숙해지면 오히려 착용감이 없을 때 더 불안감을 느끼게 된다. 에어백의 존재 여부에 따라서 조향 핸들의 조향감이 크게 달라진다. 스포츠카를 좋아하는 사람은 없는 쪽을 선호하겠지만 아예 빼버리는 것은 권하고 싶지 않다.

목 충격 완화 시트

 **편타증** 자동차를 탑승하고 있을 때 뒤쪽으로부터의 충돌로 목 위에 있는 무거운 머리 부분이 회초리처럼 전후로 흔들림으로써 발생하는 상해를 말한다.

에어백이나 충돌 안전 보디만으로 막을 수 없는 상해

최근의 자동차에는 에어백이 장착되어 있어 내장 부품들과의 충돌에서 신체를 보호할 수 있으며, 자동차의 차체가 실내 부분의 형상을 변형시키지 않도록 프런트 프레임이 충격을 흡수한다.

그로 인해 외상은 줄일 수 있게 되었지만 이전의 일반 자동차에 있던 시트나 벨트로 몸을 완전히 고정하는 것은 불가능하다. 인간의 머리는 그보다 가느다란 목의 위에 있으며, 중량이 무거운 만큼 불안정한 상태에 놓여 있기 때문이다.

에어백이나 충돌 안전 보디라는 것은 기본적으로 전방이나 측면에서의 충돌에 대응하는 것이라고 생각할 수 있다. 그러면 뒤쪽에서 받힌추돌 경우에는 어떻게 될까.

처음에는 시트에 억눌려진 뒤 그 반동으로 상반신이 앞으로 고꾸라져서 목이 앞으로 쏠리고 한층 더한 반동으로 머리는 다시 뒤로 흔들린다. 즉, 회초리가 휘는 것처럼 머리가 움직이는 것으로 이후에 여러 가지 부조의 증상이 나타나게 되는 것이 **편타**Whiplash syndrom **성 손상**이라는 **경부 염좌**인 것이다.

현재 대부분의 자동차 앞좌석에는 그러한 증상을 완화시키기 위한 장치를 도입한 것이 **목 충격 완화 시트**이며, 그 명칭은 자동차 회사에 따라 가지각색이다. 이것은 머리 받침대head rest의 위치와 형상이 최적화된 것뿐만 아니라 머리 부분을 포함해서 몸 전체를 단단히 지지하는 구조로 되어 있다.

회사에 따라서 시스템은 조금씩 다르지만 대부분은 뒤로부터의 충돌로 상반신이 좌석 등받이seat back 쪽으로 눌리는 것을 감지하여 전방으로 흔들린 머리가 다시 후방으로 흔들리는 진자처럼 되지 않도록 머리 받침대를 전방으로 기울여 억제해 주는 방식이다.

목 충격 완화 시트의 구조

목 충격 완화 시트의 머리 받침대. 외부의 형상으로 볼 때는 일반 머리 받침대와 구별이 되지 않는다.

작동 시스템
① 승객이 의자 등받이에 눌리게 되면 링크가 작동한다.
② 머리 받침대가 앞으로 기울어지면서 전방으로 이동한다.

즉, 전방으로 흔들린 머리가 그 여세로 인해 후방으로 흔들리는 것을 방지해 줌으로써 목 부분의 상해를 경감시키는 구조이다. 그러나 이것은 어디까지나 경감시키는 것으로 전후로의 흔들림을 완전히 방지해 주는 것은 아니다.

안전벨트의 기능을 인식하자

안전벨트에는 프리 텐셔너 기능이라 하여 전면 충돌 시에 몸이 앞으로 튕겨나가지 못하도록 시트 벨트를 B 필러pillar 부에서 감아주는 장치가 장착되어 있다. 또한 자동차가 충돌한 후에는 시트 벨트가 너무 당겨져 발생하는 상해를 방지하기 위하여 구속력을 적정한 정도로 느슨하게 하는 로드 리미터 기능이 작동한다. 충돌하는 순간에는 승객이 전방으로 튀어나가지 않도록 하는 것이 중요하지만 충돌 후에도 구속하는 힘이 강하게 지속되면 오히려 시트 벨트에 의해 상해를 입게 되기 때문이다.

시트 벨트를 정확히 매고 머리 받침대는 머리 뒷부분 중앙 부근에 오도록 조절해 두면 자동차 안전장치의 혜택을 받을 수 있다는 것을 사용자들도 정확히 인식할 필요가 있다.

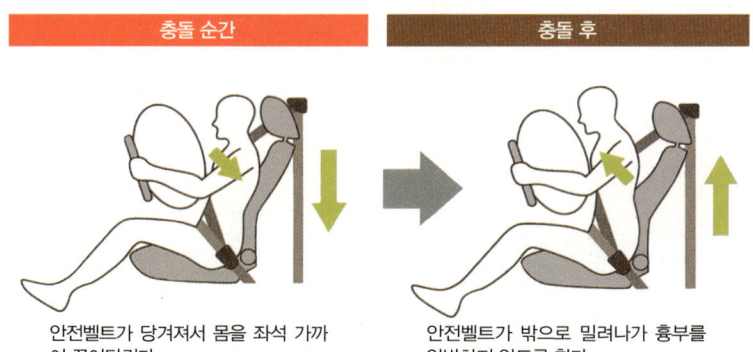

안전벨트의 기능
안전벨트의 프리 텐셔너(왼쪽)와 로드 리미터(오른쪽). 안전벨트를 장착하지 않으면 이러한 혜택을 받을 수 없다.

> **Tip** 뒷좌석에 탑승하는 사람도 안전을 위해 안전벨트를 착용해야 한다. 목 충격 완화 시트를 액티브 헤드 레스트(Active head rest)라고 부르는 회사도 있다.

충돌 피해 경감 시스템 (1)

 **PCS** 수입되는 도요타 자동차에 장착된 것으로 밀리파 레이더 등을 사용하여 충돌의 피해를 경감시키는 장치이다.

충돌을 회피시키는 것은 아니다

도요타가 **충돌 피해 경감 장치**를 탑재한 자동차를 출시한 것은 2003년으로 이것은 프런트 그릴 등의 중앙 부분에 밀리파 레이더를 설치하고 장애물신호에 의해 정지하고 있는 앞 자동차 등을 감지하는 것으로 충돌을 피할 수 없다고 컴퓨터가 판단했을 때에 운전자를 대신하여 브레이크를 작동시키는 역할을 한다.

PCS의 구성

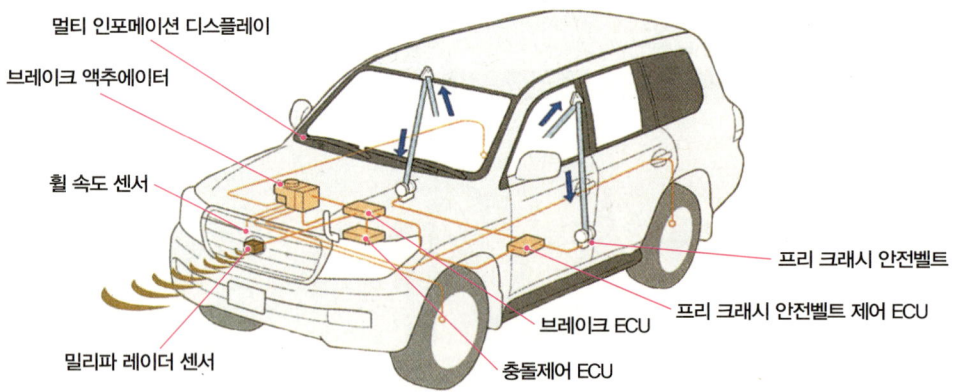

현재는 앞에서 주행하는 자동차와의 속도 차이가 30km/h 이상일 때 정지시킨다. 다른 회사에서도 이와 같은 장치가 등장하고 있지만 도요타의 **PCS**Pre-crash Safety**시스템**은 더욱 발전하고 있어 충

돌했을 때의 피해를 경감시키기 위해 급 감속이 이루어지면서 충돌 회피 행동을 보조한다.

운전자 모니터의 부착에 의한 진화

전면 충돌의 원인 중 하나로 운전자가 한눈을 팔다가 장애물을 늦게 알아차리는 경우가 있다. 그 중에는 졸음운전도 포함되어 있어서 운전자의 의식 상태를 인식하는 것도 효과적인 방법이라고 여겨졌기 때문에 PCS 시스템에 새롭게 추가된 것이 **운전자 모니터**이다.

이 모니터는 조향 핸들의 칼럼기둥 위쪽에 운전자를 향하여 CCD 카메라가 설치되어 있는 형태이며, 이것의 목적은 운전자 눈의 개폐도를 검지하기 위함이다. 최초로 운전자 모니터 시스템이 장착된 것은 2006년이지만 현재의 폐안閉眼 검지 기능이 부착된 것은 2008년부터이다.

우선 운전자가 각성 상태일 때 눈의 폭이나 콧구멍의 위치나 눈의 깜빡임 등을 검지한다. 그리고 눈을 깜빡이는 것 이상으로 긴 시간동안 눈이 감겨 있으면 운전자가 졸음운전을 하고 있다고 판단하며, 눈의 상태뿐만 아니라 운전자가 곁눈질을 하고 있는 것도 검지하도록 되어 있다.

예전의 프리 크래시 세이프티PCS 시스템만 있는 자동차보다 더 빨리 운전자의 이상을 판단할 수 있게 되어 경보 브레이크가 작동된다. 이에 따라 충돌 피해의 경감에도 효과를 발휘할 수 있다.

렉서스 브랜드의 자동차에 장착되어 있는 타입은 조향에 의한 회피도 보조하고 있으며, 스티어링 기어비가 빨라져 작은 조향 각도에서도 급선회할 수 있도록 되어 있다. 또한 VDIMVehicle Dinamics Integrated Management ; 차량 안전성 통합제어과 협조 제어를 할 수 있다.

　최신형 자동차 중에는 앞쪽의 비스듬한 방향에서의 충돌에 대응하는 전측방 밀리파 레이더나 뒤따라오는 자동차로부터의 추돌 위험을 사전에 파악하는 후방 밀리파 레이더가 장착된 타입도 있다.

PCS의 구성 부품(운전자 모니터가 없는 타입)

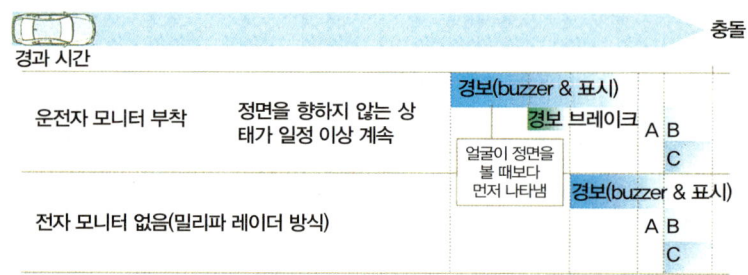

PCS 시스템 작동 이미지

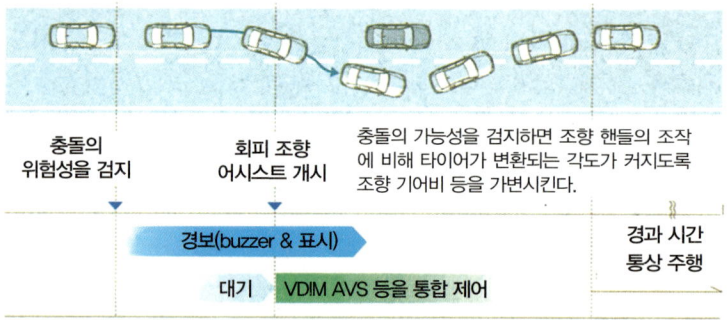

> **Tip** 충돌을 피할 수 없다고 판단되면 시트 벨트를 당겨 주는 제어도 실시되고 있다. 도요타의 충돌 피해 경감 시스템을 탑재한 자동차에는 주행하고 있는 차선을 벗어나지 않도록 하는 레인 키핑 어시스트(lane keeping assist)나 간격을 유지하여 따라가게 하는 레이더 크루즈 컨트롤(Radar cruise control) 등도 설치되어 있다.

충돌 피해 경감 시스템 (2)

 **스테레오 카메라** 대상물을 두 곳의 위치에서 촬영하는 카메라. 입체적인 정보로 인식한다.

이전의 모델에서는 ADA란 명칭으로 장착

스바루의 운전 지원 시스템은 1999년 3번째 모델 레거시의 일부 등급에 옵션으로 설정된 ADA Active Driving Assist로 거슬러 올라간다.

2개의 CCD 카메라를 룸미러 좌우에 설치하여 자동차 간 거리를 유지해야 하는 추종 주행이나 차선의 이탈 경보 등이 제어되는 것이었다. 2003년에는 밀리파 레이더가 추가되어 3.0R ADA으로 발전하여 추종 주행이 보다 정밀해졌다.

아이사이트로 명칭을 변경하고 저가로 재탄생

ADA를 아이사이트 EyeSight로 개칭한 것은 2008년으로 다시 스테레오 카메라만의 간단한 시스템으로 돌아왔다. 룸미러 좌우에 있는 각각의 카메라의 화상 차이에서 거리 정보를 얻으며, 화상 인식 마이크로 컴퓨터에 의해 보행자, 자전거, 차선, 벽 등 화상 내의 여러 가지 입체물을 인식하는 것이다.

자전거나 보행자까지 인식하는 것은 다른 회사의 충돌 피해 경감 시스템에 없는 스바루만의 독자적인 포인트이다.

충돌 피해를 경감시키는 프리 크래시

앞에서 주행하는 자동차의 속도를 추종해 따라가는 기능을 갖춘 크루즈 컨트롤Cruise control이라는 차량 제어 기능도 있어 브레이크가 자동으로 작동되는 프리 크래시 브레이크Pre crash brake에서도 스테레오 카메라는 보행자나 자동차, 도로 위의 대형 장애물낙하물 등까지 인식한다.

아이사이트의 구성
아이사이트의 제어 시스템 이미지이다. 다른 충돌 피해 경감 시스템보다 간단한 것을 알 수 있다.

프리 크래시 브레이크는 30km/h까지라면 자동적으로 브레이크를 작동시켜 충돌을 회피할 수 있다.

또한 40km/h 이상으로 주행하고 있을 때 차선에서 벗어난 경우 경보음과 계기 패널 내에 표시하여 운전자에게 알려주는 차선 일탈 경보와 지그재그 운행50km/h 이상을 경고하는 휘청거림 경보도 존재한다.

가다 서다를 반복하는 정체 시에 잠깐이라도 다른 생각을 했다가는 뒤따라오는 자동차가 경적을 울려대기도 한다. 이 경우 아이사이트에는 앞선 자동차의 발진을 알려 주는 편리한 기능도 있어 앞차가 발진하여 3m를 진행하였는데도 자기 자동차가 발진하지 않으면 경보음이 울리면서 계기 패널 내에서 표시로 알려 주기도 한다.

최신형 아이사이트는 앞에서 주행하는 자동차와 속도 차이가 30km/h 미만일 때에는 프리 크래시 브레이크로 정지하도록 제어가 진화되어 충돌을 회피할 수 있도록 되었다고는 해도 노면 상황에 따라서는 정지할 수 없는 경우도 있다는 것을 기억해 두자.

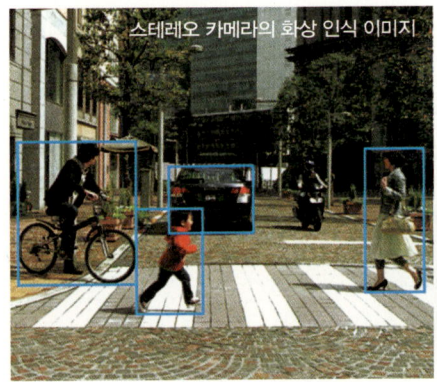

스테레오 카메라의 화상 인식 이미지

룸미러 부분에 설치되어 있는 스테레오 카메라

> Tip 볼보의 XC60은 수입 자동차 중에서 처음으로 저속 시 충돌 회피가 가능한 시티 세이프티(City Safety)를 장착하였다. 볼보 XC 60에 장착된 시티 세이프티는 앞에서 주행하는 자동차와의 속도 차이가 15km/h 이내라면 충돌을 피할 수 있도록 해 준다.

충돌 피해 경감 시스템 (3)

Key word **자동차 간 거리** 충돌을 미연에 방지하기 위해서는 무엇보다도 앞서가는 자동차와의 거리를 충분히 확보해야 한다. 앞서가는 자동차와의 안전거리는 자기 자동차의 주행속도에 따라 달라진다.

브레이크와 안전벨트를 동시에 제어

현대의 ASCC_{Advanced Smart Cruise Control}시스템, BMW 메르세데스 벤츠, 아우디, 볼보 등이 ACC_{Adaptive Cruise Control}시스템의 충돌 경감 브레이크이고, 도요타의 PCS_{Pre-crash safety}시스템이나 스바루의 아이사이트 이외의 충돌 경감 시스템으로는 닛산의 IBA_{Intelligent Brake Assist}와 혼다의 **충돌 경감 브레이크** 등이 설치되어 있다.

이 시스템은 모두 프런트 그릴에 내장된 레이더 센서로 차량의 전방을 측정하여 앞차와 충돌할 가능성이 있을 경우에는 경보음과 함께 자동으로 브레이크를 작동한다. 갑자기 긴급 자동 브레이크가 작동되는 것이 아니고 먼저 경보음과 경고 표시등으로 운전자에게 알려 브레이크 조작을 하도록 요청하는 것이다.

그래도 브레이크 조작을 하는 움직임이 없으면 경보음과 경고 표시에 추가로 가벼운 브레이크가 작동한다. 그리고 운전자가 아무리 강하게 브레이크를 작동시켜도 충돌을 피할 수 없다고 판단한 경우에는 자동으로 더 강력한 브레이크가 작동되도록 하는 구조이다.

자동 브레이크로 제어를 할 때는 프리 크래시 안전벨트/E 프리

텐셔너를 사용하여 앞쪽 안전벨트가 모터에 의해 필러pillar 쪽으로 당겨지면서 충돌 시 운전자의 자세 변화가 적어지도록 한다. 또한 혼다의 **ACC**Adaptive Cruise Control나 닛산의 **인텔리전트 페달**Intelligent pedal 등 명칭은 다르지만 자동차 간 거리를 일정하게 유지시키는 기능도 있다.

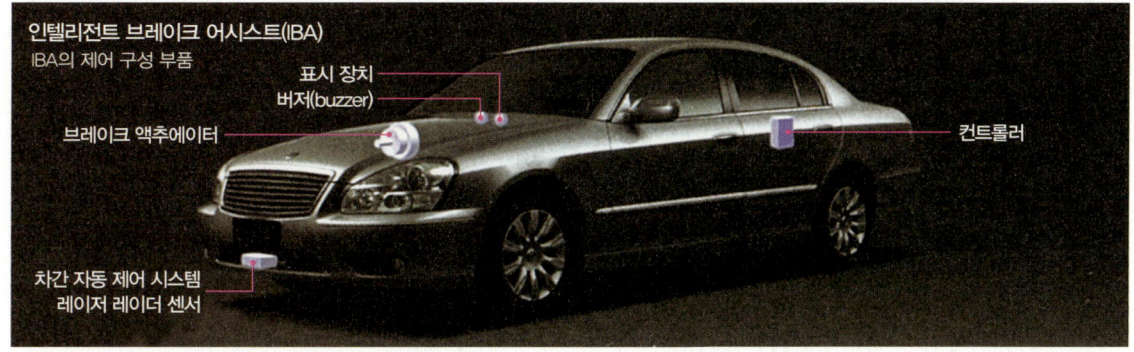

닛산의 인텔리전트 페달은 내비게이션에서 정보를 얻어 코너에 가까워지면 운전자가 가속페달을 밟고 있어도 반발력이 가해지며, 코너 바로 앞에서 자동적으로 감속 조작을 지원하여 주는 기능도 있다. 도요타에서도 **NAVI-AI shift**AI=Artificial Intelligence ; 인공지능라고 불리는 같은 기능의 시스템을 도입하여 비탈길 앞에서 자동으로 기어의 단수를 낮춰 주는 시프트다운도 가능하다.

이와 같이 내비게이션과 변속의 협조 제어는 2.0ℓ급 이상의 차종에 폭넓게 장착되어 있다. 코너가 연속적으로 있는 산 고갯길뿐만 아니라 피곤한 상태의 운전 시에도 고마운 시스템이라고 말할 수 있다.

보다 높은 속도에서의 충돌을 회피시키는 기술도 있다

충돌 피해 경감 시스템으로 정지까지 제어하는 것은 그리 멀지 않은 시기에 보다 높은 속도에서의 정지까지도 제어하는 운전 지원 기술이 실용화될 수 있을 것으로 예상된다. 고급 세단의 경우 더 이상 사람이 자동차를 운전하는 것이 아닌 운전의 자동화가 진행되고 있는 것도 사실이다. 현재는 충돌 경감만 제어할 수 있지만 가까운 장래에 앞에서 주행하는 자동차와의 속도 차이가 50~60km/h까지도 충돌을 피할 수 있게 될 것이며, 이제는 자동 브레이크가 장착된 자동차가 나온다 해도 이상하지 않을 것이다.

충돌 경감 브레이크 + E 프리텐셔너(E Pretensioner)
충돌 경감 브레이크+E 프리텐셔너의 제어 이미지

	① 앞 자동차에 접근	② 더욱 접근	③ 추돌 회피가 곤란
밀리파 레이더에 의해 앞에 주행하는 자동차를 검지. 앞에서 주행하는 자동차			
소리와 표시에 의한 경보	경보 부저 디스플레이 표시	경보 부저 디스플레이 표시	경보 부저 디스플레이 표시
추돌 경감 브레이크 (CMS)		가벼운 브레이크	강한 브레이크
E 프리텐셔너		안전벨트가 약하게 당겨짐	안전벨트가 강하게 당겨짐

① 주행하는 앞차에 접근(추돌 가능성이 있다고 판단) → 소리와 표시에 의한 경보 ────→ 운전자에게 위험
② 더욱 접근 → 브레이크가 가볍게 작동하고 안전벨트가 약하게 당겨지면서 체감 경보 → 회피 조작을 촉구
③ 추돌의 회피가 곤란 → 브레이크가 강하게 작동하고 안전벨트가 강하게 당겨지면서 회피 조작의 지원, 추돌시 충격과 피해를 경감 → 조작의 지원과 피해 경감

Tip 충돌 피해 경감 시스템은 가격이 높아 일반 차량에는 장착되지 않고 있다.

AT 오발진 억제 제어

> **Key word** **오발진** 액셀러레이터 페달만 밟으면 간단히 주행할 수 있는 AT차에서는 액셀러레이터 페달과 브레이크 페달을 잘못 밟아 발생되는 사고가 잦은 편이다.

전진 시에만 적용할 수 있으며 다른 회사의 도입도 기대된다

"편의점 안으로 자동차가 튀어 들어갔다"라는 사고 사례를 뉴스에서 가끔 보게 된다. 이러한 종류의 사고를 감소시키기 위해 가장 먼저 **AT 오발진 억제 제어 기능**을 장착한 것은 스바루의 아이사이트이다. 이 제어는 매우 간단한 것으로 룸미러의 좌우에 있는 스테레오 카메라가 자동차의 전방에 있는 건물 혹은 장애물을 검지했을 때나 전진 방향D range으로 액셀러레이터 페달을 필요 이상으로 밟을 때 엔진의 출력을 억제하는 것이다.

예를 들어 편의점의 주차장에서는 차량을 대부분 정면자동차의 앞이 점포 쪽으로 주차하기 때문에 쇼핑을 끝내고 주차장을 나갈 때 무심코 액셀러레이터 페달을 밟으면 자동차가 전진하기 때문에 예상외의 움직임에 깜짝 놀라 어쩔 줄 몰라 하게 되고 결국에는 브레이크 페달이 아닌 액셀러레이터 페달을 밟아 점포로 튀어 들어가게 되는 것이다.

필자는 이러한 상황을 가정하여 아이사이트의 시범 체험을 한 적이 있는데 자동차는 260PS의 레거시 2.0GT로 타이어가 주차장의 자동차 정지 버팀목차량의 궤도 이탈을 방지하는 장치로서 선로의 맨 끝 부분에 설치함에 걸려 있다고 해도 고성능 자동차의 경우에는 액셀러레이터 페달을 힘껏 밟으면 그 정지 버팀목을 간단히 넘어가게 된다.

그러나 AT 오발진 억제 제어 기능이 부착되어 있는 레거시는 액셀러레이터 페달을 아무리 힘껏 밟아도 자동차의 추진력은 약한 그립grip 정도로 억제되어 정지 턱 위에 올라가는 것조차 할 수 없었다.

앞 방향(Front) →
자동차 정지 버팀목

아이사이트의 기능 중 하나
주차장에 있는 자동차 정지 버팀목이다. AT 오발진 억제 제어가 있으면 이 상태에서 전진 기어(D range)로 설정하여 액셀러레이터 페달을 힘껏 밟아도 엔진의 출력이 억제되기 때문에 자동차가 정지 버팀목을 넘어가지 못한다.

또한 앞에서 언급한 사고의 원인을 액셀러레이터 페달과 브레이크 페달을 잘못 밟은 것으로 결말을 내는 경우가 많지만 원인은 그것만이 아니다. 액셀러레이터 페달을 밟기 이전에 AT의 선택 레버를 조작하기 때문인 경우도 있다.

대부분의 AT차는 선택 레버의 게이트가 똑바로 배열되어 있어서 감각만으로 조작한다면 후진R range할 예정이었는데 전진D range으로 잘못 들어가 버리는 경우도 생길 수 있다.

후진용도 있다면 오발진이 완벽하게 방지될 것이다

 후진용 시스템도 있다면 이상적이지만 그 경우에는 후방을 향한 스테레오 카메라도 필요하게 된다. 현재의 아이사이트는 140만 원 정도로 비교적 저렴하다고 말할 수 있지만 절대적으로는 아직 고가이다. 그래도 다른 회사의 레이더 센서보다는 저렴하게 장착할 수 있을 가능성이 높다. 다른 회사의 충돌 회피 시스템은 그 밖의 다른 장비와 세트로 된 옵션인 경우가 많아 그 자체의 가격을 알기 어렵다는 것도 문제이다. 세트로 하면 경형자동차를 1대 살 수 있을 정도의 금액이 되는 경우도 있다.

 운전 교육의 항목에 왼발 브레이크를 도입하거나 자동차의 안전 장비에 의존하는 것뿐만 아니라 운전자에게 안전 운전을 하기 위한 기술을 가르쳐 주는 것도 중요하다.

이 사진은 AT 오발진 방지 기능의 이미지이다. 자동차의 앞쪽은 편의점으로 설정한다.

기어를 잘못 넣거나 페달을 잘못 밟는 등의 오발진에 의한 사고 피해의 경감을 목표로 한다. 전방 10m 이내에서 장애물이 검지되거나 정차 또는 서행하는 상태에서 액셀러레이터 페달을 필요 이상으로 밟았다고 시스템이 판단한 경우 엔진의 출력을 제한하여 발진을 완만하게 한다.

*전진 시에만 제어

> **Tip** 아이사이트의 스테레오 카메라는 매초 30회의 주기로 대상물과의 거리 정보를 갱신하고 있다. 대상물의 폭까지 인식하는 것은 레이더 센서만으로는 어렵다.

진화한 LSD(Limited Slip Differential)

 **LSD** 한계 상황인 코너링에서는 접지력이 높은 쪽의 타이어에 구동력을 준다.

여러 가지 방식이 있다

일반적인 디퍼렌셜 기어는 회전수가 더 높은 쪽의 타이어에 보다 큰 동력을 전달하려고 한다. 물론 시내의 주행에서는 이러한 것이 좋으며, 그 이유는 교차로를 선회할 때 안쪽 타이어보다 바깥쪽의 타이어가 더 많이 회전하기 때문이다.

그러나 레이스에서는 강력한 구동력을 노면으로 밀어붙이기 때문에 타이어에서는 미끄러짐이 빈번하게 발생한다. 일반적인 디퍼렌셜 기어라면 미끄러져 고속으로 공회전하고 있는 타이어에 더욱 더 많은 동력을 전달하기 때문에 좀처럼 앞으로 진행하지 못하는 레이싱카가 된다.

눈길이나 비포장도로 등도 같은 상황으로 한쪽 타이어가 진창길이나 얼어붙은 노면에서 공회전을 하면 기어는 그 타이어 쪽에만 동력을 전달하기 때문에 좌우 바퀴의 차동을 컨트롤해 주는 장치가 필요해졌으며, 그것이 LSD이다.

모터스포츠의 세계에서 LSD는 다판 클러치를 내장한 기어식이 주류를 이루고 있으며, 그 이유는 다판 클러치의 매수 조정이나 기어 물림의 변경으로 좌우 타이어 사이에 발생되는 회전수 차이를 제한하는 힘을 변화시킬 수 있기 때문이다.

그러나 기어식은 선회할 때에 끼긱거리는 것 같은 작동 음이 발생되기 때문에 특히 승용자동차에서는 다판 클러치식비스커스 커플링식 대신에 점성 오일을 이용한 것이나 기어식이라도 토르센식Torsen type 으로 하는 방식이 약 20년 전부터 적용되어 오고 있다.

ESC를 적용한 전자제어식

전자제어식 LSD라는 장치가 있다. 주로 4WD4 타이어 구동의 구동력 분배 제어의 일부로서 기능하고 있던 것을 폭스바겐 골프 GTI 등의 FF 스포츠 모델에서도 적용하게 되었다. 선회시에 안쪽보다 바깥쪽 타이어에 더 많은 구동력을 분배하는 방식은 기어식 LSD에서도 변함이 없지만 전자제어식 LSD는 안쪽 타이어에 브레이크를 작동시키는 구조이다.

영력 가지 LSD
폭스바겐 골프 GTI에 적용되는 전자제어 LSD의 작동 이미지이다. 코너링 시에 공전하는 안쪽 타이어에 브레이크를 작동시켜 전방으로 진행하는 구동력을 강화시킨다.

브레이크 LSD라고 불리는 닛산 엑스트레일의 장치 역시 본바탕은 같다. 미끄러지고 있는 타이어에 브레이크를 작동시켜 제어하며, 이것은 ESC전자제어식 차량 안전성 제어, 회사에 따라서는 VSC 등으로 호칭이 달라진다를 이용하는 것이다.

골프 GTI에 있는 것도 한계 상황의 코너링에서 시험을 해 보면 그 효과를 확실히 알 수 있다. 액셀러레이터 페달을 밟으면 자동차의 선단이 운전자가 원하는 라인으로 향해 진행되기 때문에 마치 다판 클러치식 LSD를 방불케 할 정도이다. 그뿐만 아니라 기어 소음도 없어 많은 운전자들로부터 환영 받게 될 것이다.

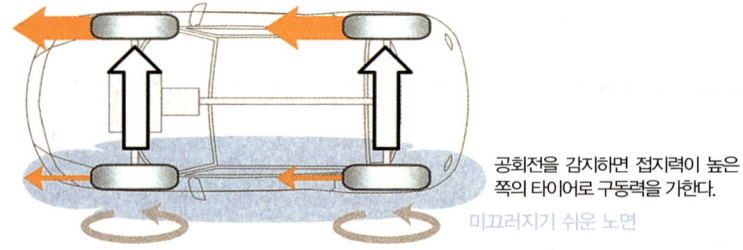

브레이크 LSD 장착 자동차

공회전을 감지하면 접지력이 높은 쪽의 타이어로 구동력을 가한다.
미끄러지기 쉬운 노면

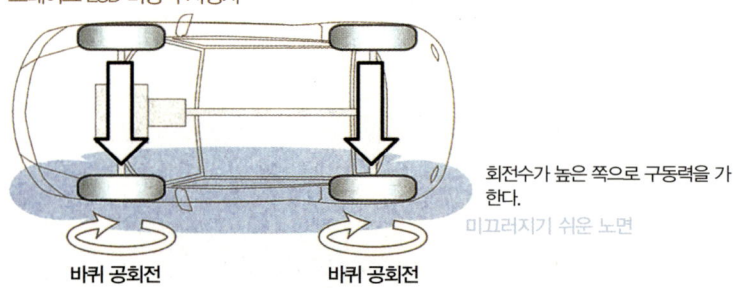

브레이크 LSD 비장착 자동차

회전수가 높은 쪽으로 구동력을 가한다.
미끄러지기 쉬운 노면

바퀴 공회전   바퀴 공회전

Tip AT의 FF차량과 4WD의 앞쪽에 LSD가 없는 이유는 코너를 쉽게 선회할 수 있도록 하기 위해서라고 자동차 회사는 말한다. 사외 제품으로서 AT차나 CVT차에 적용할 수 있는 LSD도 판매되고 있다.

HDC와 HSA

 **HDC** 비포장도로 등의 급경사를 내려갈 때 자동 브레이크를 사용하여 일정한 속도로 천천히 내려가게 한다.

30도의 급경사를 누구라도 내려갈 수 있다

SUV$_{\text{Sport Utility Vehicle}}$; 이전에는 크로스컨트리라고도 불렸던 오프로드 4WD를 소유하고 있어도 노면이 거친 오프로드를 주행하는 경우는 거의 없으며, 더욱이 강변이나 숲길에서는 주행이 금지되기도 한다. 그러나 스포츠카에 타면 언젠가는 경주용 환상도로를 달려 보고 싶다는 생각이 드는 것처럼 4WD라면 오프로드를 달리고 싶어질 것이다. 사실은 4WD용의 코스도 적잖이 존재한다. 강원도 정선 화절령 남북 종주 오프로드, 동서 종주 오프로드, 충주와 제천 사이의 충주호 오프로드, 봉화에 울진으로 넘어가는 금강송 오프로드 등 몇 군데가 존재한다.

오프로드 코스에는 약 30도의 급경사 구간이 있는데 이 정도의 경사라면 스키장에서는 상급자 코스에 속한다. 이것을 자동차로 내려가려면 그 나름의 운전 기술, 특히 브레이크 컨트롤이 필요하게 된다는 것이 이제까지의 상식이다.

이러한 난관 코스를 안심하고 내려가도록 도와주는 것이 **HDC**$_{\text{Hill Descent Control}}$; 내리막길 속도 제어이며, 유럽의 SUV에 장착되었던 장치로서 4WD의 로크 모드$_{\text{lock mode}}$전용 스위치를 누르면 브레이크 페달을 밟지 않고도 7~10km/h 정도의 일정한 속도로 급경사를 내려갈 수 있다. 도요타에서는 이 시스템을 DAC Downhill Assist Control 제어라고 한다.

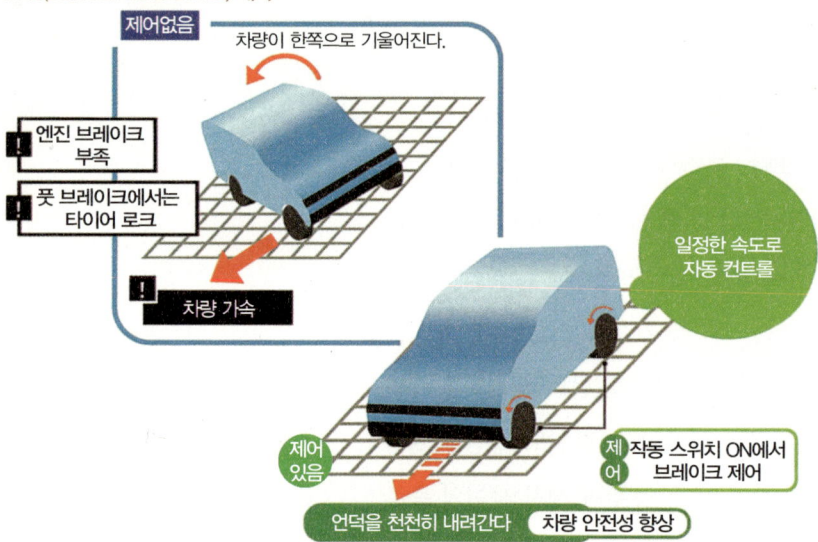

DAC(Downhill Assist Control) 제어

오르막길 출발 시에도 뒤로 밀리지 않는다

내리막길에 HDC가 있다면 오르막길에는 HSA Hill Start Assist ; 경사로 밀림 방지 장치가 있으며, 이 장치는 오르막길 도중에 정지하려고 할 때 브레이크로 정지해야 작동되는 방식이다. 주차 브레이크 레버를 당겨 정지하면 HSA가 작동하지 않기 때문에 주의해야 한다.

정지된 상태로 브레이크 페달에서 발을 떼어도 일정 시간 1~2초 정도은 브레이크가 유지되며, 그사이에 액셀러레이터 페달을 밟으면 뒤로 밀리지 않고 언덕을 올라갈 수 있게 된다. 예를 들어 CVT차나 AT차 같이 자동변속기를 장착한 자동차라고 해도 급경사에서는 브레이크에서 발을 뗀 순간 후퇴하게 되는 경우가 있기 때문에 HSA는 MT차뿐만 아니라 AT차에도 장착이 된다.

이 장치는 최근 승용차에서는 거의 없어진 MT 모델에도 장착되는 경우가 있으며, 오프로드의 급경사뿐만 아니라 보통의 국도 주행 시에도 MT차의 비탈길 발진에 있어서 클러치 조작을 할 때까지의 2초 정도는 후퇴하지 않도록 해 준다. HSA는 트럭 등의 상용자동차에도 폭넓게 보급되고 있으며, 무거운 물건을 적재한 상용차의 경우 비탈길에서 뒤로 밀리는 것은 보다 심각한 문제이기 때문이다.

HSA(Hill Start Assist) 컨트롤 이미지

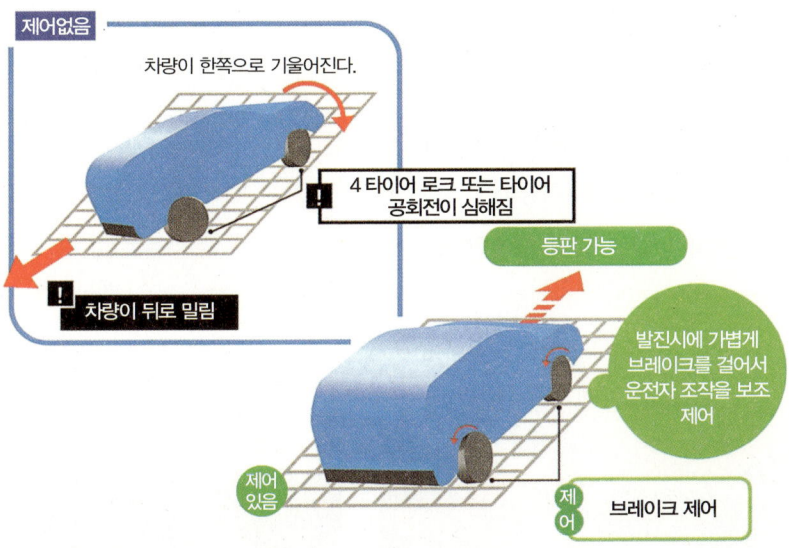

Tip 랜드로버의 디스커버리나 BMW의 X 시리즈 등에도 HDC가 장착되어 있다. HDC(Hill Descent Control)는 닛산 엑스트레일, 도요타 랜드 크루저 등의 SUV 차량에 장착되어 있다.

멀티 터레인 셀렉트

 **터레인 리스폰스** 주행하는 노면의 상황에 맞추어 다이얼로 모드를 선택한다. 에어 서스펜션도 포함하여 최적으로 설정을 해주는 랜드로버의 기술이다.

스위치로 주행 상황을 선택하기만 하면 된다

모래 지형이나 진흙길, 울퉁불퉁한 자갈길 등의 오프로드 주행은 경험이 풍부한 운전자에게 도전 정신을 불러일으키기도 하지만 오프로드가 처음인 경우에는 공포심에 사로잡혀 옴짝달싹 못할 수도 있고 미끄러져서 앞으로 진행하지 못하기라도 한다면 평상심을 잃어버리게 될 것이다.

그러한 초심자에게도 오프로드 주행의 묘미를 맛볼 수 있게 하는 것이 랜드로버의 터레인 리스폰스terrain response 기능인데 일본차에서는 도요타의 랜드 크루저에 장착되어 있는 **멀티 터레인 셀렉트** Multi-terrain select와 같다.

조작 스위치는 핸들의 손잡이 부분에 있으며, 멀티 인포메이션 스

오프로드 주행 어시스트 시스템 (멀티 터레인 셀렉트)

멀티 터레인 선택은 4개의 모드 중에서 주행 상황에 알맞은 모드를 선택하는 것만으로 주파가 가능하도록 보조해 준다. 이러한 시스템이 있다면 오프로드의 초심자라도 비교적 간단히 주행할 수 있다.

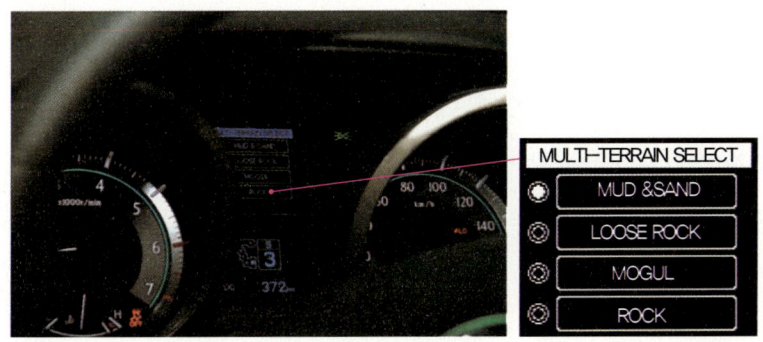

위치를 선택하면 그 모드가 스피드 미터와 타코미터 사이에 있는 디스플레이에 표시된다.

조작 조건과 방법

　멀티 터레인 셀렉트를 사용하려면 선택 레버의 앞쪽, 인 패널 중앙 최하단에 있는 다이얼식 트랜스퍼 스위치가 L4로 되어 있어야 하는 것이 전제 조건이다. 주행 시 속도는 12km/h 이하로 크롤 컨트롤Crawl Control ; 다음 항에서 소개이 작동하고 있지 않은 상태가 조작의 조건이며, 선택 가능한 모드는 MUD & SAND, LOOSE ROCK, MOGUL, ROCK의 4종류이다.

　필자는 이 시스템을 오프로드의 여러 가지 상황에서 체험해 보았는데 경험이 적은 사람이라도 안심하고 오프로드 주행에 도전할 수 있다는 것을 실감하였다. 울퉁불퉁하고 단단한 바위길 등에서는 섬세한 액셀러레이터 페달의 조작이 필요하지만 ROCK모드를 선택하는 것만으로 VSCVehicle Stability Control ; 측면 미끄러짐 방지 기구나 TCSTraction Control System등과 연계되어 일정한 속도로 부드럽게 빠져나가 주행할 수가 있다.

이렇듯 가혹한 상황을 초심자라도 안심하고 주행할 수 있는 것에는 멀티 터레인 모니터의 역할도 크다. 이것은 자동차의 앞과 뒤, 양 옆에 4개의 카메라를 설치하고 자동차 주변의 노면 상황이나 바위의 위치 등을 확인할 수 있는 시계視界의 서포트 시스템으로 주위 6개 지역의 영상을 자동차 내의 모니터로 확인할 수가 있다.

오프로드에서는 급경사의 길을 올라가다가 갑자기 평평해지는 곳이 나타나기도 한다. 이러한 경우 운전석에서 빈 공간이 보이지 않을 때에 도움이 되는 것이 앞쪽 카메라이며, 자동차가 빠져서 뒤로 움직일 경우에도 카메라가 뒤쪽의 시야를 비추어 준다.

그 밖에 타이어의 꺾인 방향을 각도로 표시해 주는 기능도 갖추고 있으며, 이것은 멀티 터레인 셀렉트를 장착하지 않아도 표준으로 장착되어 있는 기능이다.

험한 오프로드 주행에서는 조향 핸들을 분주하게 좌우로 돌리기 때문에 초심자는 타이어가 어느 쪽을 향하고 있는지 잊어버리기 쉽고 이러한 사각지대가 많은 오프로드에서 경험이 없는 사람들은 불안해지기 마련이다. 이 때 멀티 터레인 셀렉트와 멀티 터레인 모니터의 조합은 든든한 동료가 된다.

> **Tip** 멀티 터레인 셀렉트와 크롤 컨트롤, 멀티 터레인 모니터, 전동 디퍼렌셜 기어 록 등이 세트로 되어 있어 옵션으로 장착할 수 있다. 랜드 크루저 브랜드의 최고 등급에는 클리어런스 소나(clearance sonar ; 장애물 검출 초음파 경고 장치)도 장착되어 있어 오프로드에서 한층 더 많은 운전 지원을 해 준다.

크롤 컨트롤(crawl control)

 **스턱(stuck)** 진흙길이나 푹신푹신한 눈길, 모래 지형 등에 빠져서 자동차가 발진할 수 없게 된 것을 말한다.

4WD이기 때문에 걱정 없다는 과신은 NG

오프로드나 눈길 등을 주파할 때는 당연히 4WD4타이어 구동 자동차가 유리하지만 4WD라고 해도 보통은 FF차로 되어 있어 메인 구동 타이어인 앞 타이어가 미끄러졌을 때에만 뒤 타이어에도 구동력이 전달하는 방식으로 단지 발진만을 보조하는 방식도 있을 정도이다. 예를 들어 SUV라고 불리지만 파트 타임 4WD 기구를 적용한 자동차도 있다.

소유하고 있는 자동차가 4WD라고 해서 어느 곳이든지 주행할 수 있다는 생각은 빨리 버리는 것이 좋으며, 4WD의 구조가 어떤 타입인지 그리고 지상으로부터 최저 높이의 여유도 주파 능력에 크게 관계되고 있다.

일정 속도로 안심하고 오프로드를 주행할 수 있다

4WD 중에는 전자장치를 이용하여 오프로드 주행을 보조하는 기능을 가진 자동차가 있으며, 그 대표적인 것이 도요타의 랜드 크루저의 일부 등급 및 랜드 크루저 프라도의 일부 등급에 표준 장착된 크롤 컨트롤crawl control이라고 말할 수 있다. 원래는 섬세한 액셀러레이터 페달과 브레이크의 제어가 필요한 오프로드를 조향 핸들의 조

작에만 집중하여 일정 속도로 주행할 수 있도록 하는 방식이었다.

　조작 시스템은 중앙 콘솔에 ON/OFF 스위치와 3단계의 속도 조정 다이얼이 설치되어 있다. 스위치를 ON으로 한 상태에서 3단계의 속도 중 어느 것인가를 선택하면 엔진의 출력과 브레이크를 자동으로 제어하며, 작동할 수 있도록 설정하려면 한번 정지시켜야 한다. 우선 4WD는 트랜스퍼의 전환 스위치를 4L에 넣고 주차 브레이크를 해제한 상태로 브레이크 페달을 밟으면 크롤 컨트롤이 ON으로 된다.

크롤 컨트롤의 작동

뒤 타이어가 빠진 상태

크롤 컨트롤 스위치를 ON으로 하면 엔진과 브레이크가 자동으로 제어되어 타이어의 스핀이나 로크를 일으키지 않는 극 저속으로 움직이기 시작하고 스턱 상태에서 탈출이 가능하다.

표시	스피드모드
■	Low : 바윗길 등
■■	Mid : 모굴(Mogul ; 커브에 생긴 굳은 눈 덩이) 도로나 자갈길을 내려 갈 때
■■■	High : 눈길이나 진창길, 자갈길을 올라 갈 때나 사막, 초지 등의 지형

크롤 컨트롤의 절환 스위치와 각 모드에 적합한 주행 상황.
■의 수가 많을수록 자동차의 속도가 빨라지지만 최고속도는 7km/h 정도이다.

　이것은 바윗길은 물론이고 약 30도 급경사면의 진흙길을 내려갈 때에도 든든한 아군이 되며, 작동하고 있을 때에는 각 타이어의 브레이크를 자동으로 작동시켜 ABS 등과 협조 제어도 하기 때문에 약간의 미세 진동과 함께 '득득'거리는 ABS의 작동 음이 들려오는 것 정도로 설정된 속도를 초과하지 않고서 급경사를 내려갈 수 있다. 크롤 컨트롤이 VSC, ABS와 협조 제어함으로써 초심자라도 거친 오프 로드 주행이 가능하다.

  크롤 컨트롤이 없다면 브레이크의 섬세한 컨트롤이 필요하게 되어 30도 경사면을 내려가는 것을 시도하기가 어려울 것이며, 건조한 노면이라면 가능할지도 모르겠지만 질퍽거리기라도 한다면 크롤 컨트롤 없이 30도나 되는 경사면을 내려가는 것은 어느 정도 경험이 있는 운전자라도 어렵기 때문이다.

> **Tip** 보통 FF차로서 앞 타이어가 미끄러졌을 때에만 4WD로 바뀌는 파트 타임 4WD 자동차를 보유하고 있다면, 크롤 컨트롤이 필요한 노면에서는 주행하지 않도록 하자. 오프로드 주행 서포트 시스템의 원조는 랜드로버 프리랜더에 적용한 터레인 리스폰스라는 시스템이다.

다시 한 번 타고 싶은 간단한 자동차

운전이 즐거운 자동차의 부활을 소망

ABS(Anti-lock Brake System)를 시작으로 TCS(Traction Control System)를 거쳐 이것들을 통합하여 진화한 것이 ESC(Electronic Stability Control)이다. 자동차의 자세가 흐트러지지 않고 안정되도록 각 타이어의 브레이크나 스로틀 제어 등을 조절하는 특별한 테크닉을 가지고 있는 운전자가 아니면 시도할 수 없었던 기능들을 자동차가 대신하는 시대로 점점 변해 가고 있다.

또한 운전석의 조향 핸들에 장착되기 시작한 에어백은 동승석, 커튼 타입, 사이드(좌석의 옆), 시트 쿠션, 무릎용 등 1대의 자동차에 7개나 장착되는 것이 표준으로 굳혀지고 있으며, 장비가 증가하면 그만큼 자동차의 중량도 무거워진다. 실제로 1980년대와 비교해 보면 최신형 자동차는 같은 등급에서 200kg 이상 무거워진 경우도 있다.

1.3~1.5ℓ 급의 차량 중량이 800~900kg이었던 것이 1~1.1ton으로 증가했고 2.0ℓ의 4WD 스포츠 세단은 1.2~1.5ton 정도로 증가하였다. 과거를 알고 있는 사람들이 볼 때 흔히 말하는 중후한 느낌과 함께 차체도 둔중해진 것이 사실이다. 조향 핸들을 돌릴 때의 느낌은 서스펜션의 세팅으로 커버하더라도 중량의 차이는 완전히 감출 수 없는 것이다.

이것은 안전한 장비뿐만 아니라 쾌적함을 추구한 결과이기도 하며, 정숙성을 향상시키기 위하여 방음재가 증가하거나 카 내비게이션도 당연히 장착된다. 뒷좌석에서는 DVD나 게임을 즐길 수도 있어 자택 거실의 연장선상에 놓인 것이다. 동승자는 자택의 거실에서 목적지까지 그대로 데려다 주는 느낌도 들겠지만 운전자의 입장에서는 무겁고 둔중하기만 한 자동차는 지루함 그 자체이므로 운전을 하고 싶지 않게 된다.

오히려 이런 시대에는 1980년대처럼 간단한 자동차를 타보고 싶어지기도 한다. 장비를 줄여서 가벼워진 자동차는 예전의 경쾌한 움직임에 더하여 저속 토크가 증강되어진 현대의 엔진에 의해 연비도 상당히 향상될 것이며, 또한 엔진 룸도 간단해져 정비성도 좋아질 것이다. 요즘의 자동차 엔진 룸은 도저히 자기 스스로 정비하고 싶은 기분이 들지 않을 정도로 부품이 꽉 차 있어서 엔진의 헤드 커버조차 보이지 않는다.

"자동차는 이동이 목적"이라는 말도 있지만 "자동차는 움직이는 것"이라고 달리 해석할 수도 있다. 이렇듯 운전하는 것 자체가 즐거워지는 간단한 자동차의 부활을 소망해 본다.

쉬어가기

7장

손쉬운 운전을 위한 진화하는 편이장치??

싱크로 렙 컨트롤 부착 MT / 패들 시프트 / LED 헤드램프 / 알파로메오의 DNA 시스템 / 재규어 드라이브 셀렉터 / 전자제어 파킹 브레이크 / 포레스트 에어컨 / 윈드실드의 대형화 / 내비게이션을 감각으로 조작 / 주차 보조 시스템 / 내비게이션의 안전운전 지원 Driving Safety Support System / 리어 뷰 카메라 / 후속 자동차 모니터링 시스템 / 트윈 테일 게이트 / 스크래치 실드 도장

싱크로 렙 컨트롤 부착 MT

> **Key word** 힐 앤드 토 코너 바로 앞에서 발끝으로 브레이크를 밟음과 동시에 발뒤꿈치로 액셀러레이터 페달을 밟아 공회전을 시키며 기어의 단수를 낮출 때 사용하는 테크닉이다.

MT차의 스포츠 운전에 필수적인 기술

경주로circuit 주행이나 코너의 연속인 스포츠 주행을 할 때는 직선으로 주행하고 있던 속도에서 감속하여 코너로 진입한다. 그런데 감속할 때는 엔진의 회전도 저하되기 때문에 코너를 벗어나 다시 가속시킬 때 속도를 증가시키는 느낌이 좋지 않다. 이럴 때 필요한 것이 감속 시 엔진의 회전이 낮아지지 않도록 하는 시프트다운이다.

평소보다 낮은 기어로 변속하면 엔진 브레이크가 작동된다. 그 상태에서 클러치를 연결하면 구동 타이어가 로크 되거나 충격을 동반하기도 한다. 이것을 방지하기 위하여 운전자는 오른쪽 발끝Toe을 사용하여 브레이크로 감속하면서 시프트다운한 후 높아진 회전에 맞춰지도록 발뒤꿈치Heel로 액셀러레이터 페달을 밟아 공회전시켜줌으로써 신속하고 유연하게 시프트다운을 완료시키는 조작을 한다. 이것이 스포츠 주행에 있어서 필수 테크닉 중 하나인 힐 앤드 토 Heel & Toe라는 것이다.

이렇듯 굉장히 빠른 속도로 주행하던 자동차가 교차점 등에서 '왱왱'하는 공회전의 굉음을 내면서 선회하는 것을 본 경험이 많을 것이다.

힐 앤드 토를 자동으로 실행

이 테크닉은 오른쪽 발끝으로 브레이크 페달을 밟으면서 발뒤꿈치로 액셀러레이터 페달 밟아 엔진을 공회전 시키는 방식이다. 익숙해질 때까지는 아무래도 발뒤꿈치로 액셀러레이터 페달을 밟아 엔진을 공회전 시키는 것에 정신을 집중하게 되어 본래의 브레이크 조작에 소홀해지는 경우가 많다.

이러한 고민을 해소시켜 주는 것이 닛산의 페어레이디 Zz34형 6단 MT에 적용된 싱크로 렙 컨트롤이다. 이 제어는 시프트 레버의 위치와 자동차의 속도에 따라서 변속 후의 엔진 회전수를 산출하여 그

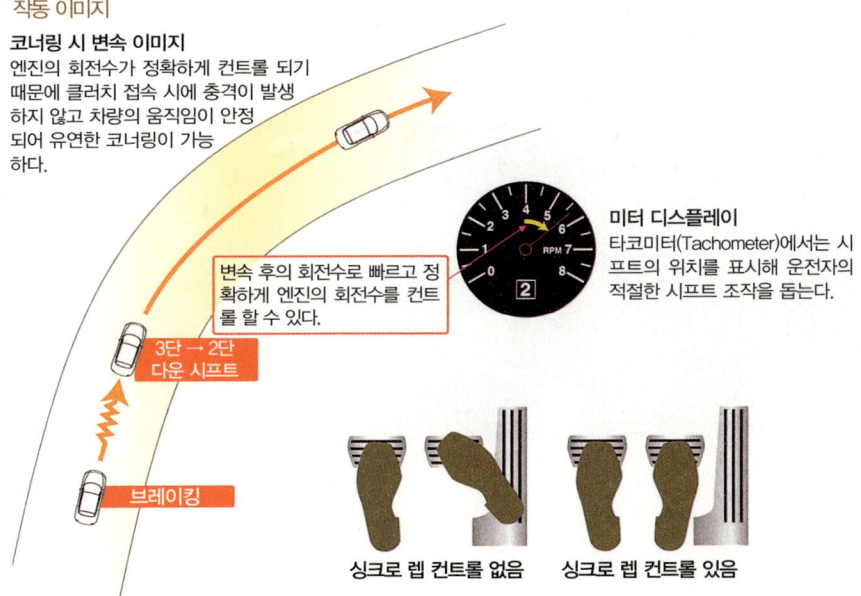

회전수가 될 때까지 엔진을 자동적으로 공회전시켜 준다.

예를 들어 3단에서 2단으로 시프트 다운할 때에는 3단에서 시프트 레버를 바꾸는 순간에 엔진의 공회전 제어가 이루어지고 2단으로 변속되면서 즉시 클러치가 연결됨으로써 누구라도 프로 경주용 운전자처럼 시프트다운을 할 수 있다.

또한 시프트 업 할 때에도 엔진의 회전수를 높이는 보조 제어가 이루어지기 때문에 싱크로 렙 컨트롤은 힐 앤드 토를 할 수 있는 사람이라도 감탄할 정도로 완성도가 높다. 운전 조작을 즐기고 싶을 경우에는 OFF로 설정할 수 있지만 나름대로 운전에 자신이 있더라도 진지하게 시차 공격time attack을 할 때에는 싱크로 렙 컨트롤을 이용하는 것이 좋을 것이다.

적용 차종
닛산 페어레이디 Z

싱크로 렙 컨트롤 부착 MT

Tip 시프트 레버 왼쪽 앞에 있는 스위치로 싱크로 렙 컨트롤 제어를 ON/OFF 할 수 있게 되어 있다. 페어레이디 Z에는 7단 AT 사양도 있다. 또한 이 자동차에도 싱크로 렙 컨트롤이 장착되어 있다.

패들 시프트

> **Key word** — **매뉴얼 모드** AT 및 CVT 등의 자동 변속기에서 엔진 브레이크를 걸 때나 스포티한 운전을 하고 싶을 때 사용하는 수동 변속 모드이다.

AT의 매뉴얼 모드에서 시작

본래 AT차는 시프트 조작 등을 운전자가 하지 않아도 되는 이지드라이브easy drive용으로 개발된 것이다. AT 운전자는 대부분 D단range 상태로 주행하는 경우가 많지만 신호 정지 시에 D단에서 2단으로 바꾸는 사람도 간혹 있다. AT 한정 면허가 존재하는 국내에서 대다수 여성 운전자들은 현실적으로 MT차를 운전하지 못하는 경우가 많다.

결혼을 하면 남편은 순수하게 운전을 즐기는 MT파라고 해도 아내는 AT파인 경우가 압도적으로 많다. 이러한 상황을 고려했는지는 모르지만 스포티한 차의 AT 사양에는 언제부터인가 D단 옆에 **매뉴얼 모드**Manual Mode라고 하는 '+'시프트 업와 '-'시프트다운의 게이트가 있는 AT차가 출현하게 되었다.

그래서 MT파도 나름대로 만족할 수 있는 AT가 되었지만 핸들에서 손을 떼는 일이 적은 AT파에게 있어서는 그다지 고맙지 않은 불필요한 장비이다. 그래서 병설한 것이 조향 핸들의 스포크 부분에 설치된 변속용 스위치이다. 그것은 각 자동차 회사에 따라 여러 가지 형태로 존재한다.

패들 스위치
BMW M3 7단 DCT의 핸들에는 패들 스위치가 설치되어 있다. 시프트 업, 다운은 물론이고 프로 운전자 같은 조작을 자동으로 실행해 준다.

F1머신처럼 진화

조향 핸들의 스포크 부분에 설치되었던 변속용 스위치가 조향 핸들의 앞부분에 레버식으로 설치되었으며, 이 명칭을 패들paddle이라고 한다. F1 레이싱 머신과 같이 오른쪽이 '+', 왼쪽이 '-'이고 운전자 앞으로 당기는 방식으로 조작 방법을 통일시켰다.

패들은 AT나 CVT의 수동변속용으로 적용되었지만 유럽의 자동차를 중심으로 클러치 조작을 자동으로 해주는 2페달식 MTsemi AT가 적용되기 시작하자 자연스럽게 패들이 장착되었다.

클러치 조작이 자동화된 이 타입은 시프트 노브shift knob의 조작을 생략할 수 있기 때문에 주행 중에는 조향 핸들 주위의 조작에만 집중할 수 있게 되어 안전성을 높이는 효과도 있다. 2페달식 MT는 최근에 트윈 클러치 식으로 발전하였고 변속 시간의 단축에 박차를 가하고 있다. 운전자는 MT처럼 변속할 때마다 액셀러레이터 페달에서 발을 뗄 필요가 없어 구동력이 끊어지지 않기 때문에 가속 시간도 순수한 MT보다 더 빠르다.

시프트 레버의 수동(manual) 모드
수동 모드를 시프트 레버에서 행하는 차종에는 2종류의 방식이 있다. 일본차에서는 운전자 쪽으로 당겨서 시프트다운, 밀어서 시프트업 하는 차종이 대부분이다.
AT 사용자에 맞춰진 유형이지만 본래 차의 움직임에 맞춘다면 시프트 업이 운전자 쪽으로 당기고 시프트다운이 미는 방식이 자연스러울 것이다.

MT가 2페달 식으로 된 세미 AT는 회사나 차종에 따라서 느낌이 다르다. 예를 들어 볼보나 폭스바겐, 아우디의 표준 모델은 토크 컨버터식의 AT처럼 유연한 변속이고, BMW나 포르쉐 등은 예리한 속도감을 연출하고 있다.

> **Tip** 패들 시프트가 장착된 자동차에서도 시프트 레버로써 수동변속이 가능하다. 시프트 레버를 이용하여 수동으로 변속하는 방법에는 2종류가 있으며, 운전자 앞으로 당기거나 미는 조작이 시프트 업인지 다운인지 여부는 회사에 따라 다르다.

LED 헤드램프

 **전력 절약** 현재 대부분의 헤드램프는 할로겐식이지만 HID도 고급자동차를 중심으로 많이 보급되어 있다. 그리고 LED는 전력을 더더욱 절약하는 타입으로서 기대가 된다.

차세대 자동차에 필수 아이템

헤드램프는 백열전구, 할로겐현재도 주류으로 발전하였는데, 요즘 경자동차를 포함한 고급자동차에 표준으로 장착되어 있는 것은 HIDHigh Intensity Discharge ; 고휘도 방전등라는 방식이다. 할로겐까지의 전구색이 노란색을 띤 백색이었던 것과 비교해 보면 HID의 발광색은 파르스름하므로 쉽게 식별할 수 있다.

그리고 2009년에 에쿠스 리무진에 적용되어 화제가 된 것이 LEDLight Emitting Diod헤드라이트이다. 현재 가정용 조명기구에서 전력 절약형으로 긴 수명을 자랑하고 있는 이 방식이 자동차의 차세대 헤드라이트로도 주목을 받고 있는 것이다.

LED는 구조상으로 볼 때 전구가 끊어지는 현상이 나타나지 않는다. 그것은 할로겐처럼 필라멘트로 전기를 내보내거나 HID처럼 고전압을 가하여 방전시키지 않고 반도체다이오드가 스스로 빛을 발산하기 때문이며, 최대 장점은 소비 전력이 매우 낮다는 것이다.

전기자동차처럼 1회의 충전으로 주행할 수 있는 거리가 한정되어 있는 자동차에서는 이러한 전장 부품에서 전력을 절약하는 것이 매우 중요시된다. "LED는 소비 전력이 적다."라는 말의 증거로 LED는 전구 등과 비교해 보아도 거의 열을 발생시키지 않기 때문에 전기가 낭비됨이 없이 빛으로 변화하고 있는 것이다.

해결해야 할 문제도 존재한다

LED에서 해결해야 할 문제는 빛의 확산 능력에 관한 것으로, 지향성이 강하기 때문에 자동차 헤드램프처럼 멀리까지 넓게 빛을 발산시키기 위해서는 그에 알맞은 개수와 전용 반사경reflector이 필요하다.

할로겐이나 HID와 같은 정도의 밝기를 확보하려면 로우 빔 상태에서도 3개가 필요하다. 에쿠스 리무진, 전기자동차를 선두 출시한 미쓰비시의 아이미브와 도요타의 하이브리드 카 프리우스에서는 3개의 LED가 헤드램프 속에 배치되어 있다. 그 3개는 집광 타입과 확산 타입의 프로젝터 형이 1개씩 그리고 확산 타입의 파라볼라 반사경 parabola reflector 1개로 구성되어 있다.

LED 헤드램프 구조
도요타 프리우스에 적용된 LED 헤드램프의 구성과 조사의 패턴

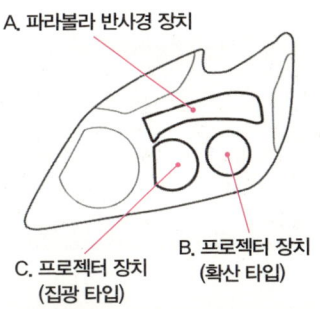

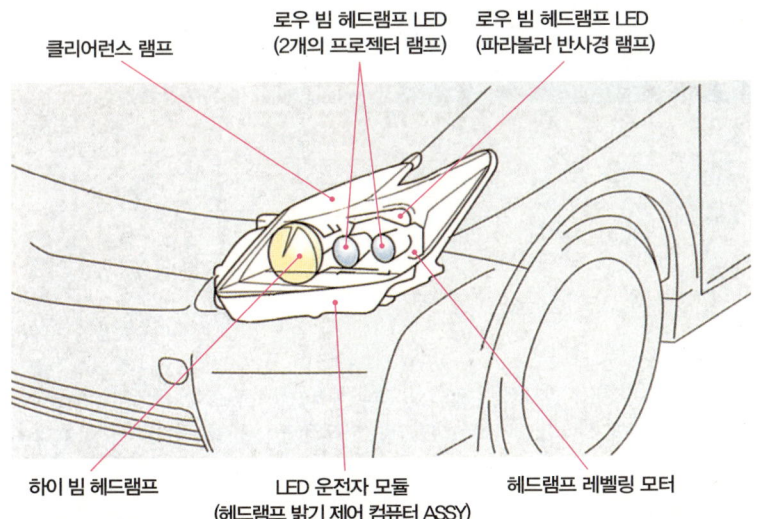

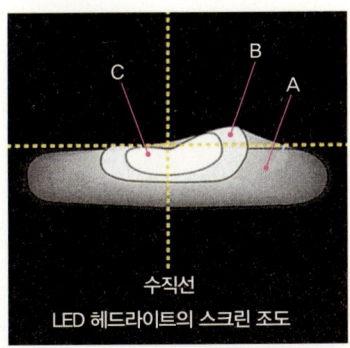

일반적으로 전력 절약형이라 불리는 LED지만 자동차의 헤드램프에 사용하려면 그에 걸맞은 와트w 수가 필요하게 된다. 그 때문에 현재 자동차용으로는 총 38W에 가까운 소비 전력이 사용되고 있으며, 이것은 할로겐 로우 빔의 55W보다는 낮지만 HID의 35W보다는 약간 높은 것이 현실이다. 그러나 LED의 주변 기술 발달로 인해 그리 멀지 않은 장래에 HID의 소비 전력을 밑도는 헤드램프가 나올 것이다.

LED 장착 예

렉서스 LS600h

도요타 SAI

미쓰비시 아이미브

닛산 리프

LED 앞에 배광을 변화시키는 프로젝터 렌즈가 있기 때문에 한 번 봐서는 LED라고 생각하기 어렵다.

> **Tip** 지향성이 강한 LED의 빛을 광범위하게 확산시키기 위해 반사경은 헤드램프 속의 위와 아래에 설치되어 있다. 발광하는 쪽의 LED는 발열하지 않지만 뒤쪽으로 열이 축적되기 쉽다. 전력이 절약되는 LED라도 아직은 전력을 빛으로 완전히 바꿀 수는 없다.

알파로메오의 DNA 시스템

 **ESC** 코너링 등에서 차량의 자세를 안정시키는 시스템이다.

우선 안전성 확보가 최우선이다

ABS_{Anti Brake-lock System}시스템은 브레이크에 의한 타이어의 로크를 방지하는 시스템으로 시작되어 운전자의 운전 부하를 경감시키는 구조이다. 그리고 이것의 집대성이라고 말할 수 있는 것이 ESC_{Electronic Stability Control}로 자동차 회사에 따라 그 장치의 호칭이 다르다는 것은 ESC 항목에서 서술하였다.

자동차 주행 테스트 중에는 갑자기 나타난 위험의 회피를 가정한 더블 레인 체인지_{Double Lane Change}라고 하는 가혹한 주행 테스트가 있다. ESC가 없는 자동차는 연속 2회째의 레인 체인지에서 자세가 흐트러지는 경우가 많다.

예를 들어 2차선 도로에서 중앙 분리대 쪽 차선을 주행하다가 바로 앞에 장애물_{자동차 사고 등}이 나타나 오른쪽으로 조향 핸들을 돌려 장애물을 피한 후 바로 그 다음 순간에 오른쪽 차선으로 주행하기 위해서는 왼쪽으로 조향 핸들을 되돌려야 한다. 특히 주행 속도가 빠르거나 미끄러지기 쉬운 노면에서는 자동차의 자세가 흐트러지기 쉽다.

ESC가 없으면 그대로 돌면서 가드레일에 부딪히거나 다른 자동차나 보행자가 연루된 사고로 이어질 확률이 높기 때문에 주행 속도가 높은 유럽에서는 폭스바겐의 폴로 등과 같은 경자동차에서도 ESC를 기본 장착하고 있다.

스포츠 운전에서는 ESC가 방해되기도 한다

운전자가 고도의 운전 기술을 가지고 있지 않더라도 자동차의 움직임이 흐트러지는 것을 수정, 보조하여 주는 것이 ESC이지만 자동차 경주 등의 밀폐된 코스에서 운전을 즐길 때에는 불필요한 것 같은 느낌이 들기도 한다.

이럴 때 ESC 기능을 OFF 스위치로 정지시킬 수 있다면 좋겠지만 알파로메오의 미토에는 그 스위치가 없는 대신 장착한 것이 바로 **DNA**Dynamic Normal All weather**시스템**이다. 선택 장치로 D**D**ynamic, N**N**ormal, A**A**ll Weather를 바꾸어 ESC의 기능이나 엔진의 특성을 변화시킨다.

절환 스위치

DNA 시스템의 절환 스위치는 시프트 레버 앞에 설치되어 있고 설정된 모드가 계기판의 중앙에 표시된다.

D모드에서는 터보의 과급압력이 평소보다 높아져 가속력이 향상되고 파워 스티어링의 조향력 보조가 감소되며, ESC도 운전자의 조작을 최우선시하여 개입 시기가 늦어진다. N모드는 문자 그대로인 표준적인 상태로 ESC의 개입은 D모드보다 조금 빠르며, 터보의 과급압력도 평범한 상태가 된다.

A모드는 미끄러지기 쉬운 악천후에서 ESC의 제어가 유효하도록 설정되어 있으며, ESC 기능을 완전히 정지시키면 위험할 수도 있다. DNA의 각 모드는 ESC의 제어 기능을 유지하면서도 운전의 즐거움을 보다 더 느낄 수 있게 해 준다.

적용 차종
알파로메오 미토의 고성능 모델 쿼드리폴리오 베르디이다. 이 자동차를 포함하여 미토의 모든 등급에는 DNA 시스템이 장착되었다.

> **Tip** ESC가 장착된 자동차에는 일반적으로 OFF 스위치가 있지만 이것을 누르기만 해서는 완전한 OFF 상태가 되지 않는 경우가 많다. ESC 스위치가 OFF 상태이더라도 차량의 움직임이 흐트러지면 즉시 ESC가 작동되기도 하는 등 회사에 따라 그 설정이 서로 다르게 되어 있다.

재규어 드라이브 셀렉터

 **선택 레버** T차에서 P/R/N/D/2/1의 시프트 포지션(Shift position)을 선택하기 위한 레버이다.

선택 레버가 계기판 주위에서 사라졌다

중앙의 콘솔은 흔히 운전석과 동승석 사이를 갈라놓듯이 설치되어 있는 경우가 많지만 세단이나 쿠페 타입의 AT차에서는 그 위에 주행 상황과 맞는 포지션을 선택하는 T자형의 선택 레버가 설치되어 있다. 이러한 스타일은 자동차가 판매된 이래 플로어 시프트floor shift가 적용된 자동차에서는 기본적으로 변하지 않았던 부분이다.

미니밴이나 경자동차 모델에서는 이 선택 레버가 운전석과 동승석 사이의 왕래가 편하도록 중앙 패널installment panel부근이나 조향 칼럼Steering column에 설치된 경우도 있지만 선택 레버 자체는 확실히 존재한다. 그러나 재규어에서는 2007년 일본에서 출시한 XF부터 AT의 선택 레버가 사라졌다.

다이얼식 선택 레버 적용 차종 재규어 드라이브 셀렉터가 처음으로 적용된 XF 시리즈

레버에서 다이얼식으로

재규어는 이 XF를 경계로 하여 외형 디자인에 대한 새로운 변화를 계획하였다. 지금까지의 XJ에서는 둥근 형태의 4등 램프가 설치되어 있으며 뒤쪽이 낮은 독자적인 디자인이야말로 재규어다운 것으로 여겨져 온 데 비하여 이것은 새로운 재규어로서의 디자인을 만들어 내려는 도전이면서도 혁명인 것이다.

그 혁명은 디자인에도 도입되어 시프트 레버가 중앙의 콘솔에서 모습을 감추게 되었다. 자동차에 승차하면 한 순간 선택 레버가 어디에 있는지 당황할 정도로 운전석과 동승석 사이에 있는 중앙의 콘솔은 납작한 형태로 되어 있다.

출발 버튼을 눌러 엔진이 시동되면 이제까지 선택 레버가 설치되어 있던 중앙의 콘솔 위치로부터 다이얼 형상으로 된 AT 포지션의 선택용 스위치가 동시에 올라오며, 엔진의 시동을 끄면 다이얼식 AT 선택 장치는 다시 내려가 중앙의 콘솔과 같은 높이의 면으로 위치한다. 재규어에서는 이것을 **재규어 드라이브 셀렉터**Jaguar Drive Selector 라고 부른다.

엔진이 정지되어 있는 상태에서 AT의 선택 장치는 격납되어 있다.

엔진을 시동시키면 다이얼 조작이 가능하도록 밀려 올라온다.

선택 레버가 없는 실내

선택 장치의 포지션은 왼쪽으로부터 P, R, N, D, S 이다. 이 중 S는 스포티하게 주행하고자 할 때 선택하는 포지션으로 이 다이얼을 가볍게 돌리는 것만으로 설정이 완료되지만 예전에는 시프트 레버로부터의 입력을 변속기로 직접 금속 봉 등을 사용하여 전달했었다.

그러나 현재는 시프트 노브Shift knob로부터의 입력을 전기적인 신호로 변속기에 전달되기 때문에 T자형의 선택 레버로 '짤가닥 짤가닥' 소리를 내며 변속할 필요가 없어졌다.

Tip 다이얼식 이외에 시프트 레버가 없는 예를 들면, 트윈 클러치식의 2페달 자동차에는 스위치식 선택 장치가 존재하는 경우도 있다. 닛산이 출시한 전기자동차 리프도 선택 레버가 아니라 마우스처럼 감각으로 조작할 수 있는 타입을 적용하고 있다.

전자제어 파킹 브레이크

 **파킹 브레이크** 주차 시에 사용하는 브레이크이지만 풋 브레이크와는 다르게 브레이크가 작동된 상태로 두고 싶을 때에도 사용한다.

원래는 미국의 자동차로부터

파킹 브레이크EPB ; Electronic Parking Brake는 AT 선택 레버와 비슷한 수준으로 긴 세월 동안 자동차에서 진화가 이루어지지 않은 부분 중 하나라고 말할 수 있으며, 진화된 상태의 **전자제어 파킹 브레이크**는 미국의 자동차에서 최초로 적용되었다. 이렇게 편리한 장치는 역시 미국이 리드하는 경향이 강하다.

파킹 브레이크는 일반 자동차의 경우 중앙의 콘솔에 있는 핸드 레버로 조작하는 것이 대부분이지만 고급 자동차를 중심으로 발로 밟는 파킹 브레이크가 장착되었으며, 내부 공간의 확보와 운전석과 동승석 사이의 왕래가 가능하도록 미니밴에서도 발로 밟는 식이 주류

파킹 브레이크를 작동시킬 때에 (P)스위치를 누른다. 해제시킬 때에는 브레이크 페달을 밟으면서 (P)스위치를 당긴다.

전자제어 파킹 브레이크(EPB)

2009년 5월 스바루 레거시에 처음으로 전자제어 파킹 브레이크가 장착되었다. 이러한 분야에서는 세계적으로 표준적인 시스템이 되고 있다.

가 되고 있다. 핸드 레버식과 발로 밟는 식 모두 '드드득'하는 소리가 나서 파킹 브레이크가 작동되었다는 것을 알기 쉽지만 그다지 기분 좋은 소리는 아니다.

조작이 간단하며 힘도 들지 않는다

특히 여러 사람이 공동으로 사용하는 자동차에 장착된 핸드 레버식 파킹 브레이크의 경우는 너무 강하게 당겨져 있을 때가 많아서 다시 원 상태로 할 때 힘을 필요로 하기도 한다.

그에 비해 발로 밟는 식은 해제하려고 할 때 레버식처럼 힘들이지 않고 다시 한 번 더 밟기만 하면 되는 타입과 해제 전용 스위치 레버를 당기는 타입이 있다.

스위치 설치 위치

(왼쪽) GM 캐딜락 CTS의 적용 예이다. (오른쪽) 아우디 Q5의 적용 예이다. 대부분의 차에는 지금까지 사이드 브레이크가 설치되어 있던 위치에 스위치가 있다.

몇 년 전부터 국내의 자동차에도 적용되기 시작한 전자제어 파킹 브레이크는 손가락으로 누르거나 당기는 방식의 스위치를 사용함으로써 힘이 약한 여성에게도 조작이 간단하다는 것이 장점이다.

또한 맞물리는 클릭의 소리도 없기 때문에 조용하며, 파킹 브레이크를 작동시킬 때는 스위치의 조작이 필요하지만 해제 시에는 기어를 넣거나 AT를 D단으로 넣거나 액셀러레이터 페달을 밟는 등의 조작에 의해 자동적으로 이루어진다.

EPB의 구조는 캘리퍼 피스톤Caliper piston부위에 모터와 감속 기어가 추가되어 전기적인 신호가 스위치로부터 보내져 오면 이러한 장치들이 작동하는 형태로 되어 있으며, 운전자의 팔 힘과 쥐는 힘의 강약에 관계없이 작동이 쉬운 것이 특징이다.

또 예전의 자동차에서와 같이 파킹 브레이크를 작동시킨 상태로 발진하여 브레이크가 파손되는 문제점도 피할 수 있다. 시스템에 고장이 없는 한 어느 누가 조작하여도 같은 구속력lock이 걸린다는 의미에서는 안전한 시스템이라고도 말할 수 있다. 그러나 아직은 가격이 높은 자동차에만 보급되고 있다.

> **Tip** 브레이크를 조작하는 힘을 강약으로 조절할 수 없기 때문에 사이드 브레이크 턴(Side brake turn) 같은 테크닉은 사용할 수 없다. 전자제어 파킹 브레이크는 스위치를 조작하면 '윙'하는 희미한 소리가 나서 작동을 확인할 수 있다.

포레스트 에어컨

숲 속의 공기 명칭 그대로 쾌적한 온도를 유지하는 기본 성능에 숲 속에 있는 것 같은 쾌적함이 추구되었다.

가정용보다 사용 환경이 가혹한 자동차 에어컨

사계절이 뚜렷한 국내에서 에어컨은 필수품이라고 할 수 있으며, 여름의 고온다습에서 겨울의 저온까지 어떠한 환경에서든 쾌적함을 유지하기 위해 사용한다.

더욱이 도로는 늘 정체 상태에 있으며, 명절에는 고속도로의 정체로 몇 시간 동안이나 자동차 안에 갇혀 있게 되는 경우도 있다.

이렇게 이곳저곳 여러 장소로 주행하여 이동하는 자동차의 에어컨은 가정용보다도 훨씬 가혹한 사용 환경에 처해 있다. 또 주위에서 주행하는 자동차의 배기가스나 공기 중에 떠도는 꽃가루 등이 자동차의 내부로 침투해 들어오기 때문에 이것을 방지하기 위해 클

포레스트 에어컨
포레스트 에어컨 사용 시의 실내 환경 이미지

- 움직이는 바람
- 습도를 높이는 플라즈마 클러스터 이온
- 아로마
- 고성능 필터(꽃가루, 냄새, 알레르기 대응 타입)
- 습도 제어 기능
- 냄새 검지 · 자동 내외기 교환

린 필터Clean filter가 사용되고 있다.

자동차의 에어컨에 클린 필터가 장착되기 시작한 것은 1990년대 중반부터이며, 엔진의 흡입 계통에 장착되어 있는 에어클리너라고 생각하면 된다.

클린 필터와 플라즈마 클러스터
배기가스 및 외부 냄새의 차단과 자동차 실내의
불쾌한 냄새를 환기시키는 이미지

클린 필터에 의해 유해 물질이 차내로 들어오는 것을 막아준다. 알레르기 대응 타입은 고밀도 여과지의 사용으로 꽃가루 제거 기능을 강화한 필터가 부착되어 있다.

플라즈마 클러스터에 의해 차내에 스며든 냄새를 저감시킨다. 이러한 구조는 자연계에 존재하는 것과 같은 플러스($H+$)와 마이너스(O_2-)의 이온을 플라즈마 방전으로 만들어서 공기 중으로 방출한다.
방출된 이온은 곰팡이 균이나 부유균의 표면에 부착하여 균을 없앤다.

클린 필터를 장착하기 이전에는 자동차 에어컨에서 외기 도입 모드를 설정하면 외부 공기 속을 부유하는 여러 가지 유해 물질들이 모두 실내로 들어온다. 특히 꽃가루 알레르기가 있는 사람에게는 최악의 환경이 된다.

설정 온도를 항상 유지해 주는 자동 에어컨은 고급 자동차뿐만 아니라 경자동차에까지 보급되고 있으며, 클린 필터는 항 알레르겐Allergen 등의 고기능화가 진행되고 있다. 운전석과 동승석의 각각 다른 온도 설정이 가능한 자동차도 증가하고 있다.

한층 더 쾌적성을 추구

닛산 푸가에 장착된 에어컨이 **포레스트 에어컨**Forest Air Conditioner 이라고도 불리는 이유는 오염된 공기와 냄새를 차단하기 위한 전용 센서가 장착되어 있기 때문이다.

여기에 더하여 실내 공기를 깨끗하게 유지하는 고농도 플라즈마 클러스터가 내장 부품에 스며든 냄새를 탈취시키는 것뿐만 아니라 자동차 내의 습도도 컨트롤하기 때문에 피부의 습도까지도 유지시켜 준다. 더욱이 제균 성능도 이제까지의 에어컨보다 향상되어 있다.

포레스트 에어컨의 효과
자동차 실내의 냄새 저감의 비교이다.
포레스트 에어컨이 탁월하다는 것을 알 수가 있다.

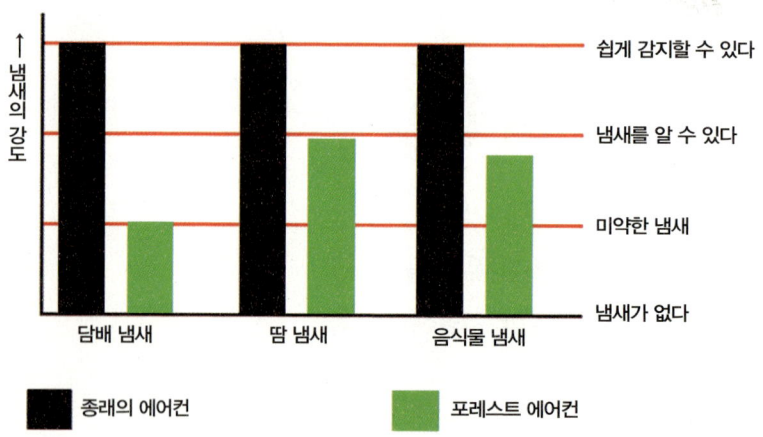

또 아로마 디퓨저Aroma diffuser가 에어컨 분출구에 설치되어 있어 그 향기가 기분을 진정시켜 준다. 향기의 종류는 녹나무와 향목의 2종류이며, 효과적으로 방출된다. 분출되는 송풍도 움직이는 바람으로서 늘 일정한 세기의 바람이 아니라 자동차 밖의 상황에 따라서 적당한 세기의 강약으로 변화되어 나오는 것이다.

   포레스트 에어컨의 작동을 실행하면 마치 숲 속에 있는 것 같은 느낌이 든다. 또한 습도도 조절되기 때문에 자동 에어컨에서 조차 이루어지지 않았던 쾌적한 자동차 실내의 온도 유지와 유리창의 흐림 방지까지 보다 높은 수준으로 양립할 수 있게 된 것도 큰 특징이라 할 수 있다.

> Tip 플라즈마 클러스터의 기능은 다른 회사의 고급 자동차에도 적용되는 경우가 있다.

윈드실드의 대형화

 **개방감** 자동차 실내를 더 개방하려면 루프를 여는 오픈카가 제일이지만 4인이 여유 있게 승차할 수 있는 것이어야 한다면 그 차종은 한정되어 있다.

선루프의 대형화

개방감에 있어서는 어떤 자동차도 오픈카를 따라 올 수 없다. 하지만 장마철의 기후에서 소프트 탑Soft Top ; 천으로 된 개폐식 지붕은 적합하지 않다. 지붕이 있는 차고를 갖춘 집도 한정되어 있고, 철제 루프보다 빗소리가 자동차 안으로 시끄럽게 들리는 경우가 있기 때문에 오랜 기간 사용해도 비가 새지 않으리라고는 말할 수 없기 때문이다.

물론 최신의 소프트 탑에서는 그런 대책도 만전을 기하여 강구되어 있다. 그러나 4인승 자동차라고 해도 소프트 탑을 수납할 공간을 빼앗겨 뒷좌석이 좁아지기 때문에 실용성이 부족한 것도 사실이다.

2000년 이후부터 소프트 탑 자동차의 수량은 감소하였고 오픈카 중에서도 쿠페 카브리오레Coupe-Cabriolet라고 불리는 철 소재나 그 밖의 알루미늄 등의 경량 소재를 사용한 루프를 장착한 차종이 증가하고 있다.

좀 더 실용적이라는 SUV나 미니밴에서는 선루프Sun roof가 유리로 되어 있고 지붕 면적의 2/3 정도를 차지하는 자동차도 늘어나고 있다. 이와 같이 현재는 여러 종류의 자동차에서 오픈카와 비슷한 개방감을 맛볼 수 있도록 변하고 있다.

제니스 프런트 윈도우

2010년에 출시된 시트로엥 C3에 이제까지는 없었던 프런트 윈도우가 적용되었다. 그것이 **제니스 프런트 윈도우**Zenith Front Window로 전장 3,955mm이며, 도요타 락티스 정도의 크기이다. 이러한 소형자동차이면서도 제니스 프런트 윈도우는 앞뒤 길이가 1,350mm × 좌우 폭이 1,430mm라는 광대한 크기인 것이다.

운전자의 머리 위 후방으로까지 펼쳐지는 프런트 윈도우는 운전석과 조수석까지 선루프 이상의 개방감을 맛보게 하지만 현대 여성의 최대의 적인 자외선이다.

제니스 프런트 윈도우

자동차 위에서 보면 자동차 길이의 반 정도가 프런트 윈도우라고 느껴질 정도로 앞뒤 길이가 길다.

290   자동차 진화의 비밀을 알고 싶다

제니스 프런트 윈도우의 시야
제니스 프런트 윈도우의 실내로부터의 전망이다. 슈퍼 틴티드로 가공 처리된 부분은 또렷하게 다른 색으로 되어 있다.

   그것에 대한 대책은 물론 강구되어 있다. 룸미러 주변까지 슬라이딩하는 선바이저Sun visor가 있으며유리 선 루프의 차양과 같다, 프런트 윈도우의 제일 끝 부분부터 전방 250mm의 범위에는 슈퍼 틴티드 Super tinted로 가공 처리가 되어 있다.

   틴티드 가공이란 유리를 착색해서 열전도율이나 자외선 투과율을 낮추는 것이며, Tint란 엷은 색이라는 뜻이다. 시트로엥의 슈퍼 틴티드 가공은 통상의 틴티드 가공에 비해서 열전도율은 1/5 이하, 자외선 투과율은 1/12 이하까지 저감시키고 있다. 말하자면 자외선을 방지하는 선글라스가 자동차의 유리창으로 사용되고 있는 것과 같다.

> **Tip** 제니스 프런트 윈도우는 개방감을 느끼게 할 뿐만 아니라 신호도 쉽게 볼 수 있게 한다. 오픈카는 쾌적하긴 하지만 신형 차라도 바람에 조금은 휩쓸릴 수 있다는 각오를 할 필요가 있다.

내비게이션을 감각으로 조작

 **일괄 조작** 고급 자동차를 중심으로 확산되고 있으며, 에어컨이나 카 내비게이션을 하나의 다이얼로 조작할 수 있는 아이템이다.

편리성을 높이는 장치로 호화로워진 자동차

자동차에는 조향 핸들과 페달 등과 같이 주행, 회전, 정지를 하기 위해 필요한 조작 장치들이 있으며, 그 밖에도 에어컨이나 와이퍼, 오디오, 카 내비게이션 등의 시야 확보와 편리성을 높여주기 위한 장치가 있다. 특히 조작의 편리성을 높이는 장치는 점점 증가하는 추세이다.

카 내비게이션은 터치 패널식도 증가하고 있어 화면에서 원하는 메뉴를 선택할 수 있으며, 그 화면의 주위에는 터치 패널만으로 완전히 커버할 수 없는 조작 스위치나 에어컨, 오디오 등의 스위치가 다수 배열되어 있다.

물론 이러한 스위치들은 인스트루먼트 패널의 중앙 부분에 집중적으로 배치되어 있어 사용하기 쉽도록 차종마다 잘 배치되어 있다. 조작을 통하여 익숙해지면 걱정이 없지만 이런 조작을 컴퓨터 마우스와 비슷한 장치 하나로 시행할 수 있는 타입도 나오고 있다.

다이얼이나 마우스 감각으로 조작할 수 있어 시선 이동을 줄인다

카 내비게이션이나 오디오, 에어컨을 화면으로만 보면서 하나의 스위치로 조작할 수 있다면 정말 좋을 것이다. 그것을 시판되는 자동차에 처음 도입한 것이 BMW이다. BMW에서는 이 시스템을 **아이 드라이브**i-Drive라고 부르고 있다.

아이 드라이브

유럽용 사양
모니터의 메뉴 선택 화면. 시선을 여기에 둔 상태에서 다이얼 조작을 하기만 하면 된다. 익숙해지면 컴퓨터 마우스처럼 블라인드 터치(Blind touch)로 조작이 가능하다.

중앙의 콘솔, 이른바 AT 선택 장치 레버 바로 뒷부분에 그 조작 아이템이 설치되어 있으며, CD/RADIO/NAVI 등의 스위치를 선택한 후에 화면에 표시된 메뉴를 다이얼로 돌려서 선택하고 누르면 결정되는 것이 BMW 방식이다.

여러 가지 스위치를 조작하는 것보다 시선의 이동이 줄어드는 것이 아이 드라이브 아이템의 장점이다. 유럽의 고급 자동차를 중심으로 적용되기 시작하였고 렉서스 계통의 일부 차종에 리모트 터치 Remote Touch라는 명칭으로 적용되기 시작했다. 익숙해지면 마우스로 컴퓨터를 조작하는 사람이 존재하지 않는 것처럼 손의 감각만으로 조작이 가능하다.

터치 패널처럼 화면이 지문으로 지저분하게 되는 경우도 없고 리모컨과 같은 번잡함도 없다. 또한 각종 스위치를 다수의 대시보드 Dashboard에 비좁게 설치하는 것보다 운전자에게 편리한 설계라고 말할 수 있다. 이렇듯 편리성을 높여 주는 장치가 많아져 조작 시스템이 증가된 신형의 자동차에서 조작성을 간략화 시키는 방법의 하나로서 주목 받는 아이템이다.

렉서스의 예

렉서스 RX에 적용되고 있는 메모리 터치는 BMW의 아이 드라이브를 참고로 하고 있다.

Tip 아이 드라이브에서 다이얼은 자동차에 장착된 컴퓨터 마우스와 같은 것이다. 하나의 조작 장치로 온갖 명령을 내릴 수 있다. BMW에서 최초로 적용된 아이 드라이브는 사용하기에 그리 쉬운 것은 아니었다. 하지만 출시 후 조작 스위치가 추가되면서 다이얼 조작 감각도 개선되었다.

주차 보조 시스템

 **주차 보조** 내비게이션의 화면과 여러 대의 카메라를 사용해서 시야를 보조해 주는 것과 조작 자체를 보조하는 것이 있다.

4대의 카메라 영상으로 주차 보조 시스템

자동차가 목적지에 도착하면 주차장에 세워야 하는데 주차는 특히 초보 운전자가 가장 힘들어 하는 부분으로 신형 자동차에 적용한 것이 어라운드 뷰 모니터AVM; Around View Monitor이다.

제니스 프런트 윈도우

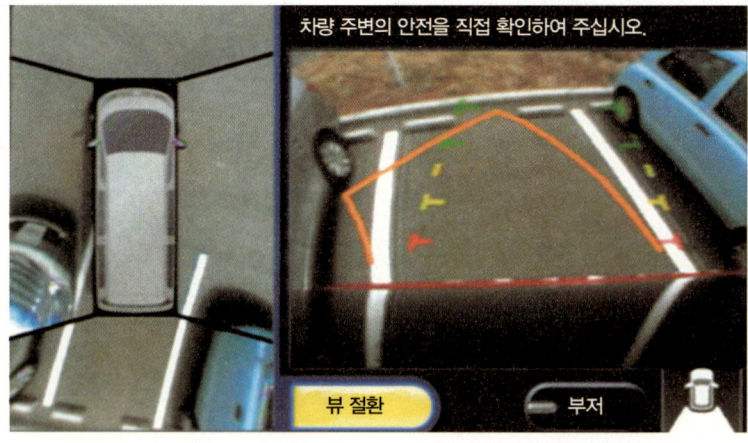

(좌) 어라운드 뷰 모니터의 후진 주차 시 화면 표시 오른쪽은 리어 뷰 카메라 영상, 왼쪽은 조감도에 의한 차량의 상태 표시. (우)각 카메라의 수비 범위

어라운드 뷰 모니터는 프런트 뷰 카메라Front view/사이드 블라인드 뷰Side blind view 카메라좌우/백 뷰Back view 카메라 등 4대의 카메라 영상을 조합하여 마치 위에서 보고 있는 것 같은 화상을 카 내비게이션 화면 왼쪽에 나타내어 주차 테두리의 하얀 선과 주차의 위치 관계를 파악할 수 있도록 되어 있다.

몇 번이고 백미러나 사이드 미러 혹은 뒤를 반복해서 보면서 후방을 확인하지 않더라도 주차장에 자동차를 쉽게 세울 수가 있게 된 것이다. 백미러나 사이드 미러 그리고 뒤쪽을 직접 살펴도 볼 수 없는, 자동차 바로 뒤의 상태도 확인할 수 있기 때문에 안전하게 후진을 할 수 있다는 것도 장점이다.

세로 열 주차에서 가장 신경이 쓰이는 것은 자동차의 후방과 오른쪽의 앞부분을 카 내비게이션의 화면으로 훤히 볼 수 있는지 여부이다. 카메라 뿐만 아니라 자동차의 4방향 모서리 부분에 설치된 카메라 어시스트 소나Sonar에 의해 앞뒤 차량과 근접해질수록 경보음이 점점 빨리 울리는 탁월한 기능의 장치이다.

세로 열 주차도 안심

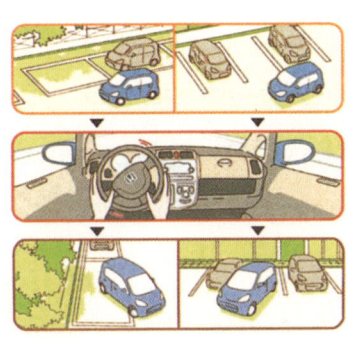

스마트 파킹 어시스트 시스템에서는 음성 안내와 함께 자동으로 실시해 주는 조향 핸들 조작으로 세로 열 주차도 간단하게 할 수 있다.

주차 조향 보조 시스템도 있다

카메라로 촬영한 모든 장면을 조감도위에서 아래로 내려다 본 영상로부터 파악할 수 있는 방식과 달리 여성 운전자가 즐겨 타는 경자동차나 소형자동차에 옵션으로 많이 장착되는 것이 **스마트 파킹 어시스**

트 시스템Smart Parking Assist system이다.

   조작 방법은 우선 도어 트림door trim 앞쪽 상부에 설치된 마크와 주차장의 하얀 선을 맞추어 정지시키고 그리고 인스트루먼트 패널의 좌우에 있는 스타트 버튼을 누른다. 브레이크 페달에서 발을 떼면 자동차가 천천히 움직이면서 후진 주차 및 세로 열 주차의 상황에 맞추어서 조향 핸들이 자동으로 회전하여 조향해 준다.

   후진으로 주차 선 테두리 안에 넣을 때에도 브레이크 페달에서 발을 떼기만 하면 된다. 이때에도 조향 핸들이 스스로 움직이며 훌륭하게 주차를 완료하고 음성으로 안내를 하기 때문에 갑자기 움직이는 경우도 없어 안심할 수 있다.

   그러나 주위의 여건에 따라서 작동이 잘되지 않는 경우도 있다는 것을 염두에 두어야 하며, 자동으로 주차해 주는 시스템이 아니라 어디까지나 주차시의 조향 핸들의 조작을 보조하는 시스템이라고 생각해야 한다는 것이다.

> **Tip** 어라운드 뷰 모니터와 같은 기능을 가지는 멀티 뷰 카메라 시스템을 그랜저 HG, K9 등에 장착하였다. 도요타에서는 인텔리전트 파킹 어시스트(Intelligent Parking Assist)라는 명칭으로 일부 차종에 장착되어 있다.

내비게이션의 안전 운전 지원(Driving Safety Support System)

Key word **ITS 스폿 서비스** 카 내비게이션과 ETC(국내의 High-pass)를 일체화시켜 안전 운전에 필요한 정보나 정체 정보 등을 제공한다.

각 제조 회사에서 실시하고 있는 운전 지원

도요타에서는 NAVI AI-SHIFT를 HDD 내비게이션 탑재 자동차에 적용하고 있으며, 도로의 경사나 커브의 정보를 내비게이션에서 입수하여 변속기의 기어를 최적의 포지션으로 제어하는 기능을 한다.

고속도로의 진입이나 출구, 톨게이트 등에서의 가감속 보조도 이루어지며 일시정지 정보의 제공도 이루어져 정지 라인이 가까운데도 운전자가 감속의 행동을 하지 않을 때에는 음성으로 주의를 주고 그 후에는 급브레이크로 감속 지원을 해준다.

닛산에서는 초등학교 주변의 스쿨존에서 자동차의 주행 상태를 검지하는 기능을 가지고 있는 자동차 푸가를 출시하였으며, 안전 운전을 할 필요가 있다고 판단될 때에는 음성 가이드와 함께 내비게이션 화면에 표시하여 주의를 환기시킨다. 또 고속도로의 역주행 감지 기능도 갖추고 있다.

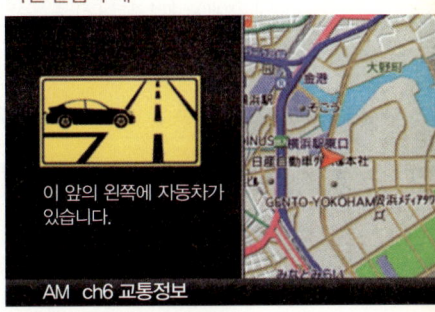

사전 알림의 예

앞 교차로의 왼쪽에서 자동차가 나오고 있다는 것을 운전자에게 알려주는 내비게이션 화면이다. (닛산 푸가의 예)

운전 지원의 예
도요타 크라운에서 이루어지는 내비게이션 협조 제어의 예

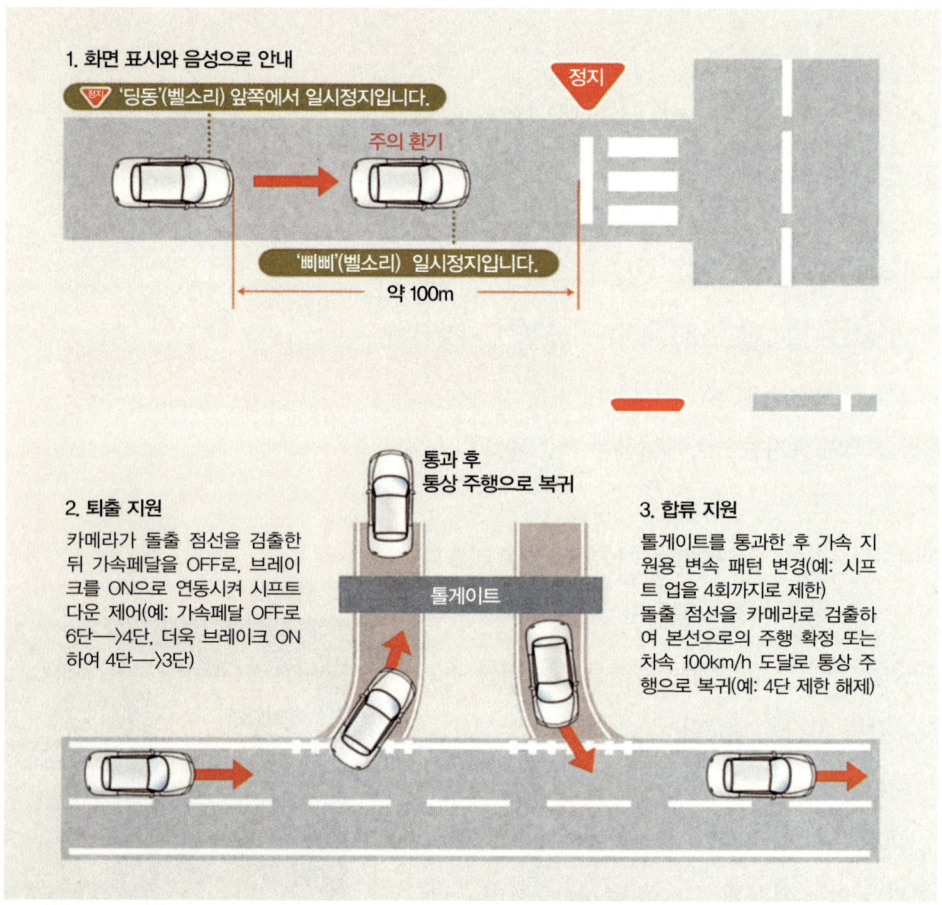

차세대 시스템의 시작

이것은 ITS Intelligent Transport System ; 고도高度 도로교통 시스템 스폿 spot을 이용한 것으로 카 내비게이션과 ETC Electronic Toll Collection ; 요금 자동 결제 시스템를 일체화시켜 정체 정보, 교통안전 정보가 제공된다. ITS 스폿은 이렇게 5~10분 전의 정보를 운전자에게 알

려 준다. 이 통신 기능을 담당하는 것이 국제 표준화된 고속, 대용량 쌍방향 통신이 가능한 주파수대의 DSRC Dedicated Short Range Communication ; 스폿 통신이며, 이제까지 ETC에 사용되었던 통신을 좀 더 효율적으로 활용하는 것이다.

이제까지 정체 정보는 음성이나 문자만으로 제공되어 왔지만 이제부터는 현재의 카 내비게이션보다 광범위한 도로 정보는 물론이고 화상까지도 제공될 것이라고 하며, ITS 스폿에 대응하는 카 내비게이션의 출시는 이미 시작되었다.

2011년 1월~3월에는 약 1000km 앞이제까지는 200km 이내의 교통 상황을 파악하여 상황이 변할 때마다 경로가 재검색되는 동적 경로 안내 Dynamic Route Guidance 시스템이 도입되어 낙하물 정보 등도 실시간으로 표시된다. 또 급커브 구간이나 보이지 않는 코너의 정체 구간과 같은 사고가 일어나기 쉬운 지점도 미리 경고해 준다.

> **Tip** 현재의 카 내비게이션 정보를 기초로 하여 이루어지는 차량의 변속 제어나 주의 환기에만 너무 의존하지 말자. 자주적인 안전 운전도 중요하다. ITS 스폿 대응 내비게이션에서는 날씨나 터널 내 정보를 정지된 사진으로 보내주기 때문에 보다 현실적인 상태를 파악할 수 있다.

리어 뷰 카메라

 **격납식** 이전 스포츠카의 리트랙터블(Retractable ; 몸체 속으로 집어넣을 수 있는) 헤드램프처럼 사용할 때에만 밀려 나온다.

후진 주차 시의 시야를 확대

주차 보조 시스템에서 소개한 것처럼 어라운드 뷰Around view 모니터의 경우, 현재는 적용 차종이 상당히 한정되어 있으며 버스나 트럭이 아닌 이상 후진해서 주차할 때에 뒤에서 사람에게 유도 받을 수도 없는 것이 승용차이다.

보통은 운전석에 앉은 상태로 상반신만 뒤로 돌려 후방을 확인해 가면서 후진하지만 그래도 뒷범퍼의 바로 뒤는 사각지대가 된다. 그래서 카 내비게이션의 화면을 이용하여 뒷번호판 램프 주변에 설치된 카메라로 영상을 확인하는 사람들이 증가되고 있다.

초소형 카메라가 와이드 렌즈로 찍은 영상으로 인해 후진 주차

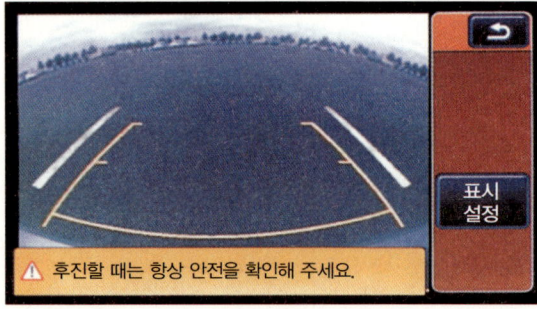

리어 뷰 카메라의 시야

리어 뷰 카메라의 영상
순정품에서는 자동차가 가는 방향의 예측 라인이 나오는 것이 표준이다.

시의 사각지대가 상당히 감소하였다. 이 카메라를 일반적으로 리어 뷰 카메라Rear View Camera라고 부른다.

필요할 때에만 카메라가 나오는 타입도 있다

대부분의 자동차 리어 뷰 카메라는 자동차의 뒤에서 보면 그 존재를 확인할 수 있다. 뒷면의 장식이나 바디 패널 등에 소형 카메라 같은 물체가 튀어나와 있기 때문이다.

순정품이라면 그래도 깔끔하게 장착되어 있기 때문에 괜찮지만, 비순정품의 경우는 나중에 부착시켰다는 느낌이 확 들 정도로 외형이 그대로 드러나 별로 보기 좋지 않은 것이 대부분이다.

그런 와중에 폭스바겐의 순정품은 유난히 깔끔하다. 보통은 뒤쪽 중앙에 있는 엠블렘 속에 카메라가 수납되어 있고 AT 선택 레버를 Rreverse 레인지로 위치시켰을 때에만 메이커의 로고가 위로 들리면서 리어 뷰 카메라가 나온다. 또한 뒷문의 손잡이로서의 기능도 갖는 두 가지 역할을 하고 있다.

폭스바겐 골프의 리어 뷰 카메라

뒤쪽 엠블렘은 개폐되어 필요할 때에만 카메라가 나온다.

리어 뷰 카메라는 카 내비게이션과 세트라는 것이 상식이었지만 그렇게 되면 가격이 높아지기 때문에 카 내비게이션으로 멀리까지 외출하는 횟수가 적은 경자동차나 소형차에서는 리어 뷰 카메라만 원하는 사람을 위해 2DIN의 오디오 부분에 액정화면을 배치하여 리어 뷰 카메라의 영상을 볼 수 있게 된 차종도 나오고 있다.

카 내비게이션이 없는 경우

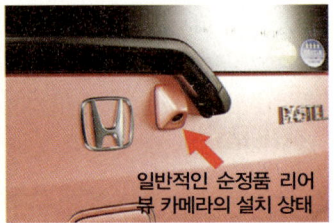

오디오 패널에 리어 뷰를 표시.
카 내비게이션을 사용하여 표시하는 방식보다
화면은 작지만 그만큼 가격은 저렴해진다.

일반적인 순정품 리어 뷰 카메라의 설치 상태

　그 외에 다이하쓰에서는 룸미러의 왼쪽 부분에서 리어 뷰 카메라의 영상을 볼 수 있는 타입도 있으며, 내비게이션 화면이 점차 대형화되어 가는 와중에 이러한 타입은 부담이 없는 가격으로 소형화시키기에 한계가 있다.

> **Tip** 리어 뷰 카메라 이상으로 마음에 걸리는 것이 SUV의 펜더에 설치된 사이드 언더 미러이다. 외관이 보기 좋지 않을 뿐만 아니라 알아보기 어려운 것이 대부분이다. 최근의 SUV 중에는 사이드 언더 미러 대신에 도어 미러 아래에 카메라를 설치하여 모니터로 영상을 보는 타입도 있다.

후속 자동차 모니터링 시스템

 **차선 변경** 고속도로나 여러 차선이 있는 도로를 주행할 때 필요에 따라 좌우로 차선을 변경하는 것을 말한다.

차선 변경에는 숙달이 필요

고속도로에서 서행하는 자동차를 추월하려 할 때나 2~3차선이 있는 국도를 주행하는 경우, 차선 변경을 하지 않으면 안 되는 때가 있다. 그러나 운전을 자주 하지 않는 사람은 뒤쪽에 자동차가 있을 때 어느 타이밍에서 차선을 변경하면 좋을지 망설이는 경우가 있다.

숙련된 운전자는 룸미러와 도어 미러에 보이는 자동차의 크기로 뒤에 있는 자동차와의 거리를 파악할 수 있다. 그러나 큰 자동차는 가깝게 보이고 작은 자동차는 멀리 보이는 착각이 일어날 수가 있다.

오토바이는 특히 주의가 필요한데 사물이 미러에 작게 보이면 멀리 있다고 착각하는 경향이 있으며, 더군다나 도어 미러에 보이지 않는 사각지대가 존재한다는 것 정도는 면허 취득 시에 대부분 배웠을 것이다.

그에 대한 대책으로 자동차 회사는 도어 미러 유리의 곡률구부러진 정도를 표시하는 값이 중앙까지와 그 외측에서 변화되는 와이드 뷰 타입을 적용하고 있다. 그러나 시야는 넓어지지만 목표물이 일그러져 보일 때도 있기 때문에 숙달이 필요한 것이다.

비스듬히 있는 차량과의 거리에 따른 경보 시스템

와이드 뷰 미러가 보급 중인 가운데 특히 안전성이 높다는 이미지를 가진 스웨덴의 볼보는 도어 미러 부분에 LED 램프를 설치하여 차량이 접근하면 점멸해서 주의를 환기시키는 시스템을 적용했다.

일본의 자동차 회사 중에 이것을 신속하게 적용한 곳이 마쓰다이며, 이것을 **후속 자동차 모니터링 시스템**Rear Vehicle Monitoring System이라고 한다. 아텐자나 액셀라에는 이것을 옵션으로 장착할 수 있다. 도어 미러가 장착되어 있는 부분의 내장 부분아텐자, 또는 도어 미러 거울 면액셀라에 LED 램프또는 인디케이터가 좌우로 설치되어 있다.

마쓰다 자동차를 예로 들면 작동은 다음과 같다. 인접한 차선 안에 자기 자동차의 센터 필러center pillar 부근으로부터 50m 이내에 다른 자동차가 있을 때에는 LED 램프가 점등되어 운전자에게 주의를 환기시킨다.

그 상태에서 방향지시등을 작동시키면 LED 램프가 점멸로 변하면서 부저로 경고음을 울려 운전자에게 차선 변경이 위험하다는 것을 알려준다. 작동 조건은 60km/h 이상으로 주행하고 있는 경우로 한쪽 차선이 2차선 이상인 도로에서 작동한다고 생각하면 된다.

후방 자동차 검출 이미지
후방 접근 자동차의 검지 및 알림 / 경보

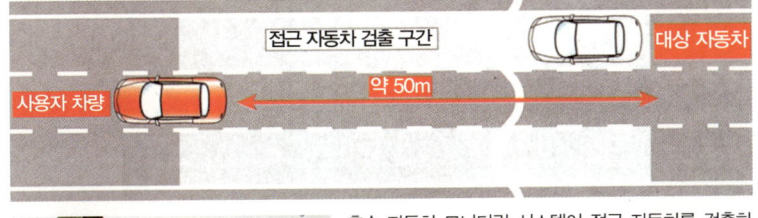

아텐자의 LED 램프 설치 위치
아텐자는 도어 미러 부착 부위의 내장 부분에 설치되어 있지만 액셀라는 미러의 거울 면에 인디케이터가 표시된다.

후속 자동차 모니터링 시스템이 접근 자동차를 검출하는 범위(위)와 작동 이미지(왼쪽). 자차의 후방 약 50m에 접근하는 자동차가 있으면 LED 램프가 점등되어 운전자에게 주의를 촉구한다.
동승석 쪽에도 LED 램프는 장착되어 있어 3차선의 한가운데를 주행하고 있을 때나 추월 차선에서 주행 차선으로 차선을 변경할 경우에도 대응하고 있다.

현재는 와이드 뷰 타입의 도어 미러가 대부분이지만 차선의 변경이 서투른 운전자에게 유효한 운전 지원 시스템의 하나로 더 많은 차종과 제조 회사에서의 확대 적용이 기대된다.

그러나 후속 자동차 모니터링 시스템은 오토바이를 인식할 수는 없으며, 운전학원에서 배운 그대로 차선을 변경하기 전에 자신의 눈으로 변경할 차선을 확인하는 것이 바람직하다.

장착 예

후속 자동차 모니터링 시스템이 최초로 장착된 아텐자

> **Tip** 자기 자동차가 거의 보이지 않을 정도로 도어 미러를 밖으로 향하게 했을 경우, 사각지대가 상당히 감소한다는 것을 자기 눈으로 반드시 확인할 필요성이 있다. 특히 오토바이는 미러에 잘 보이지 않으므로 간과되기 쉽다. 미러를 이용하여 자기 자동차와 이동할 차선을 주행하고 있는 대상 자동차 사이의 속도 차이를 읽을 수 있도록 노력하자.

트윈 테일 게이트

 **5도어 해치백** 4도어 세단의 쾌적성과 해치백 자동차의 적재성을 겸비한 스타일이다. 뒤쪽의 의자를 눕히면 왜건(wagon) 차량처럼 사용할 수 있다.

리어 게이트의 여러 가지 방식

왜건이나 SUV, 미니밴 등의 리어 게이트 도어에는 여러 가지 종류가 있지만 일반적으로 가장 많은 타입은 루프 쪽에 경첩을 설치하여 위로 여는 방식이다. 그러나 전체 자동차의 높이가 높으면 높을수록 키가 작은 사람이나 고령자에게는 리어 게이트 도어의 개폐 동작이 어려워진다. 그 대책으로 이전에는 가죽 끈이 뒷문의 아래쪽에 달려 있는 자동차도 있었다.

현재는 리어 게이트 도어의 바깥쪽을 손대지 않아도 되도록 아랫면에 손잡이가 설치되어 있는 자동차도 있으며, 고급 자동차에서는 전동으로 개폐가 가능하여 버튼식 스위치를 누르면 자동으로 뒷문을 개폐할 수 있다.

왜건에는 리어 게이트 모두가 열리는 모드 또는 리어 윈도우만 열리는 모드의 두 가지 개폐 방식도 차종에 따라 장착되어 있으며, 또 한 가지는 가로로 여는 방식이다. 좌측에 경첩을 설치하여 오른쪽 손잡이를 잡아 왼쪽 방향으로 열도록 되어 있는 방식도 있어 키가 작은 사람이라도 개폐가 편리하다. 또 좌우로 나누어 열 수 있는 방식도 있으며, 그 외에 상하를 2분할하여 여는 타입의 리어 게이트도 있다.

BMW의 그란 투리스모에서는

이 자동차는 5도어 해치백으로 분류되는 스타일로, 이런 타입이 그다지 인기가 없는 이유가 있다. "소형차도 아닌데 뒷좌석 탑승객이 리어 게이트 도어를 닫을 때 나는 불쾌한 소리가 바로 들리기 때문" 이라고 하는 경우가 있으며, 또 공기 조절이 잘된 실내의 공기가 리어 게이트를 열 때마다 바깥 공기와 같은 온도로 되어 버린다는 불만도 있다.

트윈 테일 게이트 장착 차종
BMW 5 시리즈의 새로운 모델로서 데뷔한 것이 그란 투리스모이다. 5도어 해치백의 보디이지만 트렁크 부분만을 여는 세단으로서도 사용할 수 있으며, 전장 5000mm×전폭 1900mm×전고 1565mm 이고 휠베이스는 3070mm이다.

그러나 그 점에서는 BMW가 고급 브랜드답다는 것을 확인할 수 있다. 그란 투리스모에서는 리어 윈도우를 통째로 여는 해치백 모드와 트렁크 리드Trunk Lid 부분만을 여는 세단 모드의 두 가지 방식으로 되어 있다. 이것을 트윈 테일 게이트Twin Tail Gate라고 부른다.

   트렁크 리드만을 개폐할 때에는 짐칸과 완전히 분리되어 있기 때문에 물건을 탑재하기 위해 트렁크 개폐 시에 바깥 공기와의 접촉 없이 쾌적함을 유지할 수 있다.

   리어 게이트 모두를 개폐하는 해치백 모드로 설정하여 뒷좌석 등받이를 눕혀도 그 뒤에 또 하나의 가동식 분리 패널이 설치되어 있어 짐칸과 실내를 완전히 분할할 수 있으며, 그 용량은 2인 승차 상태에서 1700ℓ까지로 넓은 편이다. 세단 또는 해치백 자동차로서도 사용할 수 있어 새로운 크로스오버의 탄생이라 하여도 좋을 것이다.

(왼쪽) 리어 게이트 전체를 연 상태로 커다란 물건을 수납할 수 있다. 이 상태로 만들기 위해서는 뒷좌석 등받이와 분리 패널을 눕혀야 한다. (오른쪽) 트렁크 뚜껑만을 연 세단 모드이다. 실내와 짐을 넣는 공간은 뒷좌석의 2중 칸막이 패널로 완전히 분리되어 있다.

> **Tip** 고급이라는 의미에서는 세단이 가장 으뜸이다. 실내와 짐칸을 완전히 분리할 수 있기 때문이다.

스크래치 싫은 도장

 **도막 복원** 흠집이 얕은 경우, 일반적인 도장은 왁스나 콤파운드 등으로 보수하지만 자동으로 복원되는 도막도 있다.

자동차에는 흠집이 생기기 마련

반짝반짝하는 새 자동차를 받았을 때는 누구라도 기쁠 것이며, 그 때는 그 광택을 언제까지라도 유지하려고 마음먹게 된다. 최근에 신차를 주문할 때에는 수십만 원의 대금으로 내구성이 5년 정도 유지되는 코팅을 해주는 서비스가 활발하게 이루어지고 있다.

보디의 표면을 코팅하여 도장 면을 보호하는 서비스는 신차 때 시공하는 것이 제일 확실하다. 공장에서 막 출고되어 주행해 본 적이 거의 없고 보호 왁스나 시트로 싸여 있기 때문이다. 그러나 도막塗膜을 한 그 상태로 단 한번이라도 주행을 하면 공기 중에 포함된 부유물이 부착되기 때문에 코팅하기 전에 오염을 제거할 필요성이 생겨서 이러한 처리의 여부에 따라 코팅의 마무리가 크게 변하게 된다.

세차 등에서 생긴 흠집이 복원되는 도장도 있다

약간의 긁힌 상처가 생겼을 때마다 흠집을 복원하고 그 위에 코팅을 하려면 비용이 많이 소요된다. 그래서 "심하지 않은 흠집이라면 복원할 수 있지 않을까"라는 생각으로 개발된 것이 닛산 엑스트레일에 적용한 스크래치 실드Scratch shield 도장塗裝이다.

처음으로 적용된 차

아웃 도어 스포츠의 캐릭터를 가지고 있는 닛산 엑스트레일은 비포장도로든 눈길이든 간에 차량의 진입이 허가된 곳이면 어느 곳에나 돌진한다. 약간의 흠집은 신경 쓸 일도 아니다.

왜 도막에 흠집이 생기는지 알기 위해서는 도장에 관해 알 필요가 있다. 자동차의 도장은 중도中塗/베이스 코트/클리어 코트 등으로 적어도 3층으로 되어 있으며, 흠집 복원이 불가능한 원인 중 하나는 도막이 단단한 경우이다.

단단한 편이 긁히기 어렵다는 측면도 있지만 한편으로 너무 단단하면 긁혔을 때 복원할 수도 없게 된다. 따라서 손톱으로 보디를 긁은 것 같은 얕은 흠집이 있어도 원래대로 복원되지 않는다.

수리 후 이미지

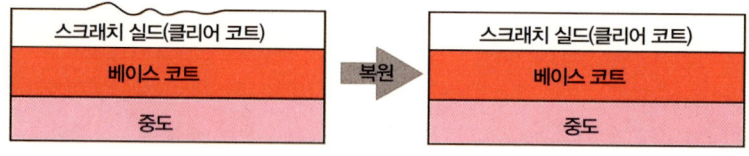

닛산에서는 상도上塗의 클리어 코트 부분에 특수 고탄성 수지를 적용하였다. 그림을 참조해 보면 알 수 있지만 스크래치 실드도장에 사용되는 클리어 코트는 탄성이 있는 고밀도 구조로 되어 있고 외부의 힘에 의해 눌려졌을 때 일시적으로는 흠집이 생기지만 시간이 경

과하면 탄성을 이용하여 원래의 형태로 돌아가려고 한다.

　그러나 어떤 흠집이라도 복원된다고 생각해서는 안 된다. 어디까지나 클리어 코트 내에서 처리될 정도의 얇은 흠집이 복원되도록 하는 것이 목적이다. 예전에는 비포장도로 등에서 거칠게 주행하는 엑스트레일에 보디 컬러를표시가 잘 나지 않는 색으로 한정하여 적용했었지만, 지금은 어떤 색이던 스크래치 실드 도장이 가능하도록 발전되었다.

현재 주로 스포티한 주행으로 사용하는 엑스트레일이나 사진 속의 페어레이디 Z, 그리고 고급 자동차인 푸가까지 적용이 확대되고 있다.

> **Tip** 보디 코팅에는 폴리머(Polymer)계와 글라스(Glass)계가 있는데, 현재는 글라스계가 대부분이다. 스크래치 실드 도장은 휴대전화의 도장으로까지 적용이 확대되고 있다.

자동차 진화의 비밀을 알고싶다

색인 INDEX

숫자
1차 배터리	125
2차 배터리	125
3모드 드라이브 시스템	020
3상 교류 영구 자석식 동기형	035
4WAS	192
4WD	054, 189
4WS	191
4행정 사이클	069

A
ABS	207
ACC	247
ACD	189
ASC	190
AT	020, 179
AT 오발진 억제 제어 기능	249
AWD	054
AYC	190

C
CVT	017

D
DAC	256
DCCD	189
DNA시스템	276
DOHC	058, 148
DSG	183

E
EBD	216
EGR	085
ESC	208, 275

F
FCX	038
FF	054
FR	055, 114

H
HDC	255
HID	272
HSA	256

I
IBAI	246
IMA	016
I-SRS	232

L
LED	272
LLC	090

M
MIVEC	061
MR	117
MT	020, 179

N
NAVI-AI shift	247

O
OHV	057

P
PCS시스템	240

R
RR	117

S
S-AWC	189
SOHC	058, 148

V
VTEC	061
VVEL	146
V형	048

INDEX

ㄱ
가솔린 직접분사 엔진	040
경부 염좌	237

ㄴ
노킹	171

ㄷ
다운 플로	094
대향형	048
더블 위시본식	177
데토네이션	171
독립현가식	176
듀얼 클러치	183
드라이브 샤프트	104, 111
드라이 섬프 방식	072
디스트리뷰터 리스	063
디퍼렌셜 기어	104
디퍼렌셜 기어	111

ㄹ
라디에이터	090, 093
레이	034
로드 리미터	226
로터	051, 122
로터 하우징	052
리덕션 기어	014
리지드	176
리튬이온배터리	119

ㅁ
마일드 하이브리드	160
매뉴얼 모드	269
멀티 링크식	177
멀티 터레인 셀렉트	258
모노 블록 타입	202
목 충격 완화 시트	238
미끄럼 방지기구	209
밀러 사이클	171

ㅂ
발전기	043
방전	125
밸브매틱	146
밸브 타이밍	137
밸브트로닉	146
변속기	056
변환효율	123
병렬방식	010
병렬 방식	161
보어 피치	068
복합방식	010
복합직렬·병렬식	161
브레이크 로터	200
브레이크 캘리퍼	200
브레이크 패드	200
브이텍	145
블루온	034

ㅅ
서스펜션	104
스로틀 밸브	082
스마트 파킹 어시스트 시스템	295
스타팅 모터	106
스테이터	122
스트럿맥퍼슨 스트럿방식	177
스파크 플러그	105
실린더	048
실린더 라이너	067
실린더 블록	066

ㅇ
아이 드라이브	292
액티브 세이프티	225
앳킨슨 사이클	171
양극	125
언더 스티어	209
에어백	226
에어 서스펜션	194
에어 클리너	078
에코 드라이브의 채점 기능	166
연료전지 자동차	038
열효율	123
영구자석	122
오버 스티어	209
오일 쿨러	096
오일 통로	096
오일 팬	072
오일펌프	096

INDEX

자동차 진화의 비밀을 알고싶다

오픈 덱	067
운전자 모니터	241
워터 재킷	067, 093
워터 펌프	093
웨트 섬프 방식	073
음극	125
이그니션 코일	105
익센트릭	052
인텔리전트 페달	247

ㅈ

자기착화	028
재규어 드라이브 셀렉터	279
전기 자동차	031
전동 파워 스티어링	044
전자제어식 스로틀	163
전자제어 파킹 브레이크	281
제니스 프런트 윈도우	289
제로 이미션 카	037
조기 점화	171
중량 비율	216
직렬방식	010
직렬형	048
직접분사 방식	075
직접분사 엔진	142
직접 점화	063
직접 점화 시스템	106

ㅊ

촉매	085
충돌 경감 브레이크	246
충돌 안전 보디	226
충돌 피해 경감 장치	240
충전	125

ㅋ

캘리퍼 보디	200
캘리퍼 피스톤	200
캠 노즈	060
캠 샤프트	060
컴프레서	087
코일	122
크랭크샤프트	070
크로스 플로	094
클로즈드 덱	067
클로즈 레이쇼	109

ㅌ

터보차저	087
터빈	087
테슬라 로드스터	132
트랜스미션	108, 111
트랜스 액슬	056
트윈 테일 게이트	308

ㅍ

패시브 세이프티	225
펌프 업 엔진 후드	235
펌핑 브레이크	214
펜타성 손상	237
포레스트 에어컨	286
포르쉐 959	189
포트분사 방식	075
프로펠러 샤프트	104
프리 텐셔너	226
플로팅 타입	201
피스톤링	069
피스톤 스커트	069
피스톤 핀	070

ㅎ

하이드로뉴매틱	195
후속 자동차 모니터링 시스템	304
흡기 매니폴드	082
흡입·압축·폭발·배기	069

자동차 진화의 비밀을 알고싶다

초 판 발 행 2013년 1월 31일
제2판1쇄 발행 2015년 2월 5일

저　자 : GB 기획센터
발행인 : 김 길 현
발행처 : 도서출판 골든벨
등　록 : 제3-132호(87.12.11)
　　　　　ⓒ 2013 Golden Bell
ISBN : 978-89-97571-43-7

이 책을 만든 사람들
본문구성 · 디자인 : 최동규, 이진솔
커버디자인 : 최동규　　　　　　　**제 작 진 행** : 최병석
오프라인 마케팅 : 우병춘, 강승구　　**온라인 마케팅** : 안재명
공 급 관 리 : 오민석, 김경아, 연주민

- 주소 : 서울특별시 용산구 원효로 245(원효로1가 53-1)골든벨빌딩
- TEL : (02)713-4135　　　● FAX : (02)718-5510
- E-mail : 7134135@naver.com　● http://www.gbbook.co.kr

※ 파본은 구입하신 서점에서 교환해 드립니다.

정가 19,000원